本研究得到国家自然科学基金项目（批准号：52008062、51678087）的资助

山地城市河岸绿色空间规划研究

Research on Riparian Green Space Planning of Mountainous City

余 俏 著

中国建筑工业出版社

前　言

生态文明建设理念已成为我国城乡规划与建设发展的时代目标与价值取向，尤其对于水域比重较高的山地城市，已成为城市高品质和可持续发展的必由之路。区域空间规划是生态文明建设的重要内容，其目的是在城乡不同区位进行合理有效的资源配置，不能简单沿用原国土资源部的“资源保护”，也不能放任地方政府进行“资源开发”。河岸空间既连接着城市和乡村，又连接着人与自然，是一个很好的“抓手”，一个关键的纽带，既是一个问题的纽带，又是一个机会和挑战的纽带。一方面，全域空间资源管控能为整个流域河流廊道资源的保护、开发、配置及修复创造一个体制保障，另一方面，城乡河岸空间的规划方法也会很好地支撑对于国土区域空间规划背景下的规划方法的探讨。

自古河岸绿色空间都因为其丰富的物产、亲水的区位以及交通的优势而具备较高的社会与经济价值。河岸土地不到总国土面积的 5%，但却是提供生态系统服务的有效土地区域。河岸绿色空间规划的意义在于：保护山地流域河岸自然生态资源，维持河岸生态系统健康运行，改善城乡空间生态环境；供给山地城市河岸绿色开放空间，满足邻近城乡建设区的复合功能诉求，提升城乡居民生活品质；连通山地中心城镇与外围乡村的生态流动，统筹协调城乡河岸空间的开发利用，促进城乡整体融合发展。

本书立足于我国生态文明建设与自然资源管理的时代背景，在剖析山地城市河岸绿色空间现有问题以及当前河岸相关规划的局限和管控问题的基础上，从一个多尺度综合的概念视角，创建适于山地城市河岸绿色空间内在特性与外在诉求的规划与管控方法，既考虑河岸绿色空间本身的生态特性，又考虑城市对它的影响和诉求，既保障河岸自身内部生态系统健康运转，又尽量满足外部城市和乡村社会对它的需求。本书重点探索了三个方面的内容：①认知山地城市河岸绿色空间的内在空间结构与生态过程特性和外在空间的梯度转化与社会服务诉求；②借鉴相关学科理论与规划方法，提出响应山地城市河岸绿色空间内在特性和外在诉求的适应性规划思路和技术要点；③在城乡区域、中心城镇区、街区场地三个空间层级，针对各自的焦点问题和研究重点，分别总结河网、河区、河段绿色空间的规划编制技术。

笔者从 2015 年即开始了河岸带规划管控方向的研究，以博士学位论文和多年工程项目实践经验为基础，理论与实践相结合，完成了本书的撰写。感谢重庆大学邢忠教授及其带领的山地城乡生态规划团队对本书的指导，感谢国家自然科学基金项目（批准号：52008062，51678087）的资助。

目 录

1 绪 论

1.1 研究背景

1.1.1 生态文明建设的时代要求

2017年十九大报告要求加快生态文明体制改革，提出“人与自然是生命共同体”，要求通过绿色发展重点解决生态环境问题，改革国家生态环境的监管体制，加大生态系统保护力度①。尤其对于山地水域比重较高的山地城市，生态文明建设已成为山地城市高品质和可持续发展的必由之路。生态文明建设理念已成为我国城乡规划与建设发展的时代目标与价值取向，旨在形成人与自然和谐发展的现代化建设新格局。城乡规划行业应积极响应生态文明的理念，重新认识时代发展对行业的新要求，主动适应社会发展与城市转型的趋势，及时更新规划思路和目标导向，为城乡人居环境空间探索新的规划技术和方法。

1.1.2 区域空间规划的重要抓手

区域空间规划是生态文明建设的重要内容，必须兼顾资源的保护、开发与配置②。要最有效地开发资源，最大规模地保护自然，因此城乡开发和保护的区位就成了规划焦点问题[1]。“空间规划”的目的就是在城乡的不同区位进行合理有效的资源配置，要平衡国土空间的资源配置，不能简单沿用原国土资源部的“资源保护”，也不能放任地方政府进行“资源开发”。河岸空间既连接着城市和乡村，又能连接着人与自然，是一个很好的抓手，一个关键的纽带，既是一个问题的纽带，又是一个机会和挑战的纽带。一方面，全域空间资源管控能为整个流域的河流廊道资源的保护、开发、配置及修复创造一个体制保障；另一方面，城乡河岸空间的规划方法也会很好地支撑对于国土区域空间规划背景下的规划方法的探讨。

1.1.3 河岸绿色空间的价值凸显

自古河岸空间都因为其丰富的物产、亲水的区位以及交通的优势而具备较高的社会与经济价值，能提供高水平的生态服务，包括净化水质、气候调节、生物栖息地、林木、食物生产及景观美化等。河岸土地不到总国土面积的5%，但却成了提供生态系统服务的有效土地区域。河岸空间也常年遭受洪水灾害的影响，因此是一个“危险和机遇共存的地方”。河岸绿色空间是城乡空间开发活动的重要资源，其自身的可持续性在城乡区域可持续发展中也扮演着重要角色，在改善城乡生态环境、提升城乡生活品质、促进城乡融合发展等方面具有极为重要的价值。

1. 改善城乡生态环境

过去40年，中国经历了人类历史上规模最大、最快的城镇化过程。研究学者发现，在此期间，城市的环境质量有下降的趋势。全球气候变化加重极端天气，加重了诸如斑块破碎、

---

① 详见：新时代，新征程，新篇章（中国共产党第十九次全国代表大会）. http：//www.xinhuanet.com/politics/ 2017-10/18/c_1121820882.htm?baike.

② 袁奇峰 . 自然资源视角下的空间规划体系改革 .https：//mp.weixin.qq.com/s/sl9TRF1-jARVyLlRXjmEFQ.

城市热岛效应、空气污染、城市内涝等一系列问题。联合国环境规划署2012年发布的《全球环境展望5》显示，1980~2000年全球洪灾数量增加了230%，洪灾受灾人数增长了114%[2]。流域河流廊道网络及其沿岸的绿色开放空间是解决洪涝灾害问题和支撑雨洪管理实践的重要载体[3]。河岸带状空间作为通风廊道，可以缓解城市热岛效应，改善城中空气质量。经过合理设计的河岸绿化缓冲带宽度及开放空间形式可以降低关联建设用地环境污染的影响。

2. 提升城乡生活品质

河岸线性开放空间，如河岸缓冲带公园和河岸邻近的绿地广场是城乡公共空间系统建设最重要的组成部分。大部分城市的河岸公园的数量占到城市公园总体数量的60%以上。而对于河网水域较多的山地城市（如重庆、南川、开州等），河岸公园的数量和面积约占城市公园的75%以上，构成了城乡居民进行游憩和健身活动最重要的公共开放空间。好的河岸景观建设可以强化公众心中的地域感，特别是在山地城市，较大的水陆高差更容易彰显特色山水城市景观形象，城市滨河区建设对于提高城市生态环境质量、城乡居民生活品质、城镇历史文化内涵与特色风貌以及促进都市农业的发展①均有着十分积极的意义。河岸绿色空间为核心纽带，提高与周边关联城市建设空间的共享性、互通性与连续性可以提升城乡居民的生活品质。

3. 促进城乡融合发展

河岸绿色空间是生态、社会、经济、环境、人口等子系统相互作用和多样性联系的典型载体区域，是城市与乡村之间、自然和人工之间进行能量物质传输与交换的开放空间。在纵向上，贯穿城镇行政边界，连接城乡区域，能促进城市内部系统与外部系统的能量流动，优化城乡资源配置，协调城乡发展矛盾。在横向上，作为水陆边缘区在关联用地之间发挥边缘效应，通过合理安排关键生态单元与建设用地的关系，调控城乡各种社会经济活动。河岸绿色空间通过发挥不同功能，与关联用地的穿插、叠合及协同作用将提高城乡生态系统的整合能力、城乡韧性②及可持续能力，从城乡融合发展的视角来实现城乡可持续发展的目标。

1.2 相关规划研究综述

1.2.1 相关河岸生态规划及实践

人类对于河岸的规划研究已经有了200多年的历史。城市规划师、开发商、经济学家、社会学家、环境学家等对于河岸的功能和使用效益争论了几十年，争议分为两种：一是为人类的利益而使用河岸，二是为人类的部分利益保护河岸[4]。当保护和利用同时成为河岸管控的策略，其结果往往不尽如人意。与河岸相关的生态规划研究涉及从宏观、中观到微观多个尺度的规划类型（表1-1）。

1. 宏观尺度（流域规划、河岸生态系统管理、生态廊道规划）

1）流域规划

流域规划聚焦于土地利用和土地覆盖，水的移动和储存、水质之间的关系，认知经济、社会和自然过程之间的关系，让流经它们的水保持清洁[5]。流域规划不仅仅是保护水、动植物，还帮助保护流域里物理的、化学的和生物的组分，来修复已经退化的生态系统，为解决多样

---

① 随着人类社会的持续发展，人们为了获得更好的生活品质，对食物的生产与供给提出更高的要求。为了减少城市“食物里程”及其环境影响，有学者从规划的角度提出了区域范围内农业开放空间的预留和土地的高效利用。在山地城市近郊或建设组团隔离绿化区域为都市农业的发展提供良好的空间土地资源。黄经南．我国大城市的食物里程及对规划的启示——以武汉市为例[J]. 国际城市规划，2014，29（5）：101-106.

② 政府间气候变化专门委员会（IPCC）将“韧性”定义为“系统能够吸收干扰，同时维持同样结构和功能的能力，是自组织、适应压力和变化的能力”。

多个空间尺度的河岸区域相关生态规划概念一览表 **表 1–1**

空间尺度	相关河岸生态规划名称	目标	内容或方法
宏观尺度	流域规划	追求健康的城市流域，健康的水文、栖息地和水质状况，维持多样的生态功能和过程。	关注土地利用和土地覆盖，水的移动和储存，水质之间的关系。确立愿景、目标、策略和行动。
	河岸生态系统管理	旨在保护主要河岸生态系统、修复自然资源的同时满足现在和未来社会的经济、政治、文化需求。	包括适应性管理、自然资源管理、策略性管理、指挥与控制管理。
	生态廊道规划	整合城市发展与生态资源的时空格局，游憩场所建设，历史文化保存，自然生态维育等。	廊道空间构建，确定空间要素、斑块形态、廊道的长度和宽度、特征与功能，廊道控制指标与建设导则。
中观尺度	河流开放空间规划	多目标复合：提供野生动物栖息、景观品质、流域保护、游憩和品质生活等功能。	提出了规划方法、分类、量化依据和标准，制定各类服务、设施设计导则。
	河流绿道规划	整合区域内各种自然、人文资源，加强城乡联系，引导形成绿色网络，发挥综合功能。	规划内容包括绿道选线、绿道游径系统、绿道绿化以及绿道设施、绿道分类设计导引等。
	滨水城市设计	为城市发展建设提供指导，提升城市的形象品质和人民的生活品质。	空间结构，分区设计，岸线规划，制定开放空间、建筑和景观设计导则。
	城市水系规划	水安全保障、水质目标、水景观建设、水文化保护等。	综合考虑人口、经济发展、下垫面条件、土地、水资源和水系空间布局、功能定位、用地协调等。
微观尺度	河岸生态修复	兼顾水域生态系统的健康和可持续性，水利工程学与生态学的结合，发挥生态系统自我修复功能。	采用天然石材、木材护底，选择适宜于滨河地带生长的植被，与景观、道路、绿化以及娱乐设施结合设计。
	滨水区雨洪管理	为周边区域的雨水提供蓄滞和净化空间，使得雨水顺畅排入河道，减少内涝并减少河流水质污染。	滨水区道路和绿道的竖向设计，低冲击设施与灰色基础设施结合布置。
	滨水绿地（公园）设计	以生态学设计原则和方法，兼顾生态、景观、防洪等多种功能，景观结合文化，突出地方特色。	对绿地内部复合植物群落、景观建筑小品、道路铺装系统、临水驳岸等基础元素的设计与处理。

的污染和水问题提供一个整合的背景。流域规划通常向着多样化的目标（包括洪水防护，修复湿地和栖息地，雨洪管理）来提升流域管理[6]。《Portland Watershed（波特兰流域管理规划）》通过提供一个综合的恢复流域健康的方法来引导城市的决策和项目，旨在保护最好的遗留资源，提升流域功能和全市的现状。流域方法企图从来源和原因上解决环境问题而不是关注症结或满足特定管理要求，有六大行动策略：雨洪管理策略、植被恢复策略、保护和政策策略、操作和维护策略、教育投资和管理策略[7]。

2）河岸生态系统管理

生态系统管理是旨在保护主要生态系统、修复自然资源的同时满足现在和未来社会经济、政治、文化需求的一个过程[8]。它的基本目标是有效地维持与合理利用自然资源，是一个多层面的整合的方法[9]。生态系统管理的几个核心原则：①反映了在社会价值和优先权连续进化中的一个阶段，其边界必须清晰并且有正式的界定；②应该包含适当条件下的生态系统来完成期望的社会效益；③应该利用生态系统的优势来应对多种压力源[10]。美国博尔德市开放空间和山地公园管理部门聚焦于使用生态系统管理方法来管理土地[11]，以河流生态系统为基础保证城市内部和外围的开放空间，来建立社会和生态的连接，把生态层级与周边行政辖区、实施程序在多个尺度上的实质目标联系起来，引入监测和适应性管理协议[12]。几点重要经验包括：建立城市部门之间的关系；构建管理优先区域的标准和管理时间线来帮助部门进行评估；保持核心生态系统管理的目标基础和与其他利益相关者的沟通；把社会指标聚焦于人类的使用对河岸资源的影响，来促进快速的管理回应；必要时反映、再评价和认知生态系统管理活动[13]。

3）生态廊道规划

生态廊道通常是指山系、水系、绿系等环境敏感的自然区域形成的廊道网络式空间。河流廊道是构成生态廊道的重要组成部分。山地城乡流域内的河网，由于其复杂的地貌特征，通常形成树枝状的景观格局，并且连接沿线的汇水山体和各类绿地斑块，构成生态廊道系统的支撑骨架。各个国家的生态廊道规划的侧重点不同。美国的生态廊道规划建设更多地强调游憩场所建设和历史文化保存；欧洲的生态廊道规划强调自然生态的保护与维育；而中国的生态廊道规划更多地考虑与城乡空间发展紧密结合，整合城乡空间与生态资源的时空格局，引导城镇合理发展[14]。生态廊道规划需要分析和认知自然生态要素的分布规律，认知城镇开发与自然生态要素的相互作用关系，强调生态廊道与相邻建设空间及复合功能相融合[15]。

2. 中观尺度（河流开放空间规划、河流绿道规划、滨水城市设计、城市水系规划、河道保护与利用规划）

1）河流开放空间规划

河流河岸是城市最重要的开放空间，具有游憩价值、自然资源保护价值、历史文化价值、风景价值等。美国的国家游憩与公园协会（NRPA）出台的《Park，Recreation，Open Space and Greenway Guidelines（公园、游憩、开放空间和绿道规划导引）》提出了规划方法、分类、量化依据和标准[16]。“导引”强调城市开放空间规划应保留自然资源的自然属性，考虑与相邻城市系统相结合，使现有公园、绿道和开放空间有效地成为社区服务设施的一部分。在《Willamette River Open Space Vision and Action Plan（威拉米特河开放空间愿景与行动规划）》中，河流开放空间被定义为没有被开发或城市化的地区，包括自然区域、水文通道公园、广场、农田和森林等，提供野生动物栖息、景观品质、流域保护、游憩和品质生活等功能。河流廊道作为一个线性的连接体，连接了地区主要的城市公园、野生动物自然区域，旨在支撑多个目标并整合多个有关的主题区域。一共制定了八个“远景要素”（栖息地、非机动车交通、游憩、可视化质量、城市界面、历史教育和场所感、工作景观、旅游）来为河流廊道描绘一个理想的长期的开放空间远景[17]。

2）河流绿道规划

绿道有五种类型：城市河流绿道、游憩绿道、生态自然绿道、风景历史、综合绿道[18]。河流绿道是绿道中最重要和最常见的一种类型，通常作为城市滨水再开发项目的一部分。在住建部2016年发布的《绿道规划设计导则》中，针对依托水系的城镇型绿道和郊野型绿道给出了具体的要素设计指引。在《Miami River Greenway Action Plan（迈阿密河流绿道规划）》中，分为三大部分：描述河流沿线特征；界定河流绿道主题；愿景和目标界定。这三个规划理念直接决定了行动与实施策略[19]。迈阿密河是一系列的不同景观的连接，有三个区段，反映了沿河流不同的土地使用、特征和功能，是每个区段绿道策略的基础。六个河流主题包括：家、工作河流、目的地景观、环境资源、经济资源、遗产。策略包括：增加公众到河流的可达性来提升未来社区的经济；提高河道水质，使其成为当地居民和游客的目的地；鼓励适当的关联土地利用，鼓励社区的多元文化等。

3）滨水城市设计

滨水城市设计作为特殊地段的城市设计，因其具有复杂灵活的自然生态要素（水），而成为城市可持续发展和生态文明建设的重要环节。滨水城市设计应该重视四大要素：文化要素、空间要素、生态要素和载体要素[20]。根据城市河道的宽度，城市滨水空间可分为3种尺度（大、中、小）。按照用地性质，可以分为5种城市滨水区：位于城市中心区的公共性较强的滨水区；位于风景地段，以休闲游憩为主的滨水区；位于工业物流区，承担交通运输功能的滨水区；位于一般居住区的滨水区；以生态维育和修复为主的滨水区[21]。滨水城市设计注重开放空间体系的构建，利用现有河流、绿地、公园等城市绿地元素，形成“点、线、面”有机结合的绿网和蓝网体系。制定规划控制与建筑导引，包括开放空间、建筑设计和景观设计导则。城市滨水开放空间强调沿江绿色空间界面的韵律、柔性、开敞性和多样性，建立城区内部与河流相互渗透的楔形开放空间作为公共游憩空间。建筑设计强调通过建筑裙房保持街道界面的连续性，形成舒适的、具有人性尺度的街道空间[22]。

4）城市水系规划

在2016年新修订的城市水系规划导则中，城市水系规划的对象为“城市规划区内构成城市水系的各类地表水体及其岸线和滨水地带”，“规划范围可在城市规划区范围的基础上，进一步研究水系的区域关系，适当扩大研究范围”。总体原则强调优先保护水系及其关联环境空间，修复受损的城市水生态和水环境，合理利用水资源，还需落实海绵城市建设的相关要求。导则中要求划定城市蓝线、滨水绿化控制线和滨水建筑控制线，并提出相应的管控要求。在城市滨水区，滨河的道路及其绿化带，可通过合理的竖向设计，形成地表雨洪径流的排泄通道，结合周边地形特征，明确滨水区道路及滨水绿化控制线内的竖向设计要求，使得城市雨洪径流以地表潜流的方式排入河道水体。滨水绿化控制线范围内的区域宜作为超标雨水的短时蓄滞空间，设置植被缓冲带、生物滞留池、雨水花园、街边沼洼池、绿色屋顶等低影响开发设施，消纳和蓄滞周边区域的雨洪径流，并与城市雨水管渠系统、雨洪径流排放系统相衔接。

5）河道保护与利用规划

河道保护与利用规划聚焦于河道岸线的可持续利用，在保障防洪安全和河势稳定前提下，合理开发利用有限的岸线资源和水域资源，保护水环境。规划原则包括：确保河道畅通、河势稳定，保障城镇及下游地区防洪安全；利用与保护结合；统筹发展，相互协调。调查和收集现状河流与河岸的生态水文等数据，分析河流生态水文特性、河岸稳定性，划定整条河流的保护区、控制利用区和开发利用区，对河道的开发利用区进行重点规划和管理。

3. 微观尺度（河岸生态修复、滨水区雨洪管理、滨水绿地设计）

1）河岸生态修复

河岸生态修复通常指对湖、江、河、湿地的水质改善、水土保持、动植物栖憩和绿化美化等方面的修复治理，从生态学的角度提出了植物修复、重构系统食物链、重建缓冲带及滨水绿化、实施生态护岸、增加物种、重建群落。河岸带生态修复主要包括3种模式：自然生态型修复模式、工程生态型修复模式、景观生态型修复模式[23]。常见的生态修复与栖息地重建策略包括：柔化河流岸线，采用梯级式、退台式、斜坡种植、石笼等驳岸形式，布置大型集中型或小型分散型的湿地，维持多样生境以及创造生态景观的作用。

2）滨水区雨洪管理

滨水区的地形地貌特征造就了城市地表水系形态，从而影响着滨水区的雨洪管理。滨水区的4种地表类型（建筑、道路、铺装、绿地）分布与组合模式对该地区的雨洪管理有显著影响。滨水区雨洪管理原则包括：①保留现有或规划较为分散的地表水系形态（如水库、坑塘、湿地等）比集中大面积的水体（如大型湖泊、水库）更有利于蓄滞和消纳暴雨期间的城市地表径流；②在布局离河流较近的河岸用地时，其绿地率应该高于一般的城市绿地率标准，由此可以保证一定的地表渗透率，有利于减少整个滨水区域的雨洪径流；③在布局离河流较远的河岸用地时，其绿地率也应较高，目的是降低该区域的地表硬化程度，控制源头雨洪径流量；④在距离河岸 100~300m 的范围，可以适当增大局部建设用地的比例；⑤在滨水区局部雨洪内涝风险较高的区域，应该设置生态屋顶、滞洪湿地、植被过滤带、街边沼洼池等雨洪管理设施，从而提升城市内部敏感节点消纳洪水的能力[24]。

例如在荷兰的阿尔梅勒（Almere）滨水区雨洪管理中，通过城市河岸地表水文通道和水文节点形成自然的雨洪管理响应体系，通过城市内部一些敏感节点的设计降低了城市的暴雨内涝风险①。在城市商业区，开发强度高，建筑密度和容积率大，不透水表面多，应多采用渗透性铺装，并结合生态绿化屋顶来消纳雨水。在城市的河岸居住区，通过增加公园绿地和居住附属绿地来降低径流，将自然的洼地或凹地空间改造设计成吸纳雨洪的人工湿地，从而减缓对该区域的径流排泄压力，同时也可促进该区域的地下水回补。在河岸建筑与河流之间设置横向的沟渠，以排出城市河岸多余的积水，屋顶的雨水也可以从落水管排入沟渠，再由沟渠直接流入附近的河流水体内。

3）滨水绿地（公园）设计

滨水绿地（公园）是城市中河流、湖泊沿岸的一种常见的利用形式，通常经过人工设计和建造，具有优美的景观形象和较丰富的生态信息，对于城市居民来说，具有日常休闲游憩功能，还具有一定的生态效应和景观美化功能，是城市公共绿地的一种主要形式。它既是城市空间的重要节点，也是城市面貌的展示窗口。滨水绿地的生态规划设计应遵从基址的生态环境特征，减少人为干扰与破坏，兼顾生态、景观、防洪等多种功能，景观结合文化，突出地方性特色。其内容包括对绿地内部植物群落、景观建筑小品、道路铺装、驳岸等要素的设计与处理[25]。

1.2.2 相关河岸管控法规及规范

1. 美国的相关河岸管控法规及规范

美国主要有三个层级的法规：联邦、州及更小的行政范围（表 1-2）。1972 年的《清洁水法》（Clean Water Act）是水污染控制方面的最高法律，目的在于控制地表水污染，以污染控制技术为基础对不同类型点源污染设定了排放限制要求，还对雨水排放管理、面源污染、填埋物质和危险物质等的控制管理作出了规定。1974 年的《安全饮用水法》（Safe Drinking Water Act）用于管控饮用水水质和保护地下水源，填补了在地下水污染管控方面的缺失。1968 年的《荒野与风景河流法》（Wild and Scenic River Act）是一部保护荒野与河流风景的国家法律，选取河流进入国家荒野与河流风景系统，保护河流自然特征与风景游憩价值，平衡保护与开发之间的矛盾[26-27]。

由于河流河岸及相关水环境问题具有地方性和复杂性（比如流速和流量、气温和风速、河道结构形态特征、废物和污水排放等），这些应当由具有充分信息的地方政府来进行管理和干预。《清洁水法》规定由联邦政府制定全国统一的水质目标和管理标准，然后由各个州政府制定和实施更严格的适用于各个州的管理标准。因此，各个州和地方政府也制定了相关河流水环境法规及导则。例如《宾夕法尼亚州行政规

① 荷兰：阿尔梅勒的滨水空间规划与雨洪管理 . http：//art.china.cn/building/2014-03/21/content_6761367.htm.

美国河岸相关法规、规范及导则一览表 表 1-2

分类	名称	执行部门	部分内容总结
联邦法规	《清洁水法》(CWA)(美国国会，1972)①	EPA，各州政府	CWA 建立了一个管理污染物排放到水体的基本框架。在 CWA 下，美国环境保护署（EPA）已经实施了污染控制项目，如设置工业污水标准，制定地表水质污染标准。主要管理制度包括直接点源污染物排放控制制度、间接排放点源的预处理制度、国家消除污染物排放制度（NPDES）、面源污染物排放控制制度等。
	《安全饮用水法》(SDWA)②	各州政府	SDWA 用于保护美国饮用水水质，授权 EPA 建立自来水保护最低标准，考虑具体的危机和成本评估。
	《联邦管理标准》(CFR)第 40 节③	—	美国环境保护署（EPA）关于保护人类健康和环境的任务。解释必要的技术、操作和法规细节来实施法律。
	《荒野与风景河流法》(1968)	美国林业局、美国公园管理局	对河流进行分类，提出不同的保护管理要求；明确河流及沿线土地的管理权；限制河流沿线水利工程建设；各州政府的共同参与。
州法规	《加利福尼亚州环境质量法》(CEQA)	加州自然资源局协助公共部门执行	CEQA 不会直接管控土地利用，而是要求州和当地部门根据协议采取措施来控制环境影响，把环境保护作为州和当地政府日常决策制定的一个强制部分。
	《波特科隆水质法》④(加利福尼亚州)	加州环境保护局下的水资源管理会	法案要求采用水质管控规划来管理加州的水污染。这个规划整合了加州的水的有益用途并提供了保护这些用途的目标。区域水董事会（负责实施的机构）可以实施有关污染排放要求的许可来维护干净的地表水和地下水以防污染。
	《北卡罗来纳州行政规范》第 15A 主题（环境质量）⑤	北卡罗来纳州政府	第二章节环境管理中的 02B 和 02H 小节，对各类（地下、河流、湿地等）水质标准、水供应、雨洪、河岸缓冲带等作出了相关规定。
	《宾夕法尼亚州行政规范》第 25 主题（环境保护）⑥	宾夕法尼亚州政府	第一部分 C 子部分的水资源保护章节中，对污染物排放许可、水质标准、市政废水载荷管理、污水处理要求、侵蚀与沉积控制、洪水管理、安全饮用水、水资源规划和雨洪管理等作出了相关规定。
地方保护条例或导则	《河岸带保护条例（乔丹湖流域)》⑦	北卡罗来纳州的各市/县	条例内容包括：河岸区域的保护（河岸缓冲带的分区设置，扩散水流要求等）；潜在的使用和相关要求（新区开发的批准，使用分类要求）；许可程序、要求和批准；服从和强制实施等。
	《河岸带保护地方管控导则》(宾夕法尼亚州)	宾夕法尼亚州的各市	宾州法律允许采用土地利用管控来保护河岸带，此导则包括河岸缓冲带叠加分区，雨洪管理准则，河岸缓冲带画线，使用许可，缓冲带修复和种植要求等。

资料来源：笔者根据相关文献资料整理。

① 详见：Summary of the clean water act. https：//www.epa.gov/laws-regulations/summary-clean-water-act.

② 详见：Summary of the safe drinking water act. https：//www.epa.gov/laws-regulations/summary-safe-drinking -water-act.

③ 详见：Code of Federal Regulations.

④ 详见：Porter-Cologne Water Quality Control.

⑤ 详见：NCAC > Title 15A – Environmental Quality > Chapter 02 – Environmental Management.

⑥ 详见：The Pennsylvania Code Title 25Environmental Protection.

⑦ 详见：Local Riparian Buffer Protection Ordinance for Lands within the Jordan Watershed.

范》的水资源保护章节中，对污染物排放许可、水质标准、市政废水载荷管理、污水处理要求、侵蚀与沉积控制、洪水管理、安全饮用水、水资源规划和雨洪管理等作出了相关规定。更小的地方行政管辖单位或重要水文单元也制定了河岸保护管控准则或条例，例如北卡罗来纳州的《Riparian Buffer Protection Ordinance for Lands within the Jordan Watershed（河岸带保护条例（乔丹湖流域））》，涉及内容包括：河岸区域的保护（缓冲带的保护，河岸缓冲带的分区设置，扩散水流要求等）；潜在的使用和相关要求（新区开发的批准，使用分类要求）；许可程序、要求和批准；服从和强制实施等。

2. 国内的相关河岸管控法规及规范

我国有国家和地方两个层级的相关河岸管控法规及规范（表 1-3）。在国家层面，2008 年开始实施《中华人民共和国水污染防治法》及其统领的一系列水污染防治法体系[①]，以求保护和改善环境，防治水污染，保护水生态和饮用水安全。《城市蓝线管理办法》是城市规划工作中关于河流岸线保护的最重要的法规，通过对湖、河、库和湿地等城市地表水体保护和控制的地域界线来改善城市生态和人居环境，保障城市水系安全。《中华人民共和国河道管理条例》

国内河岸相关法规、规范及导则一览表 表 1-3

分类	名称	执行部门	部分内容总结
国家法规	《中华人民共和国水污染防治法》	环境保护部门	水污染防治的标准和规划，监督管理，工矿业、城镇、农业等的水污染防治，饮用水水源和其他特殊水体保护，水污染事故处置，法律责任等。
	《城市蓝线管理办法》	规划主管部门	禁止活动包括：违反城市蓝线保护和控制要求的建设活动；擅自填埋、占用城市蓝线内水域；影响水系安全的爆破、采石、取土；擅自建设各类排污设施。
	《中华人民共和国河道管理条例》	水利部门	（第二十一条）在河道管理范围内，水域和土地的利用应当符合江河行洪、输水和航运的要求。（第二十四条）在河道管理范围内，禁止修建围堤、阻水渠道、阻水道路等。
	《水污染防治行动计划》	环境保护部门	集中治理工业集聚区水污染，强化城镇生活、农业农村污染治理，控制农业面源污染；推动经济结构转型升级；着力节约、保护水资源等。
	《重点流域水污染防治规划（2016—2020 年）》	环境保护部门，发展改革委，水利部	基本原则包括：质量导向，系统治理；水陆统筹，防治并举；落实责任，多元共治。实施以水质改善为核心的分区管理，维护水生态控制区的主导功能，推进控制单元分级分类防治。规划重点是防治工业城镇、农业农村等的污染。
地方规范（重庆）	《重庆市河道管理条例》	重庆市水利局	10 年一遇洪水位以下为河道主行洪区，不允许任意侵占、开发；10~20 年为城市建设限制使用区，以保持天然河岸为主；20~50 年为控制使用区，不得修建住宅、办公楼、仓库等永久性建筑物；50~100 年为可使用区，修建的建筑物应具有防淹抗冲和人员物资撤退等功能。
	《重庆市饮用水源保护区划分规定》	重庆市环境保护局	重庆主城区以 50 年一遇洪水位为控制高程，区县城镇为 20 年一遇洪水位，其他河段的陆域保护区为洪水期正常水位河道边缘起水平纵深不小于 30m 的范围。

① 包括水污染防治规划制度、饮用水源区保护制度、排污许可制度、重点水污染物排放总量控制制度、水环境监测制度等。

续表

分类	名称	执行部门	部分内容总结
地方规划导则（重庆）	《重庆市城镇河流保护和利用规划技术细则》	重庆市水利局	收集河道的水文、植被、土壤、气象等基础信息，分析河道水文特性、稳定性，划定保护区、控制利用区、开发利用区，对河道的开发利用区进行重点细化。
	《重庆市主城区美丽山水规划》	重庆市规划局	规定了两江四岸生活类、公共服务类、生态保育类等各类岸线长度的比例，确立了各级河流水库保护名录，按照“三线一路”的原则（河道保护线、绿化缓冲带控制线、外围协调线、公共道路），对河流、水库和湿地进行管理。
	《重庆市特色公共空间规划设计导则（试行）》中的滨水空间设计导则	重庆市规划局	滨水空间体系：规划建设由河流廊道、滨水斑块构成的生态网络，建设滨水生物栖息地。滨水空间的功能：应根据城市（镇）功能布局，合理规划建设生态型、生产型和生活型等不同功能的滨水空间。滨水空间的物质构成：滨水空间由水体、岸线（消落带）和滨水建（构）筑物等三种物质类型构成，强调岸线空间的公共性、开敞性和连续性，采用分段、分层、分类等方式。

资料来源：笔者根据相关文献资料整理。

主要是管理河道（包括湖泊、人工水道，行洪区、蓄洪区、滞洪区）的保护、整治和建设，保障防洪安全，发挥江河湖泊的综合效益。随着我国水污染防治从点源治理向区域防治拓展，开始以流域为管理单元来进行水污染防治，如《重点流域水污染防治规划（2016—2020年）》。

我国地形复杂多样，每个省甚至市县的流域地貌和河流的物理生物特征都有所不同。以山地城市重庆为例，在地方层面上梳理了山地城市在河流河岸及水环境、水生态管控方面的相关法规条例及导则。《重庆市河道管理条例》是结合本市的实际情况制定的，因重庆市河道线较长，因此加强了河道的保护，增加了河道内工程设施维护、护岸林营造、河道保洁的规定。《重庆市城镇河流利用和保护规划导则》的制定是为了明晰河道范围、功能和开发利用，统筹整体与局部、长期与远期。此导则在河道管理上对全市每条河流河岸区域的保护利用管控更为细化。此外，根据重庆市的山水特色制定了《重庆市主城区美丽山水规划》和《重庆市特色公共空间规划设计导则》，主要对城市区域的河流岸线进行了在生态、景观、社会等复合目标下的综合管控。

1.2.3 当前规划管控的局限与反思

在自然科学领域，如生态学、地理学等，河岸相关研究主要聚焦于河岸的生物、物理和化学特征及其生态功能。而在工程学领域，如水利、环境、规划景观等，主要研究人类对河岸的改造利用，包括利用目的（生产、防洪、娱乐、景观等）、利用方式、生态环境影响和生态修复等。

宏观尺度的“流域规划”和“河岸生态系统管理”主要是在综合区域层面的生态、社会、经济信息的基础上，制定整合的远景、目标、策略和管理政策以及区域尺度的空间功能结构规划，规划管理涉及更大范围的流域，或城市所在位置的上、中、下游的乡村地区。但它们较少考虑河岸相关环境资源在城乡区域上的整体配置和有效利用。尤其在城市和受城市影响的周边区域，较少将城市化河岸相关生态要素和社会经济要素整合来考虑整个流域中的资源适宜配置。

中观尺度的规划类型比较多，规划范围主要集中在城市或城郊区域，“城市水系规划”与“河流绿道规划”的重点都是城市河流河岸带纵向空间以及整个网络结构的保护、连接和修补，确保蓝绿网络空间的整体性和系统性。但规划的价值目标稍有不同，“城市水系规划”偏向水环境、水生态的保护、修复，而“河流绿道规划”更多地展现对城市社会和居民的贡献，如空气净化、环境教育、休闲游憩、健身活动等。“河流开放空间规划”“滨水城市设计”聚焦于城市河流关联河岸建设空间的规划、设计和管控，重点目标在于游憩、景观和慢行交通等方面的行动策略以及滨水建筑的高度、形态、景观视线等方面的控制。

微观尺度上的河岸规划重点是河岸横向空间的设计与管理。横向空间的宽度范围比中观尺度要小很多，中观尺度的规划范围通常为距河流水面100~500m（根据河流等级大小），而微观层面的规划范围通常为距河流水面小于100m。“河岸生态修复”的目标主要是栖息地环境的修复，聚焦于河岸的结构、组成、状态、生态水文特征，缓冲带的宽度及功能等，但较少关注周围土地利用和生态系统过程之间的功能联系。“滨水区雨洪管理”是对地表非点源径流的水质和水量的控制。“滨水绿地设计”主要是针对城市和人的景观和游憩需求的详细设计，较少关注城乡流域河岸空间的地形—土壤—植被—水文之间相互作用的适宜匹配的功能设置，如过滤污染物、洪水控制、地下水补给以及周围土地的生态服务。

在相关河岸管控法规及管控导则中，梳理了美国和中国的国家（联邦）和地方层面的多个重要的有代表性的法规和导则。相比较来说，虽然我国关于河岸管控的法规和地方导则从数量上已有很多，但没有一部监管严格的河流河岸生态环境的管控法规。国家层面的法律法规如《河道管理条例》和《污染防治法》只是对禁止侵占河道和禁止排污等问题作出了规定，但对于如何保护河岸生态空间却没有阐述。地方层面的法规导则大多为各行政管理部门起草，各自出于对本部门利益的考虑，法规功能较为单一，甚至部分还有冲突，缺乏对综合效益的整合考量。

从目前我国的规划管理成效来看，大部分现有河岸的绿色空间资源没有得到有效保护，建设了一些发挥良好社会经济效益的绿色空间，但大部分却忽视了生态效益，导致河岸空间被不合理或过度开发。从目前普遍采用的规划目标导向和技术方法来看，河岸生态规划缺乏科学严谨的河岸特性和诉求认知作为支撑，缺乏系统的多层次、差异化的规划管控方法以及匹配的保障实施策略。

1.3 山地城市河岸绿色空间的概念及其特征

1.3.1 山地城市、河岸和绿色空间的概念

1.“山地城市”的概念

“山地”概念界定的主要是基于地形地貌对城镇空间拓展的限制，指有较大的海拔高度和一定的相对高度（通常大于200m）的地方，其类型包括高山、中山、低山、丘陵及其间的山谷等[28]。而“山地城市”是指在山地或山区发展建设起来的城市，也指在城市空间拓展时受山地地形限制和约束的城市[29]。在西南地区，典型的山地城市有重庆主城、綦江、巫山等，它们是直接在山地上发展起来的城市；还有四川眉山、开州、南川等，它们在城市拓展时受到周围山脉山体的限制。

本书界定的山地城市在人居环境的可持续发展意义上主要有以下几点特征：一是地理区位上，城市坐落在大型山区内部，或山区和平原的过渡带上；二是社会文化上，城市的社会经济与历史文化在发展过程中与山地的地域环境形成了有机整体[30]；三是地形空间上，复杂特殊的地理地貌条件影响了城市建设与发展，从上游到下游、从河道到高地，形成了纵向与横向空间特征分异的人居环境。研究中涉及的山地城市案例主要在西南山区，包括重庆主城、

南川、开州、綦江、四川眉山等。

2. "河岸"的概念

"河岸"（riparian）一词来自拉丁语 rip，表示一条河流的岸边[31]。有学者把这一区域描述同时依赖水和陆地的独特植被和动物群落区域[32]，属于水岸及其相邻陆地，包含水文通道、河口、水体以及表面涌出的含水层（泉水、湿地、绿洲）[33]。大部分对于河岸的定义主要依赖于其物理和生物属性，包括河流大小、地理和水文、季节性气候模式、高程、梯度、流域大小、高地植被以及水利用模式等[34]。目前，大多数文献中使用河岸（缓冲）带（riparian buffer）的概念。当它被用来保护开发环境并为人类提供特殊功能（如污染物清除、微生物分解转化、物理物质拦截、化学物质降解）的时候，被认为是河岸缓冲带[35]，但通常河岸（缓冲）带只是河岸区域的一部分（图 1-1）。目前，河岸没有一个完整的描述定义，所有描述定义都不能很好地涵盖所有的有意义的河岸现象[36-37]。

河岸的定义始于其复杂的自然生态特征及它们在环境中扮演的多功能角色。公认的说法是：河岸位于陆地和水域生态系统的交界处，包含梯度上骤变的环境因子、生态过程、植被群落，由更大的景观中的地貌镶嵌体、群落和环境组成[38]。但是，随着生态理论的发展和价值观念的变化，特别是城市化所影响区域的河岸逐渐脱离了"原有自然生态系统的分支或陆生生态系统向水生生态系统的过渡区域"的老观点，更多地被放在城市生态系统里面去看待和研究，研究其如何为人类活动的城乡空间产生可持续的最大化综合效益。

本书对河岸的定义为：在一个城乡流域范围内，横向上，内部受河流生态水文属性影响，外部受城镇化和人类社会活动影响，河流水体与内陆高地之间的过渡交界区域，没有固定的横向范围。由于河流等级、宽度，河岸地貌特征以及人类开发情况的不同，河岸的横向宽度范围跟随具体研究地域和研究尺度的差异而不同。

3. "绿色空间"的概念

绿色空间概念在美国、欧洲和中国界定的侧重点有所不同。美国的绿色空间（大多称为"open space"）是指"城市区域未开发、具有自然特征的环境空间"，是一些维持自然景观或自然景观得到恢复的地区（如游憩地区、保护地区及风景区），或者为调节城市建设而保留的土地[39]。凯文·林奇认为绿色空间可以分为两类："城市外缘的自然土地"和"城市内部的户外区域"[40]。欧洲国家认为绿色空间（green space）是位于城市区域，被绿色植被所覆盖，主要用于游憩和活动的空间，作为城市绿色基础设施的一部分，对城市环境有好处，并具有方便可

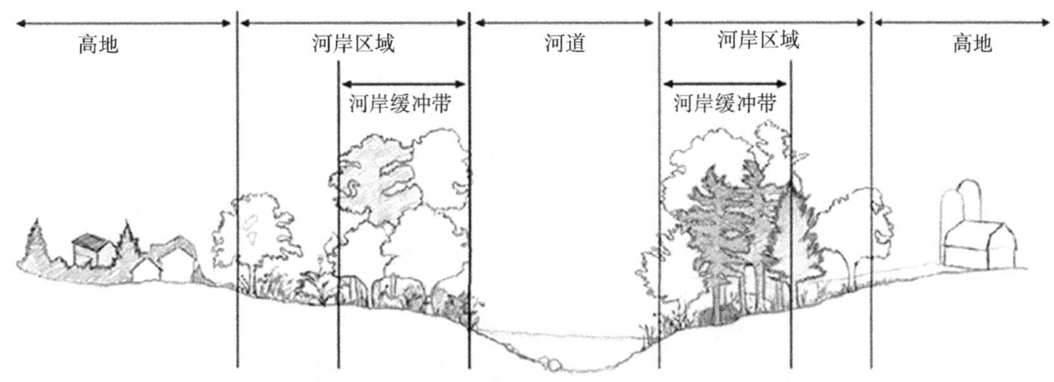

图 1-1　河岸区域，河岸缓冲带，河道和高地的关系示意图

资料来源：US EPA，OW. National management measures to protect and restore wetlands and riparian areas for the abatement of nonpoint source pollution[EB/OL]. 2005[2020-06-01]. https：//water.epa.gov/aboutow/owow.

达性和服务于居民的不同需求的特征[41]。国内学者王保忠等认为，“城市绿色空间是指山脉、农田、河流、园林、绿地等植物构成的城市空间，是广义上的城市绿地”[42]。李峰和王如松认为，绿色空间与绿地的概念不同，它是包括“城市森林、园林绿地、都市农业、绿色廊道、滨水绿地以及立体空间绿化等在内的复合生态系统中的绿色空间”，是乔、灌、草植被的结构功能合理布局的系统绿地[43]。

综合国内外学者的观点和本书研究的核心问题，本书界定绿色空间为城市建成区、郊区以及外围乡村和自然区的具有复合功能的自然或人工的开放空间系统。绿色空间具有自然和人工生态属性、多目标功能的复合性以及与城市化建设开发区域的地理关系。本书所指的绿色空间，并不局限于有些学者界定的“一类以土壤为基质，植被为主体”的非硬化可渗透性地表类型[44]。它也包括绿化广场、生态屋顶等经过生态化处理的硬化或半硬化的二维或三维空间。

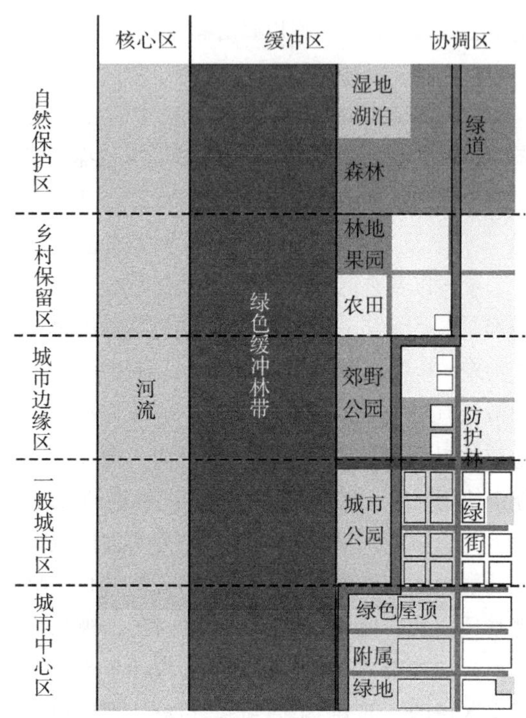

图 1–2　河岸绿色空间的概念示意图

1.3.2 “河岸绿色空间”的概念界定

1. “河岸绿色空间”的概念界定

综合“河岸”与“绿色空间”的内涵，本书对河岸绿色空间的定义是：在城乡流域范围内（包含城市规划区），各级河流河岸有着复合功能的自然或人工开放空间系统，涵盖维护河流生态特性的内侧河岸缓冲带和服务邻近城乡功能区的外侧河岸协调绿带。形式包括河流廊道、绿道绿街、建设和非建设绿地、绿色基础设施等（图 1–2）。

从空间尺度和结构要素来看，河岸绿色空间可分为三个空间尺度：宏观尺度是由河流廊道网络及依托于河流的各类生态斑块构成的“点—线—面”河流绿色廊道网络；中观尺度是由河流纵向沿岸的绿道、绿街、防护林带等构成的河岸生态绿带；微观尺度是河流横向沿岸的绿色开放空间场地，包括河岸的林地、农地、公园、绿地广场、绿色基础设施（雨洪管理）等。从人类改造自然河岸的程度来看，河岸绿色空间主要包括两大组分：一是城市河岸组分，指高密度人类栖息地内的城市化河岸景观；二是乡村河岸组分，指低密度乡村土地上的自然化或半自然化河岸景观。按照从自然状态到人工化，河岸绿色空间依次包括河岸原生森林、河岸自然湿地、河岸经营林地、河岸人工湿地、河岸农田、河岸公园、河岸景观广场等。

需要强调的是河岸绿色空间不是独立和隔离的，可能会存在物质实体的互相交叉，并且是相互作用的。立体空间绿化如绿色屋顶、生态墙也是城市绿色空间的重要组成部分。一个好的河岸绿色空间应具有的内涵特征包括：“生态”，鼓励自然过程而不是工程化的解决方式，水环境、水生态的保护；“绿色”，自然要素组成的绿色基础设施，建设开发低环境影响；“连接”，连接人与自然，连接社会群落，连接生物栖息地；“开放”，公共服务属性，对社会不同人群的包容性，公众的使用度和接近度；“多样性”，多种目标的混合用途；“吸引力”，历史记忆的保存和文化认同。

2. 与相关概念的比较

河岸绿色空间有许多与之相似的概念，如河岸带（缓冲带）、滨水区、滨河绿地、河流绿道等。不同学科背景的学者对河岸绿色空间的称呼有所不同，且在各个学科领域的研究范围和研究重点也大有不同。在自然科学领域，如生态学、地理学等，主要研究河岸带（缓冲带）的生物、物理和化学特征及其生态功能。在工程学领域，如水利、环境、规划景观等，主要研究人类对河岸的改造利用。

1）与河岸带、河岸缓冲带（riparian buffer）的比较

生态学家大多称其为河岸带或河岸缓冲带。主要研究河岸带的生态结构与功能（主要从植被和土壤两方面），生态水文过程，河岸缓冲带宽度，植被配置对径流污染物的清除效率（渗透、过滤、吸收、沉积、截留）以及退化河岸带的生态恢复等[45]。生态学家对河岸带的定义的共同点是：河流水体与陆地交界区域；受到河水影响的区域；完整生态系统的植被带状区域。河岸空间的界定不仅反映了区域本身的异质性属性，而且可反映研究方法的多学科特征。河岸绿色空间与河岸带相比，其概念空间范围更广，除了河岸缓冲带外，还包含河岸更外围的人类开发利用区域，与城市功能紧密结合。而河岸缓冲带重在控制径流量及污染，在社会功能上使河流与城市分离。

2）与滨水区（waterfront）的比较

城市规划师主要称其为滨水区（waterfront），是城市中陆域与水域相连的一定区域的总称，包括水域、水陆线与陆域三部分[46]。滨水区是指可以让城市居民意识到水的存在的那个区域，所有规模的城镇的水的边界，有着城市和生态、文化的区分，同时有着矛盾和匹配功能的复杂关系，一边是自然过程，一边是人类需求。水体可能是河流、湖泊、海洋、溪流或运河等。滨水区可以分为历史文化、娱乐、环境、居住和工作滨水区等类别，但通常它会包含一种或多种类别，具有混合土地使用功能[47]。滨水区只有某一河段，但横向可能比河岸绿色空间更宽，包括景观风貌、用地、建筑、公共空间等物质形态建设，重点关注社会功能，较少关注生态过程。

3）与滨水（河）绿地（waterfront/riverside green space）的比较

景观设计师通常称其为滨水绿地或滨河绿地。滨水绿地是指在城市区域内，水域（湖、河、湿地等）邻近区域的绿地，由于与生俱来的区位和亲水性，它对于城乡居民具有较大的吸引力。其存在形式包括城市滨水公园、滨水绿地、滨水广场、滨水林地或湿地等。滨水绿地通常是城市建设中的重要景观资源，在提高城市环境质量、塑造地域特色风貌、丰富市民游憩活动等方面极具价值。滨水绿地与河岸绿色空间概念相比，往往指河岸线更小的场地尺度，关注景观美化和娱乐设施等的建设，较少关注生态过程。

4）与蓝绿基础设施（blue-green infrastructure）的比较

蓝绿基础设施是指“土壤—水—植被”系统[48]，包括绿色（植被及其土壤系统）和蓝色（水和有机物）的组分。在结构上，蓝绿基础设施是一个植被和水系连接形成的控制和弹性系统，主要由“植被—土壤—水”的蓝绿要素（湖泊斑块、河流廊道、溪流小径等）构成。随着工业化和城市化的进程，城市沿着公路和铁路呈放射状向外扩张延伸至周围的乡村地区，在相反的方向，多产的农田、输出木材和能源的森林、富含鱼类的河流水体以楔形蓝绿廊道或绿道的形式朝城市中心延展，形成多功能的网络路径。蓝绿设施与河岸绿色空间概念相比，更强调是个整合的设施系统，重点关注水环境的管理和局部工程设施的设置。

5）与河流绿道（river greenway）的比较

绿道已经成为一个受许多城市喜爱的规划策略，一种生态规划组分[49]。广义上说，绿道是一条有自然植被或者比周边区域更加自然化的廊道，允许绿道存在更广泛的环境，包括人工的和自然的[50]。绿道类型中最常见、最典型的就是河流绿道，它通常具备有意义的生态自然廊道、复杂的绿道网络、游憩和历史景观路线。河流绿道的意义还在于参与城市雨洪的处理[51]。河流绿道的方法、思想和理念、目标与河岸绿色空间概念部分具有相似性，在国内外也有许多成功的实践案例，对本书中的河岸绿色空间规划研究具有一定的指导意义。河流绿道与河岸绿色空间概念相比，更强调多尺度的线性或网络的连通功能，偏重游憩与健身功能，缺乏对河流水文生态过程的考虑。

1.3.3 山地城市河岸绿色空间背景特征

1. 山地流域水文生态过程复杂

山地城市由于在地形、地貌和地质条件上存在较大的差异，因此在流域水文过程、河网空间形态、山水景观格局及河岸带中表现出了与平原城市不同的特征。山地流域生态系统是山地的一个重要生态系统[52]。

1）山地流域的汇水模式与径流特征

山地的降水比平原丰富，山区的地表切割程度和地形坡度也较大，因此河网水系分布密集。山地流域的径流系数要大于平原地区，例如四川盆地的径流系数为0.3，川西山地的径流系数则高达0.8[53]。山区径流量的分布随高程而异，高度不大的山地，年平均径流量与流域平均高程之间为接近直线的正相关。

山地区别于平原地区的主要特征就是其垂直梯度的属性，较大的相对高差和地形起伏度以及独特的地质水文条件是决定山地河岸空间特殊性的根本因素，河岸空间在水文过程中呈现出不同的规律和模式。山地流域的河流速度较快，暴雨时期，山地城市能在非常短的时间内在地表汇集形成大量的雨洪径流，引发洪涝灾害。在山地地区，高程的急剧变化是与河岸植被群落分布及其物种构成有关的最重要因素[54]。从下游低地到上游高山，沿着陡变的高程，降水和温度梯度上，河岸植被群落和分布也随之变化[55]。

2）山地河网空间结构复杂，河网密度大

山地地表径流的汇水过程相对较为复杂，通过大大小小的不同方向的不同深浅的汇水单元和水文通道进行传输。高低起伏、形态各异的山体使得山地城市河网结构复杂，空间形态无规律，随山地高差特征表现出显著的上游和下游的纵向空间关系，河网空间结构多呈树状或放射状，河网密度也较大。山脊常形成河流分水岭，山谷常有河流发育，根据河床比降可以将山区河流划分为有跌水的山地河流、冲积形态发育的山地河流和冲积形态不发育的山地河流以及半山区河流，也可以按雷诺系数将山区河流划分为高山河流、山地河流、山地—山前河流以及山前平原河流等[56]。

2. 山地河岸自然地形环境脆弱

1）山地城市河岸地貌多样，垂直高差大

山地城市河岸的地质、地貌条件敏感且脆弱，往往有崖壁、陡坡、冲沟、楔形谷地、丘陵山头、坑塘堰渠、小型支流等，具有较大的绝对或相对高度，切割深，切割密度大，地质结构复杂。河岸土地单元的空间属性与垂直梯度分布决定了河岸的三维集约特质，在垂直空间梯度上成层分布[57]。山地城市的河流由于季节性的水位涨落特征和较大的河岸垂直高差，在临河水陆交界区域形成消落带①。山地城市的消落带按坡度可分为崖岸、陡坡岸、滩坡岸、

① 消落带（hydro-fluctuation belt）又称消落区，是水库特有的一种现象，是指水库季节性水位涨落使库区被淹没土地周期性出露于水面的区域。

台（阶）岸①。不同地质地形、人居环境（农村、城镇）、开发利用程度（自然或人工）的消落带的特征及其生态社会功能都有较大差异[58]。

2）山地城市河岸斜坡环境不稳定

山地城市河岸斜坡环境具有不稳定性，在自然和人为的干扰下极易发生变化，形成了区别于平原城市的物理、化学与生物环境，进而导致山地河岸的物质流、能量流以输出为主，地表系统十分脆弱。不稳定的山地河岸斜坡对外力干扰（地质运动、风化、水文、重力等）十分敏感，易发生灾害，因此，山地河岸绿色空间系统也不稳定，始终处于动态调整状态。

3. 山地城市河岸景观与公共空间特色鲜明

1）山水格局、自然河流景观与城市河岸文化景观

有山必有水，降水在较高的山林区汇成溪，往下在河谷区集成江河，山水融合成一体，交相辉映，且与城镇建设空间交织在一起，形成美丽的山水城市空间格局。山地流域起伏变化的地形地貌创造了不同形态的自然河流景观，例如重庆主城两江上的峡、潭、滩、沱、浩、湾、碛石等（如明月峡、北碚庙嘴的碚石、磁器口河滩等）成了独特的自然地标。随着城市历史人文的发展，还形成了很多特色鲜明的山地城市河岸文化景观，如“洪崖滴翠”“海棠烟雨”“字水宵灯”②等，承载了山城重庆的历史记忆。

2）时空演进下流动的山地河岸公共空间特征

山地城市由于受到地形环境的影响，常常形成错落有致的城市“景观阳台”、阶梯广场、绿地公园等不同标高的河岸公共空间。公共空间界面通过人工与自然结合进行界定，使得其类型更为多样化，许多河岸地形要素，如山坡、山脊、崖壁等被组织到城市河岸公共空间当中。山地城市河岸公共空间要素除了具有三维立体特征以外，还具有四维的时空演进特征。作为复杂多样的生态空间界面，河岸绿色空间由人工要素系统和自然要素系统融合而成。河岸自然要素（地形、植被、水文和土壤等）的时空演变会改变生态空间界面的物质交换强度、开放程度、限定方式等，进而改变河岸公共空间的社会功能类型。随着社会经济的发展，不断更新的公共空间要素通过代替、合并、耦合、穿插、拼贴等方式[59]，形成了流动的时空结构特征，功能复合利用度极高。

1.4 山地城市河岸绿色空间的问题分析

河岸空间是自然过程与人类活动共同作用最强烈的地带，其非建设区与建设区具有高度的异质性和可相容性，边缘效应强烈，可以承载多元的社会经济活动[60]。但由于快速的城市建设拓展，河岸周边土地资源的高强度开发，不合理的土地利用及水利工程建设对河岸空间造成了严重的侵占与破坏。河岸绿色空间的问题体现在三个尺度上（图 1–3）。

1.4.1 流域生态过程改变，河网结构系统破碎

1. 城乡河岸空间开发改变流域生态过程

城市化导致全球层面人类对生态系统的显著改变，最突出的影响就是城市河岸空间大量不透水表面覆盖改变了水文流入、流经和流出生态系统的频率和路径，流域水文生态过程遭到破坏[61–62]。人类在流域内河岸空间的开发活动，如采矿伐木、道路建设、牲畜养殖和水利

① 崖岸一般是指坡度大于 75° 的消落带；陡坡岸一般指坡度为 25°~75° 的消落带；滩坡岸一般指坡度为 15°~25° 的消落带；台（阶）岸一般指坡度小于 15° 的消落带。参考百度百科。

② “洪崖滴翠”指重庆渝中区沧白路以下临嘉陵江的崖壁。“海棠烟雨”指在渝中半岛隔江南望，海棠溪从南山林间蜿蜒而出，经过长满海棠的树林，再穿过单拱石桥汇入长江。“字水宵灯”是指长江、嘉陵江在朝天门交汇处，因其水流几经曲折、相互迂回而天然形成一个酷似“巴”字的古篆体，故有“字水”之称。

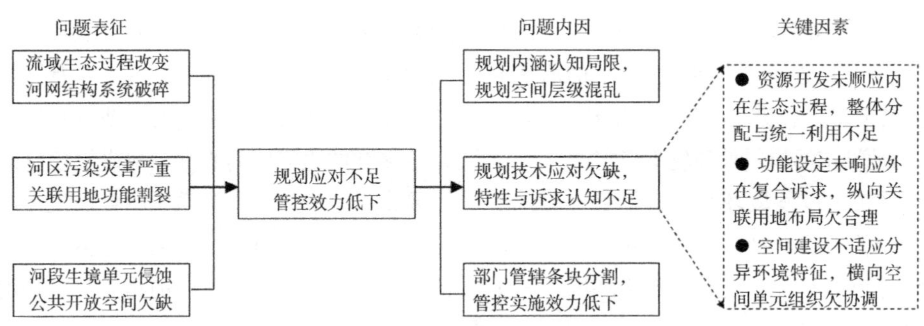

图 1–3　山地城市河岸绿色空间问题剖析框架

建设（大坝、灌溉、洪水控制），改变了河流在水文、物理、化学及生物等方面的自然生态水文过程，产生了难以修复的生态环境影响（加剧的洪水、土壤侵蚀等），威胁着河流生态系统的可持续性[63]。在农业生产区，来自田野和牧草地的大量地表径流使得溪流被排水切割变宽，农业化肥的过度使用造成沿线河流水质严重下降。在城市中心区，由于人们对河岸地区开发的偏爱，大大增加了河岸不透水地表面积，影响了地形地貌和水文过程，改变了水流量、营养成分和沉积物。流域生态水文过程遭到破坏后，进一步影响潜在的流域生态服务功能，导致生态系统服务价值与供给能力降低，影响城乡空间内人类对河岸自然环境资源的可持续利用（农业、工业、水供给、旅游业等）（图 1–4）。

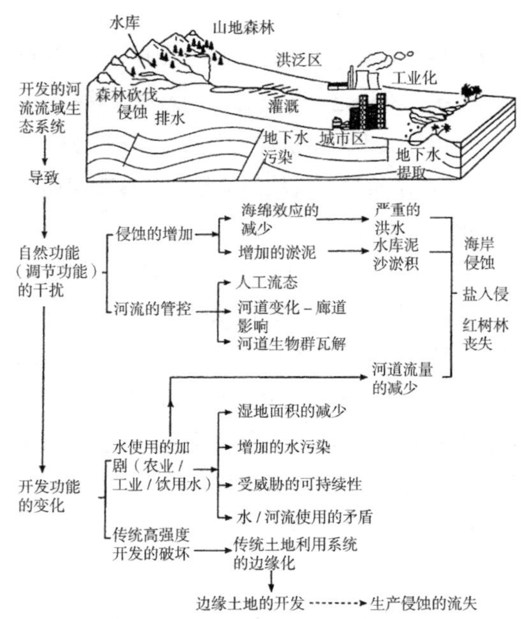

图 1–4　流域河流开发的一系列环境影响

资料来源：NEWSON M. Land，water and development[M]. London and New York：Routledge，2008.

2. 山地流域河网生态系统结构破碎

随着山地城市的增长，其腹地被相继开发，朝各个方向拓展到周围乡村地区，占据了大量的河流、森林与农田。景观优美、物种丰富的河流沿岸驱动着人们来此开发，使得流域（潜在）的水文通道和水文关键节点消失，导致流域水系生态系统结构断裂。山地城市建设用地局促，用地条件恶劣，在用地开发过程中避免不了大填大挖的粗暴的开发模式，往往需要削山造地，土地开发利用行为造成的水文通道流失的情况更严重，产生的负面影响更大、更直接。大量工程性建设侵占了原有的河岸生态敏感空间，部分等级较高、水量充足的河流被保留下来，但山地源头区的一些季节性的径流通道、湿地、洼地及冲沟被填埋、改道、侵占，进而造成了雨洪调蓄量减少和雨洪泄流路径被堵。自然状态下连通的流域河网结构和生态水文过程被断断续续地破坏，导致整个流域河网系统堵塞和破碎，影响河流网络形态，进而影响土地和水相互作用的程度。

1.4.2　河区污染灾害严重，关联用地功能割裂

1. 城镇空间开发污染河区水质和生态环境

河岸地表空间受城镇空间开发建设影响，

产生了大面积的下垫面硬化，并遭受了来自不同功能区（工矿业、农业、商业及居住区等）的不同类型与不同程度的地表径流污染。污染问题涵盖点源、面源和内源污染三种类型。

1）点源污染

主要包括工业、餐饮服务业、规模化养殖场以及城镇生活污水和垃圾产生与处理后的排放等。例如目前开州中心城区仍存在部分合流管网直排至自然河流水体的排污口，造成点源污染，污染源头包括居民生活污水，加气站、加油站、露天洗车场的洗污水，自建房的生活、建筑污水，施工废水，门市户乱倒生活用水等。

2）面源污染

包括城镇及农村地表径流、水土流失、农村分散型生活及农业生产区的污染物排放等。在山地城市周边的农业区，坡地农作物种植普遍占很大的比例，农业肥施用量大，导致含农业化学物质和沉积的径流污染河流。城区内部存在部分雨污合流制管网，在降雨量较大时存在溢流污染，同时，雨水径流携带地表污染物进入河流形成面源污染。由于地形坡度较大，山地城市的降雨径流污染程度和速度普遍高于平原城市，容易在短时间内使河流水质严重恶化[64]。

3）内源污染

包括山地城市城区和周边耕作区、消落区以及河岸无组织堆存的各种生活、农业及建材垃圾等。

山地城市河岸绿色空间的点源和内源污染在年内各月基本稳定存在，在枯水期是影响河流水质的主要污染物来源，而面源污染主要是在丰水期产生，各种污染源协同作用，形成对河岸生态环境的复合影响。

2. 山地气候与河岸开发加剧自然灾害

山地地区气候独特、降水量不均，导致暴雨、洪水频发。河岸区域的过度开发破坏了原有的环境要素和生态过程，加剧了这些区域的灾害风险，如河岸坍塌、洪水、山体滑坡。山地流域的河岸山体滑坡会阻塞河道，破坏道路，影响人类活动和河道航运的安全。原本蜿蜒的河道形态有利于降低河水流速，削弱洪水的破坏能力，河流两侧的自然湿地如同海绵，能缓解旱涝灾害，但水利部门常用百年一遇的标准，高筑防洪堤坝，裁弯取直，结果使得洪水的破坏力被强化。河岸地质灾害又是主要的山地城镇灾害之一，使其成了山体滑坡的高易发区域。山地城市河岸道路网络布局（如坡面位置）可以影响洪水和泥石流。由于开发建设的需要，往往在河岸山坡上开挖坡脚，修建铁路、公路，依山建房、建厂等工程使坡体下部失去支撑而发生下滑，造成重大的人员伤亡和财产损失，如近年来发生的重庆巫山大宁河江东寺北岸大面积滑坡。而在山地城市建成区内部，由于地形陡峭，地表径流急流而下，使得城市道路雨水高速下泄，加上城市地面硬化面积大、排水系统设施落后等问题，容易在短时间内形成严重的城市内涝。山地建设用地分散且局促，人口分片集中且密度较大，灾害影响的人口数量会更多。

3. 河岸纵向用地功能连接降低，关联用地割裂破碎

1）河岸纵向水文—生物—生态连接功能断裂

流域河流有着多种水生生态系统之间的联系，在纵向梯度空间，城市化的潜在离散要素布局阻断了这些联系。目前，人类对河道的干预以河流行洪排涝为主要目的，水利部门通常采用“截弯拉直”“硬化”“筑坝”等工程手段来调节洪水。这些城市化的离散要素布局降低了河岸绿色空间在纵向空间中的水文—生物—生态联系。水库、不合理的人工湿地、上涌流和沉降流造成了对正常汇水模式的破坏。修建大坝主要带来了对纵向水文生态过程的破坏，闸坝控制了自然季节流量模式，使下游水域面积缩小，减少了下游地区地下水的补给，导致下游河道脱水、地下水位下降，还会改变河道的物理形态和河流系统水质。大坝阻隔了鱼类

洄游，影响了物种交流，改变了下游河段的栖息地环境，使得生物多样性降低，生态功能退化[65]。河道截弯拉直和河岸硬化，会加快河流流速，增强其侵蚀力，导致下游地区大量沉积和淤塞，致使河流两侧植被流失，从而影响整个河流生态系统。

2）山地河岸复杂地貌易生阻隔，关联用地功能割裂

山地河岸地质、地貌条件复杂，虽然坡度较陡的河岸空间易形成错落有致、层次丰富的城市景观，但复杂地貌容易造成土地利用破碎和产生阻隔作用，容易形成近端道路而缺乏可达性和连通度，有碍于河岸绿色空间的开放。加上交通及历史、文化等因素的制约，社会经济发展和社会观念相对滞后，一定程度上阻碍了河岸公共空间的形成。河岸山头、陡坡、深谷等不适宜进行大规模开发建设的用地更多地被规划为公园绿地，而内陆高地较平坦的区域就被尽可能地开发为建设用地，因此，山地城市常出现公园绿地分布不均衡的情况，影响了用地功能的效益发挥。高低起伏的地貌使得城郊河岸沿线的乡镇企业、农村居民点及部分旅游商业等低密度的、分散的蔓延式开发打破了以前连续的森林斑块，使得河岸环境资源遭到大规模侵蚀，被穿孔、缩小、分割等，景观破碎化严重。

城市河岸的道路、桥梁、排水、燃气等基础设施，以最便利的建设方式笔直地横跨在山地城市复杂的河岸地貌上，破坏了地形生态要素的系统性，产生了消极的、难以利用的空间，并严重影响了河岸的稳定性、生态环境以及城市门户景观形象。不集约和粗暴的开发方式导致河岸关联用地整体功能割裂，使建设区和非建设区相互消极影响，产生边缘负效应。例如綦江河岸冲沟被市政管廊割裂，难以利用，成为垃圾倾倒的消极空间，加剧了河岸生态环境污染，并且割裂了两侧商住用地的整体功能，导致沿岸公共空间不连续。

1.4.3 河段生境单元侵蚀，公共开放空间流失

1. 河岸场地开发建设侵蚀河段生境单元

城镇河岸场地的开发建设侵蚀了原有的河岸自然生境单元，破坏了野生动物栖息地，形成了植被群落孤岛和斑块。人类在斜坡上的活动，比如伐木、道路建设，会给下面的水体造成严重影响，这些活动沿斜坡梯度的空间布局将会影响汇水单元的营养物和沉积物通量，反过来可以影响栖息地质量和河流生产力[66]。防洪堤的建设阻碍了河流溢流到河岸洪泛区，与洪泛区的断连导致生物多样性和生态功能的流失[67]。在城市郊区河段，原有河岸自然区域因娱乐设施过度开发，遗留的少量斑块被建设成文化或自然公园，只适宜人的使用，大部分缺少支撑本地物种栖息的生态条件[68]。在城市集中开发建设的河段上，土地常年使用而累积影响已经完全改变了河岸生态系统的生态和物理状况，如本地鱼类物种的消失。城市地表空间如街道、人行道、停车场、建筑屋顶、广场、退化的土壤等非渗透性地表对于河岸的横向水文过程是一种障碍，不可渗透覆盖超量会造成河岸生境破坏、多样性降低和河岸生态景观退化。

2. 封闭性社区建设导致河岸公共空间流失

随着我国城市的快速扩张与更新，各大城市都开始进行河岸区域的开发与重建，河岸空间更加成为政府经营城市、开发商竞相争夺的宝贵资源和城市优质稀缺区位。地方政府时常将河流水体与邻近岸线纳入地块一并出让，由于我国土地所有权与使用权分离，一些稀缺的滨水公共空间资源被少数人独享，造成了河岸社会公共性空间的流失。多年来，住房商品化背景下出现大量的封闭社区，部分河岸空间的封闭社区切割河岸线、临水筑楼、遮蔽水景，将河岸空间私有化。私有化的河岸空间容易被作为封闭社区的“配套设施”被保留下来[69]。由于开发商更关注社区内部的安全性，对公共空间的连续性重视不足，利用围墙

营造封闭型居住区，导致河岸公共空间被割裂，公共空间之间的步行联系断裂，使得只有极少部分河岸社区居民对河岸公共空间的使用较便利，而大多数城市内部社区居民难以享用滨水公共空间。特别是老城区的河岸区位原本多被低档传统住房占据，城市河岸空间地价飙升，河岸公共空间更难寻觅。

1.4.4 规划应对思路不足，管控实施效力低下

1. 规划对象的内涵局限，规划空间层级系统欠缺

1）规划对象与范围具有局限性，规划价值导向模糊失衡

现有河岸绿色空间的规划对象、空间范围及内涵存在局限性。各个部门（环保、水利、园林及规划等）的规划对象大多为河岸（缓冲）带、滨水绿地（公园）、滨水区等，只考虑河岸内侧绿化缓冲带，未考虑河岸外侧靠近建设用地的协调带。规划纵向空间范围大多局限在城市建设区内部，横向空间范围大多在滨河道路以内，宽窄随意。规划目标和内容要么只注重河道滩涂与河岸缓冲林带的环境治理与修复，要么只注重滨水绿地和建筑的景观形象与经济增值。

山地城市河岸绿色空间规划价值导向模糊、失衡，未能平衡把控岸线生态资源所产生的生态环境效益和社会经济效益，不同河区河段沿岸的生态环境资源配置不合理。由于山地城市用地紧张，河岸开放建设项目只考虑局部河段的经济利益，缺乏自身生态环境效益和整体区域综合效益的考虑。在经济效益和生态效益产生矛盾冲突时，往往因缺乏价值观的引导而形成错误的决策。河岸规划建设往往偏向某单一功能，未优化配置河岸环境资源来发挥综合效能，造成河岸生态资源的浪费。

2）规划空间层级系统欠缺，与相关规划衔接不足

河流在自然状态下是以流域单元为空间边界的，并具有多个空间等级。而城乡规划更多是以城乡建设用地单元和行政管辖单元为规划的空间边界。传统的河岸绿色空间相关规划主要针对城市建设区内部的局部河岸进行景观设计，而对于城市建设区外的城市边缘区、农业区和自然区的河岸，除了水利农业设施的布置以外，很少将其与城市建设区内部的河岸绿色空间联系起来整体考虑。根据河流生态学的原理，上游自然区的河岸规划建设与中游、下游农业区和城市建设区的河岸规划建设有着紧密的生态约束和联系。目前，河岸规划的基础现状分析总是将河流生态系统各要素割裂开来进行研究，分为水文、水环境、地貌、栖息地、生物等孤立的“分析”视角。综合的、系统论的研究分析存在不足，未将河岸绿色空间视为具有层次结构的、由不同尺度嵌套起来的一个“社会—生态系统”，导致所获得的基础分析结果虽多，但深度、力度和实用性不够。因此，河岸绿色空间规划也必须打破传统规划建设单元的空间局限，建立内在顺应河流空间等级和结构的规划空间层级系统。

目前，河岸绿色空间相关规划较多，如前面综述部分总结的流域规划、城市水系规划、河流开放空间规划、滨水城市设计、河流绿道规划等。这些相关规划在空间范围、规划内容以及规划导向上都难以满足河岸绿色空间规划的内涵要求，并且它们分别在不同的规划编制层级上实施，缺乏一个综合系统性的规划来进行指导和衔接。

2. 河岸绿色空间特性与诉求认知不足，规划技术应对欠缺

1）河岸资源开发未顺应内在生态过程，整体系统分配与统一利用不足

城乡空间开发是建立在流域空间上的，是多个子系统相互作用、多个目标反复权衡的综合开发过程，涉及工业、旅游业、农业、城镇发展、基础设施等问题，流域上游的开发建设会对中下游的生态环境产生较大的影响。山地城市在城乡

空间开发过程中，往往没有充分认知所在流域的生态特征和生态过程，对流域的生态敏感区域如陡坡山林区、湿地与洪泛区、地质灾害高易发区等没有加以足够的保护和管控。流域上、中、下游各部门和各地区的经济开发不协调，城乡河岸资源（水、森林植被、旅游、矿产等）的利用没有与流域各要素有机结合，没有处理好局部与整体的关系。工业、农业与城镇发展空间布局存在矛盾，各类空间规划存在多元化的利益取向，未能对流域空间的生态资源进行有效的配置和可持续的利用。分散在流域的各个空间节点的开发建设往往只注重单个项目的社会经济效益，忽视流域生态的整体效益，且各个项目建设（如度假休闲产品）大多具有同质性，未能结合所在流域空间节点的生态特征进行因地制宜的生态建设。污染物排放在流域河网空间的布局（比如污染源在上下游的位置），还有组成要素比如污染物类型和程度，决定潜在的生态损害的位置。这些位置会影响流域修复场地的布置、成本和效益（比如建设性湿地），影响流域河岸整体生态系统的健康。

2）功能设定未响应外在复合诉求，河区纵向关联用地布局欠合理

城市河岸的规划和开发在城市发展中的功能定位研究滞后，不适应城市发展规划的要求。以往城市河岸的建设多以防洪、水运、灌溉等功能为首要目标，在工程措施上多采用裁弯取直、石砌护坡、高筑岸堤等，在一定程度上满足了防洪功能上的需要和城市建设上的便利，但较少考虑城市居民的游憩健身需求以及城市重要历史文脉的保存等社会复合诉求，使得河岸公共空间并没有发挥它本应该具有的社会文化服务功能。笔直陡峭的人工砌体、驳岸把人与水分隔开来，缺少亲水空间和设施，游憩服务使用机会低。硬质人工驳岸改变了自然形成的江河岸线的自然特征和重要生态功能，不仅使河道景观单调，降低了对公众的开敞程度，还容易使较封闭的河道成为污水和垃圾的汇聚之地，成为黑臭水沟。

现有规划重视河道功能分区（如河道保护区、控制利用区和开发利用区），却忽视了关联功能单元的相容性及在河岸区域的互动，未有效激发高效的河岸资源利用和边缘正效应。对河岸绿色空间选择的内在适宜性和可持续建设途径重视不够，难以实现空间结构与功能分区的高度耦合。大部分山地城市的河岸关联用地与绿地空间的耦合布局欠合理，总体分布比较零散，没有形成连续的公共空间，可达性差，使其成为城市的消极空间。在河岸公园系统中，小游园、绿地、路径与主干河流及支流等之间缺乏生态和社会联系。

3）空间建设不适应分异环境特征，河段横向空间单元组织欠协调

以往的规划常常采用简单的、大面积的分区管控，将城市建设空间和生态保护空间截然分开，城市建设空间内单纯强调利用，在生态保护空间内则单纯强调保护。这种做法实质上是将自然与人隔离开来，阻碍了人与自然的互动作用。具体河段绿色空间建设不适应该河段区域的分异环境特征，包括自然环境特征（河流形态、植被、地貌等）与社会经济特征（人口、偏好、文化等），在面对不同河段复杂的岸线问题时，往往很容易被均质化处理，采取统一不变的规划措施，片段式保护，一刀切的管控措施，将其与关联地区剥离，缺少内在自然生态特性与外在服务功能的匹配性对接。例如河岸设施管理，主要策略包括限制道路和桥梁的径流、雨洪滞留系统和河岸缓冲带。但这些策略都是在局部热点区域或关键区域被考虑，是孤立的保护措施，往往只考虑某一特定区域或敏感区域且采取相同的措施，较少考虑城乡不同区域的因素差异及其因素之间复杂的内在联系。河岸绿色空间规划需建立在自然河流空间与人工建设空间的关联认知之上，但目前缺乏对自然河流系统与人工建设系统以及两者的相互作用和影响机理的深刻认知。

山地城市河岸横向空间单元的保护和利用时常不协调。河流廊道宽度的划定比较随意，缺乏科学依据。未能识别高价值的小型生态斑块、支流坑塘等，忽视小型廊道空间的保护，常常在经济利益的驱使下随意侵占与破坏，并带来了一连串的水生态环境影响。河岸绿色空间的建设类型和建设方式不顺应河道河岸的自然生态条件，既破坏了生境系统，也埋没了山地城市河岸空间特色。河岸绿道和绿地斑块单元的规划组织重“形态”、轻“服务”，偏重理想形态，导致功能与结构脱节，往往只注重图纸上空间形态的视觉美感，未把控实际的生态功能和使用服务效率。

3. 门管辖条块分割，管控实施效力低下

城市和郊区增长大多数发生在河岸廊道，侵占了农田和栖息地。这些新的土地使用动态加上旧的河岸自然问题（放牧、砍伐、采矿、娱乐等）给规划师和资源管理者带来了诸多复杂的挑战。城乡空间的河岸作为区域性边缘区，其土地权属混乱、土地利用状况繁杂。目前，对河流水域和河岸陆域的管控，归口管理部门众多，管理权责条块分割。河岸区域要么成为“三不管”地带，要么成为管控交叉重叠、矛盾突出的地带。在纵向上，城市规划区范围以外的河岸空间主要归国土、农业、林业等部门管，城市规划区以内的河岸空间主要归城乡建设部门管。横向上，河道蓝线控制范围内主要归水利水务部门管，城市河岸绿线范围内主要归园林、环保、规划建设部门管。众多部门各自为政，管控类型繁杂，生态管控要素重复。多方利益主体的博弈使得河岸绿色空间的建设和保护举步维艰，无法在城市建设过程中得到具体的落实。河岸往往被均质化处理、片段式保护，采取统一不变、“一刀切”的后退式管控措施，与关联地区功能剥离，缺少内在自然生态特性与外在服务功能的匹配性对接。因此，不合理的管控机制和管控方法导致管控实施效力低下。

河岸绿色空间的自然环境资源管控的法规、规划条例及导则等大多由政府的各个行政部门起草，出于对本部门利益的考虑，法规功能较为单一，甚至部分还有冲突，缺乏多种效益的权衡考量，缺乏一个多层级的整体管控框架来建立地区间的协作以及建设区与环境区之间的联动关系，缺乏细致的实施规划、保障实施的策略、匹配的管理法规、完善的管理监督机制和程序等。

1.5 研究方法和框架

1.5.1 研究方法

1. 文献研究法

文献研究法是通过广泛地查阅相关文献资料，科学地了解或认知所研究对象和研究问题的方法。通过搜集国内外河岸区域的相关研究文献和规划实践案例，对有关研究和规划的核心问题和重点内容进行提取，分析研究不足之处，建立本书的研究对象（即河岸绿色空间）和核心研究问题，将河流生态学、景观生态学等学科领域的研究结论应用到河岸绿色空间的内在特性认知上，将相关的城乡规划理论与方法应用在适应性规划思路和技术要点研究上。

2. 实证研究法

实证研究法可以认知和揭示客观现象的内在组成因素及它们的相互作用机制，归纳、总结客观现象的内部运行规律。通过搜集多个山地城市的大量资料和数据，采用定性分析和定量分析相结合的方法来展现河岸绿色空间在城乡空间梯度上转化的分异特征，认识河流、河岸绿色空间和城市之间的横向关系以及山地城市河岸绿色空间的潜在复合功能。

3. 经验研究法

经验研究法是通过对规划实践项目中的具体问题、情况及方法等进行归纳与总结，将实践经验转化为系统理论。通过多年在山地城市的生态规划项目中实践积累和对地方生态智慧的实践认知，归纳总结出适于山地城市河岸绿色空间特征的规划技术要点，例如复合生态功能供给与需求分析中的因子权重判定、河岸区域土地利用的兼容性分析、河岸绿色空间设计导引的制定等。

4. 系统科学研究法

以系统科学理论发展山地城市河岸绿色空间规划的综合思维，包括多个空间维度和时间维度，例如把河岸绿色空间看作城乡空间流域单元内具有土壤、坡度、植被、生物等生态因子，交换、连通、调控等生态过程，在时间、空间、结构上耦合的河岸复合生态系统。

5. 跨学科研究法

运用多学科的理论、方法和成果从整体上进行综合研究的方法。借鉴相关学科的主要理论（景观生态学、河流生态学、新城市主义理论、山地城乡生态规划理论等）和技术方法来构建山地城市河岸绿色空间规划方法体系和规划管控过程，例如自然样条分区和城乡样条分区叠加的流域整体空间样条分区，融合了河流生态学和新城市主义的理论与方法。

1.5.2 研究框架

本书按照发现问题、分析问题到解决问题的逻辑主线，借鉴多学科理论与方法，在宏观、中观和微观空间层级上展开山地城市河岸绿色空间规划研究，研究技术路线框架如图 1–5 所示。

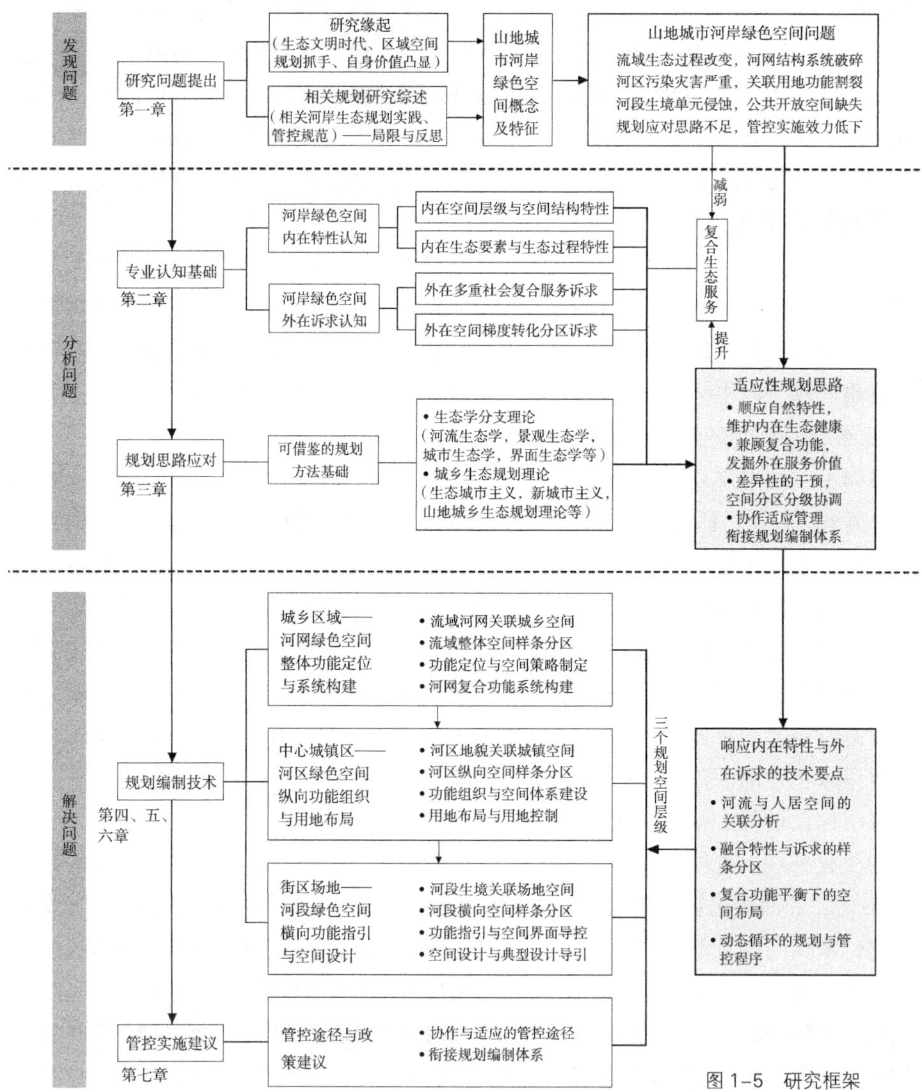

图 1–5 研究框架

2 山地城市河岸绿色空间内在特性与外在诉求认知

科学专业的认知信息在规划管控决策中扮演重要的角色。山地城市河岸绿色空间本身具有高度的复杂性，既要考虑其本身的内在自然生态特性，又要考虑外部环境对它的影响和诉求，既要保障河岸自身内部生态系统健康运转，又要尽量满足外部城乡空间社会对它的复合功能需求。主要采用文献研究来认知山地城市河岸绿色空间的内在空间结构与生态过程特性，采用实证研究来认知外部城乡空间对河岸绿色空间的社会服务诉求和空间梯度转化分区诉求，进而发掘河岸绿色空间的属性及其支撑的复合功能。空间梯度转化分区诉求的实证研究选择眉山、南川、桐柏等多个山地城市进行定性和定量结合分析，说明它的普遍性。

2.1 内在空间等级与空间结构特性

2.1.1 流域河网与河岸区域的空间等级

1. 流域河网的空间等级划分

每条河流都有自己的流域单元，可以按照河流等级分成不同等级的流域单元。流域单元具有多空间尺度嵌套的空间特征，按尺度可以划分为五个等级的汇水单元：盆域（basin），次级盆域（sub-basin），流域（watershed），次级流域（subwatershed），集水单元（catchment）[70]（图 2-1）。在一个流域里，相同等级的汇水单元在空间上是并列关系，而相邻两个等级的水文单元在空间上则是嵌套包含关系。Strahler 开发出了一个流域内对自然河流异质性的分级，

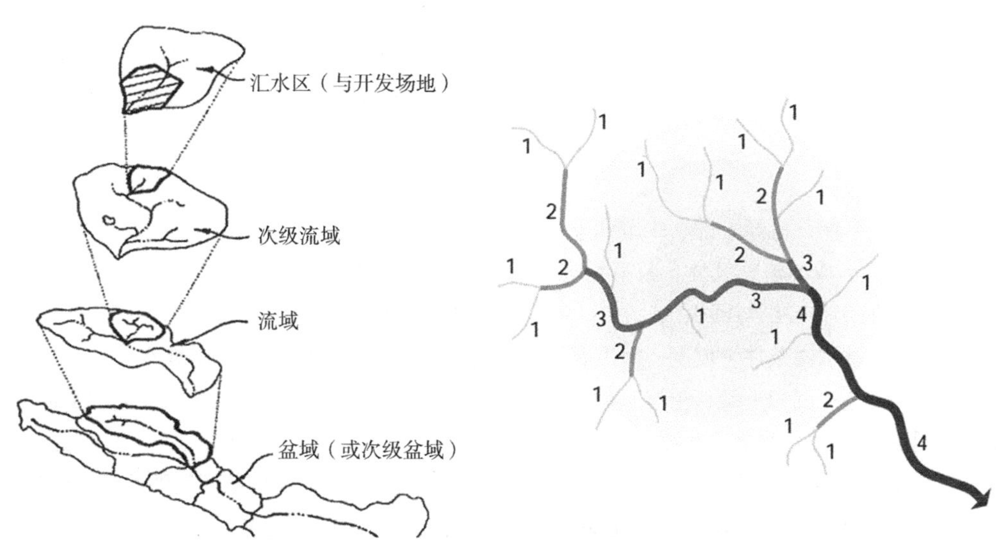

图 2-1 流域单元的空间嵌套结构（左）与河网的等级（右）

资料来源：HOLLAND H K，SCHUELER T R. The practice of watershed protection；techniques for protecting our nation's streams，lakes，rivers，and estuaries[M]. Ellicott City：Center for Watershed Protection，2000.

最上游的汇水网络的支流到它们的第一次合流处被认为是第一级河流，第二级河流是由两条一级河流汇合形成，由此形成第三级、第四级、第五级的河流[71]。

2. 河岸区域的空间等级划分

山地城市河岸区域有着大型的、复杂的、独特的景观——被高、中、低山封闭或包围的不同尺度规模的洪泛区。河流到高地的高程可以达到几千上万米，降水在上游流域和下游流域也有所不同。有学者将一条河流横向的河岸区域尺度分为五个等级：河道（channel）、河流廊道（river corridor）、洪泛区（floodplain）、谷底（valley floor）、汇水区或流域（catchment/basin）（图 2-2）[72]。确定河岸区域的尺度被用来作为管理河流或流域的一个地理导引。Gregory 认为一个自然植被覆盖的河岸区域被广泛地看作河流生态系统生物整合的关键区域，几米到几百米的河岸区域植被都可以通过提供遮阳、有机物质输入、木屑而影响河流栖息地的质量以及帮助维持河道河岸的稳定性[73]。

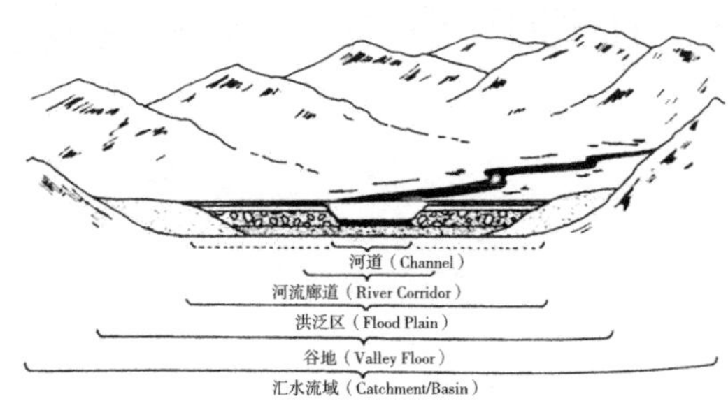

图 2-2　五种河岸横向空间范围尺度

资料来源：NEWSON M. Land,water and development [M]. NewYork：Routledge，2008.

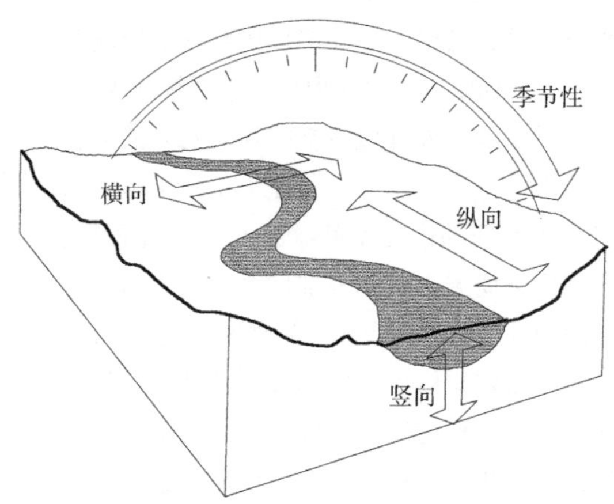

图 2-3　河岸四维空间结构

资料来源：WARD J V. The four-dimensional nature of lotic ecosystems[J]. Journal of the North American Benthological Society，1989，8（1）：2-8.

2.1.2　纵向—横向—竖向—季节的空间结构

河岸（riparian）具有四维空间结构特征，即纵向（源头区、传递区与沉积区）、横向（河道、洪泛区、斜坡、高地）、竖向（地表水、潜水层、地下水）和季节性（枯水、丰水）4 个方向上的变化[74]（图 2-3）。

1. 纵向空间特征

河流从源头开始，流经上游、中游和下游，最后到达河口，形成河流连续体，具有纵向的三段特征：源头区、传递区与沉积区（图 2-4）[75]。河流上、中、下游水文条件（坡度、河道宽度、深度、流量、流速、沉积土量、土壤）的变化，造成了不同河流区段的差异（宽度、地形、植被群落、生物多样性等）。从河流上游到下游，坡度逐步变小，河流显著变宽且缓慢变深，平均流速变小，流量增加，沉积土量增加等。河流不仅在地表的纵向空间上连续，更重要的是其生物过程及非生物环境在纵向空间上连续，河流下游的生态系统过程同河流上游的生态状况直接相关。

2. 横向空间特征

河岸横向空间一般由四个部分组成：河道、洪泛区、斜坡、高地（图 2-5）。由于河岸横向的不同区位受河流水体的影响不同，使河岸横向空间存在一定的高程梯度或水分梯度或其他环境梯度等差异特征。洪泛区是河岸横向空间受洪水季节性淹没影响的区域，可以通过洪水的脉冲效应使河流与内陆产生物质能量交换[76]。坡地、高地过渡带是洪泛滩区和外围景观的过渡区域。河岸横向空间地表由不同植被组成，河道植物主要为湿生植物，洪泛区植物由一些

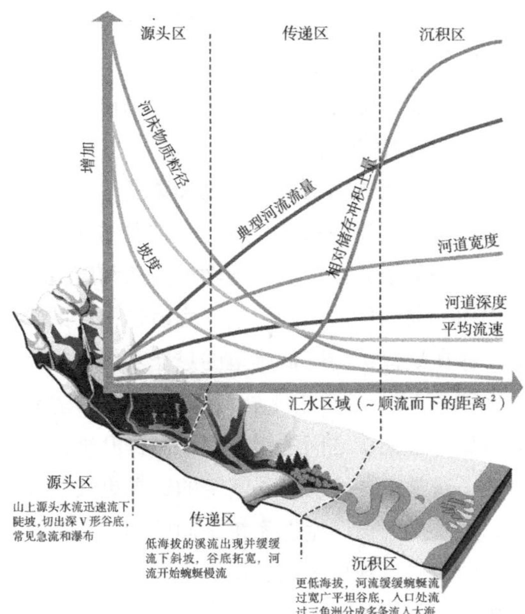

图 2-4　河岸绿色空间的纵向空间特征
资料来源：FISRWG.Stream corridor restoration，1998[R/OL]. [2020-5-25]. http：//www.nrcs.usda. gov/Internet/FSE_DOCUMENTS/stelprdb1044574.pdf.

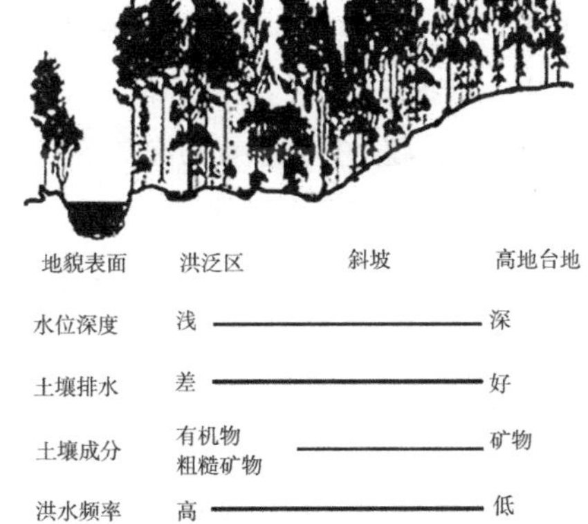

图 2-5　河岸横向空间特征
资料来源：MALANSON. Riparian landscapes [M]. Cambridge：Cambridge University Press，1993.

耐水湿和挺水植物组成，是水生及两栖动物的栖息地，坡地及高地植被受河水影响较小，以旱生及中生植物为主。河岸植被群落可以在水陆生态系统之间发挥缓冲功能。

3. 竖向空间和季节性特征

河岸是一类具有高地下水位的生态系统，在竖向空间的地表以下，地表水、潜水层和地下水相互作用，交换水、化学物和有机物[76]。通常有两种情况，一种是进水（河流地表水向下渗入含水层），另一种是出水（河流从含水层吸收水）。在竖向空间的地表以上，河岸植被垂直群落结构由乔木层、灌木层和草本层构成。季节性特征是指时间维度上的变化，河流河岸在纵向、横向和竖向的生态要素和生态过程模式是不断演变的。

2.1.3　凸显廊道特征的景观空间格局

1. “斑—廊—基”景观格局

景观生态学家用四个基本术语来界定一个特定区域的空间结构：基质、斑块、廊道、镶嵌体[77]。基质是指在大部分土地表面主导占据和内部联系的土地覆盖，通常，土地覆盖是森林或者农业，或者理论上的任何一种土地覆盖；斑块是一种非线性块状要素，与基质相比，没有那么丰富；廊道是斑块的一种特殊形式，连接基质的其他斑块，廊道是线形的，如河流廊道（图 2-6）。

2. 河岸绿色空间的景观生态廊道特征

1）六大功能特征：栖息地、传导、过滤、阻碍、源和汇

河岸绿色空间具有最典型的景观生态廊道特征，通过创造一种自我维持的系统来维持整个流域的生态功能，体现出六大功能特征：栖

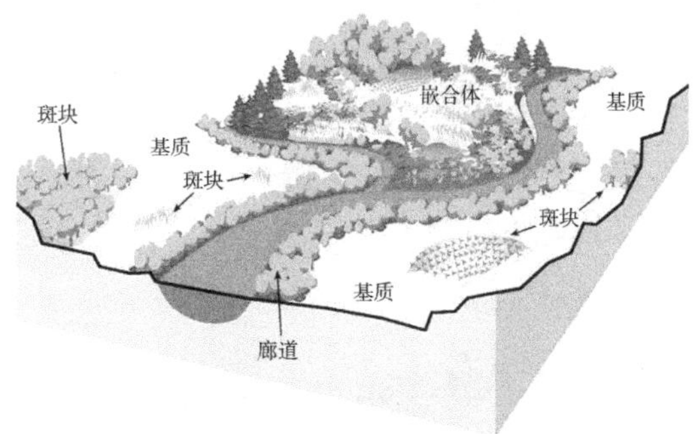

图 2-6　“斑—廊—基”景观格局
资料来源：FISRWG.Stream corridor restoration，1998 [R/OL].[2020-5-25]. http：//www.nrcs.usda.gov/Internet/FSE_DOCUMENTS/stelprdb1044574.pdf.

息地、传导、过滤、阻碍、源和汇[75]（图 2–7）。

（1）栖息地，是指河岸环境的空间结构，允许物种生存、生产和移动等。影响栖息地功能的两个廊道属性特征是边界（edges）和内部（interior）。边界对于不同生态系统之间的相互作用非常重要，拥有变化较大的环境梯度，而内部栖息地通常是更加稳定的环境。河岸绿色空间作为带状的包含水—陆界面和自然—人工界面的生态系统，具有丰富的边界。普遍来说，大型动物倾向于更完整的内部栖息地，而人类倾向于更丰富的边界。

（2）阻碍，是指物质、能量和有机物的滞留，阻挡污染物等物质移动，可以为相邻土地利用提供自然的生态屏障边界。

（3）传导，是指系统传输物质、能量和有机物的能力。传导可以是横向的，也可以是纵向的。例如木屑从高地落到低处的洪泛区进入河流为水生生物提供食物，小型动物可能沿着河岸封闭的植被树冠迁徙。

（4）过滤，是指物质、能量和有机物的选择性渗透。河岸廊道的过滤属性可以减少污染和沉积物的传输，廊道的形状和弯曲度可以影响过滤的效率。

（5）源，是指物质、能量和有机物超出输入后向外输出的设定。

（6）汇，是指物质、能量和有机物超出输出后向内输入的设定。

2）两个重要属性：连接度和宽度

河岸景观生态廊道还有两个重要的属性：连接度和宽度。连接度受到廊道内部和廊道与相邻用地之间的缺口的影响。廊道连接度的降低（存在缺口）会降低廊道的过滤功能，提高侵蚀程度[78]。通常由干扰导致的生硬的边界会降低生态系统之间的横向移动而提升纵向的移动。通常，自然状态下渐变的边界更加多样化，可以提升横向生态系统之间的移动。高连接度的河岸景观生态廊道能提供更有价值的生态功能。影响宽度的因素包括边缘、群落结构、环境梯度和相邻生态系统的干扰。河岸景观生态廊道有着动态平衡的生态特征，包括抵抗（resistance）、韧性（resilience）和修复（recovery）。动态平衡的维持需要河流廊道生态系统的一系列自我修正机制，在一定范围内控制外部的压力或干扰，到达自我维持的状态。自然系统已经开发出一种抵抗干扰的方式，但人类活动施加的干扰通常会超出自然系统的修复能力。

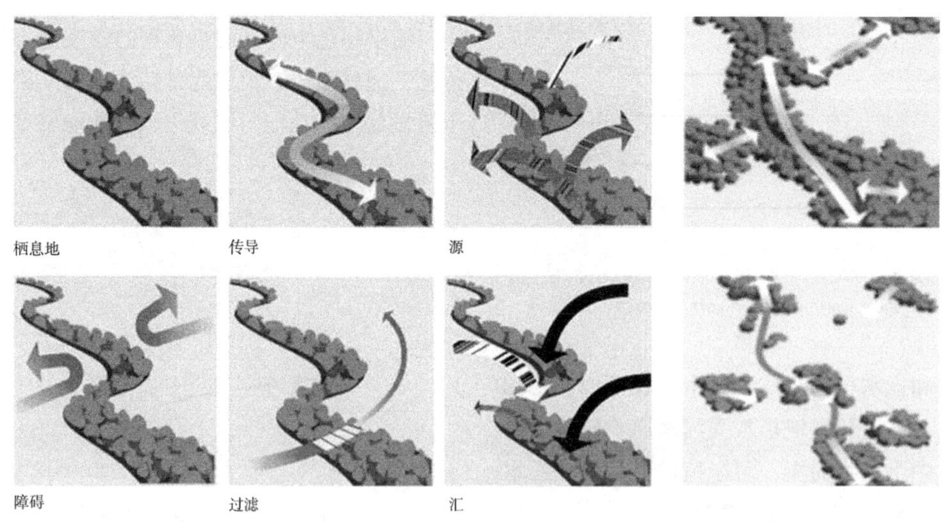

图 2–7　河岸景观生态廊道六大功能（左）；高连接度对比低连接度的河岸廊道（右）

资料来源：FISRWG.Stream corridor restoration，1998[R/OL].[2020–5–25]. http：//www.nrcs.usda. gov/Internet/FSE_DOCUMENTS/ stelprdb1044574.pdf.

2.2 内在生态要素与生态过程特性

2.2.1 河岸绿色空间的生态要素构成

河岸绿色空间有着多样的生态要素，包括水文要素（河流连续性、洪水、地下水、雨洪）、地形要素（土壤、侵蚀、坡度）、颗粒流（沉积物、污染物 / 营养物）、生物要素（植被、种子、野生动物等），每种生态要素在三个景观单元展现出不同的特征（表 2–1）。例如高地栖息地的植被没有洪泛区的植被耐水，决定了吸引不同类别的鸟类和哺乳动物。

2.2.2 河岸绿色空间的生态过程特征

河岸绿色空间的生态过程包括水文和水力学过程、地貌过程、物理和化学过程、水陆生物群落过程等。

1. 水文和水力学过程

河岸绿色空间内在的水文循环过程，简单来说，是指从降水到表面水，到地下水，到储存和径流，最终回到大气形成循环[75]（图 2–8）。

河岸绿色空间的多种生态要素 表 2–1

生态要素组分		景观单元		
		河道	洪泛区	斜坡与高地
水文	河流连续性	水流、有机物质、沉积物、浮游生物、动物迁徙	在洪水时期的有机物和栖息地补充	—
	洪水	沉积物和营养物的载体	湿地和 U 字河床上的间歇性水流，有机物载体、沉淀物沉积	—
	地下水	根据气候、季节和地下水位的回补和排放	高水位，依据水流情况根据饱和度、季节性、基底、水位等级和物质	低水位，依据物质和基底的水流
	雨洪和排水	经陆路的水流和河道土壤内水流	经陆路的水流和河道土壤内水流，较差的排水和饱和度	依赖斜坡、植被、渗透和滞留的通常较慢的水流，到达河道之前已经沉积了，具有好的排水、扩散和渗透能力
地形（结构 / 功能）	土壤	—	洪泛区冲击土	多重复合
	侵蚀	水侵蚀和沉积物质，改变河道，擦洗	在洪水时期高侵蚀，在河岸区域被自然控制	独立于河流水势，受植被控制
颗粒流	坡度	多样，受植被保护	多样化，植被覆盖	受植被保护
	沉积物	来自自然侵蚀	由洪水沉积	—
	污染物 / 营养物	受河岸植被的过滤	过滤和同化作用	由农田过滤
生物（结构 / 功能）	植被	耐水	有些耐水，高物种度	较低耐水，抵抗侵蚀
	种子传播	流动种子的传播	受洪水和风的沉淀	依赖于风、径流和其他向量空间
	栖息地	多样化，内部和边缘物种，从草到成熟树，浮游生物	廊道、城市植被、连接性、湿地，栖息地丰富	农田或城市的边界，缓冲带，具有连接性
	野生动物	连续和多样，高多样性	连续，内部物种	连续，边缘物种，多样的栖息地动物
	鱼类种群	自然动态，自由迁徙	提供食物和栖息地，控制温度	—
	浮游生物	自然动态	—	—

资料来源：参考 HOMERO M. The river in the urban landscape[D].University of Guelph，2004.

理解水流是怎样流入河流的过程对于河岸生态修复非常重要，在规划师作出适宜的决策之前需要掌握整个流域不同位置的河流的速度、流量、深度、频率以及时间等。河岸生态系统与河流、溪流及湿地、湖泊紧密关联。降水到达土地后会有三条路径：一是通过蒸发回到大气，二是渗透进土壤，三是通过地表径流进入河流、湖泊、湿地或其他水体。这三条路径在决定水流如何进入、穿越和流下河流廊道的过程中扮演重要角色。这个过程有两个部分非常重要，一是横向维度上从河流到高地的水文过程，二是纵向维度上从上游到下游的水文过程。水文循环过程中有几个关键点：拦截、传输、蒸发、渗透、径流、地下水、土壤水分。

2. 地貌过程

河岸地形地貌特征还受到河道、洪泛区及高地的各种土壤和冲击特征的影响。河流携带的沉积物的规模和种类决定了河道的平衡特征，包括大小、形状和断面。河岸绿色空间的生态规划和管理，不管是主动式的还是被动式的，都依赖于了解水流和沉积物是怎样通过地貌过程影响河流形态和功能演化的。地貌过程主要包括侵蚀、沉积物传输、沉积物沉积[75]。地貌过程与水文过程紧密联系，同样也有横向和纵向两个维度。在横向维度，侵蚀过程的发生会影响沉积物和与水质相关的污染物的产生，土壤条件会继续跟随温度、水分含量、植被数量、人类开发或农业生产而改变。在纵向维度，河流廊道特征主要由沉积物的侵蚀、传输和沉积的纵向水流而形成，从低等级支流到高等级支流，沉积物颗粒由大变小（图 2–9）。

3. 物理和化学过程

河岸绿色空间的物理特征要素包括土壤颗粒、水的温度等，化学特征要素包括氧、碳和营养物（氮、磷等）、pH 值等。河岸绿色空间可以通过沉积物、土壤和有机物完成生物化学的转化，因此，在污染物处理中扮演重要的角色。河岸的物理特征差异巨大，地形、土壤、气候及其他因素决定河岸区域的物理特征，河岸植被及水生植物可以影响河漫滩，同时河漫滩反过来可以影响河岸的物理条件。了解河岸水文化学的动态过程模式（图 2–10）以及每个环节变化影响其他环节变化的状况和程度，能预知开发建设后的影响结果，从而指导人类在改造自然的过程中做出正确的行为。

4. 水陆生物群落过程

河岸绿色空间的生态系统包括陆生生态系统和水生生态系统，本书主要关注的是河岸陆生生

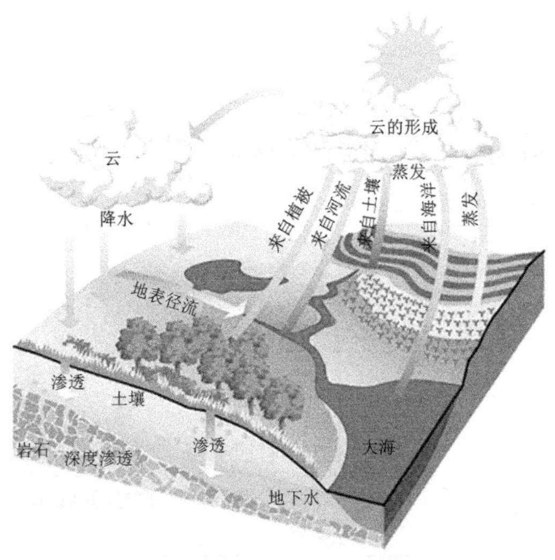

图 2–8　水文循环过程

资料来源：FISRWG.Stream corridor restoration，1998 [R/OL]. [2020–5–25]. http：//www.nrcs.usda.gov/Internet/FSE_DOCUMENTS/stelprdb1044574.pdf.

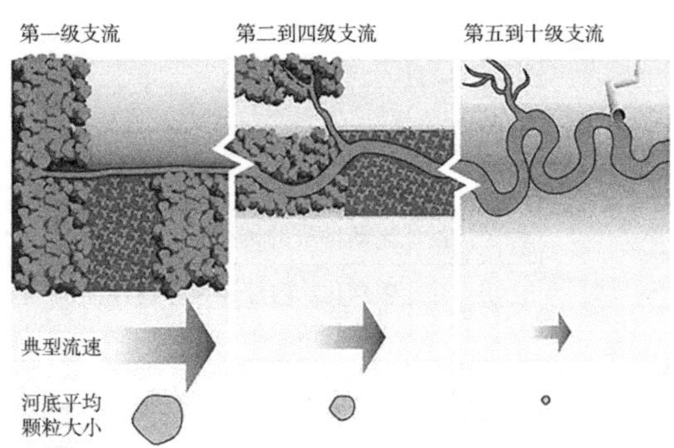

图 2–9　河道纵向维度上传输沉积物的颗粒大小

资料来源：FISRWG.Stream corridor restoration，1998[R/OL]. [2020–5–25]. http：//www.nrcs.usda. gov/Internet /FSE_DOCUMENTS/stelprdb1044574.pdf.

图 2-10　河岸水文化学动态过程
资料来源：U.S. E PA. Introduction to watershed ecology [R/OL]. [2020-5-25]. http：//www.epa.gov/watertrain.

态系统。植被模式（植被覆盖的数量和空间分布）在影响流域和河流的生物物理状态中扮演着重要角色，通过科学地了解河岸植被分布、流域植被分布和河流生物状态之间的关系，能帮助规划师系统地描述和检测从河岸尺度到流域尺度的生态状态。高地植被和河岸植被的结合聚集对河流生物状态有显著影响。即使所有河岸都有大型的绿色缓冲带，如果缺少高地区域连续的森林，也可能保护不了河流生物，需要高地森林与河岸森林结合布局 [79]。在山地流域，海拔高程和地形坡度特征对河岸植被物种丰度具有控制作用，乔木层和草本层的物种丰度与高程有关，而灌木和藤本植物的物种丰度与斜坡坡度有关，通常河流中段的河岸物种丰度最大 [80]。

2.2.3　城市化后的生态要素与过程变化

1. 城市化后的河岸生态要素特征变化

城市化后的河岸绿色空间作为城市生态系统的一部分有着明显不同于自然原始状态下的河岸绿色空间的诸多生态特征（表 2-2），总结来说，主要生态影响与特征变化有以下几点：直线形状，高内缘比，差异化的自然和非自然边缘状况；遗留的栖息地通常含有很少的生态资源；广泛的非本地植被包括有毒杂草；改变的水文条件；人类活动阻止了自然演进；沿着城市特殊路径的高营养物径流；由于缺乏捕食者，某些物种过剩；高强度的游憩娱乐压力（如小径修建，多种河岸活动）；硬化工程限制了自然过程。

2. 城市化后的河岸生态过程变化

城市化的一系列人工建设开发活动（包括森林植被的砍伐、地面的硬化、污染物的排放）对河岸绿色空间的自然生态过程造成较大的改变。土地利用带来的河岸地形、下垫面及植被的变化，影响了河岸斜坡—植被—土壤的生态水文过程，产生了不利的物理、化学、生物效应，进而造成了对社会经济的影响（图 2-11）。在自然原始状态的河岸区域，高达 90% 的雨洪停留在降落的地方（依靠地形地貌、土地利用和植被覆盖）通过地表渗透、降水拦截、蒸发和土壤滞留，补充这个区域的水平衡。而在城市化后的该区域，平均接近 70% 的雨洪不可恢复地消失在高效排水系统中，并且城市植被一直承受灌溉所需的高昂的维护成本（图 2-12）。

城市化后的河岸生态要素特征变化　　表 2-2

<table>
<tr><th colspan="2" rowspan="2">生态要素组分</th><th colspan="3">城市化后河道的景观单元</th></tr>
<tr><th>河道</th><th>洪泛区</th><th>斜坡与高地</th></tr>
<tr><td rowspan="4">水文过程</td><td>河流连续性</td><td>被大坝、水闸和堰所阻断和控制，更慢的水流，急流的消失</td><td>对自然过程贡献较少</td><td>沉积物和化学物质的来源</td></tr>
<tr><td>洪水</td><td>根据大坝的垂直移动</td><td>由水闸、大坝控制的垂直移动</td><td></td></tr>
<tr><td>地下水</td><td>回补和排放，受洪泛区构造建筑和河岸挡墙的影响</td><td>高水位，受城市基础设施和建筑地基的影响，因化学物质渗透造成的污染</td><td>低水位，受城市基础设施和建筑地基的影响，因化学物质渗透造成的污染</td></tr>
<tr><td>雨洪与排水</td><td>经陆路的水流和河道土壤内水流，侵蚀的河岸，管道深入河道处的水泥板</td><td>硬化水面的快速水流，到管道，变成线性</td><td>硬化水面的快速水流，到管道，变成线性，在特定区域排放，砂石、盐和油的运输</td></tr>
<tr><td rowspan="3">地形（结构 / 功能）</td><td>土壤</td><td>从洪泛区和高地（建设场地）带来的土壤</td><td>被控的，侵蚀的</td><td>被控的，侵蚀的</td></tr>
<tr><td>侵蚀</td><td>人工控制，城市边界不能变化</td><td>被挡墙人工控制，水泥的</td><td>人工控制，水泥的，常见于建设场地</td></tr>
<tr><td>坡度</td><td>硬质边缘，挡墙</td><td>由于人类使用而被平整</td><td>通常由于人类使用被平整，挡墙</td></tr>
<tr><td rowspan="2">颗粒流</td><td>沉积物</td><td>累积，增加的沉淀</td><td>砂子、泥、碎石</td><td>砂子、泥、碎石</td></tr>
<tr><td>污染物 / 营养物</td><td>接收径流带来的污水、油、砂和盐</td><td>肥料</td><td>肥料</td></tr>
<tr><td rowspan="6">生物（结构 / 功能）</td><td>植被</td><td>毁坏、减少、修剪的，非本地的</td><td>毁坏、减少、修剪的，非本地的</td><td>毁坏、减少、修剪的，非本地的</td></tr>
<tr><td>种子传播</td><td>更少的种子</td><td>更少的种子造成更少的繁殖</td><td>更少的种子造成更少的繁殖</td></tr>
<tr><td>栖息地</td><td>人类活动带来的破坏和减少，河岸物种的消失</td><td>破碎化、减少、小版块</td><td>破碎化、减少、小版块，没有或稀少的内部栖息地</td></tr>
<tr><td>野生动物</td><td>栖息地流失导致孤立的斑块，减少的边缘物种，较低的多样性</td><td>边缘物种，栖息地的流失，孤立的斑块</td><td>受到干扰，孤立的斑块，边缘物种</td></tr>
<tr><td>鱼类种群</td><td>减少，由于温度、BOD、污染物、植被覆盖、遮阴、物种演替造成的栖息地流失</td><td>遮阴、大型木屑和有机物质的流失</td><td></td></tr>
<tr><td>浮游生物</td><td>根据污染物等级</td><td></td><td></td></tr>
</table>

资料来源：参考 HOMERO M. The river in the urban landscape[D]. University of Guelph，2004.

2.3 外在多重社会复合服务诉求

不同于自然原始状态的河流，城市化及其影响范围内的河流除了拥有自然生态特性外，还具有重要的社会属性。河流从最人口稀少的自然山林区经过人口较多的乡镇，一直流入人口大规模聚集的城市区域，在城市化越高的地区，河岸绿色空间的社会属性和人工化程度越高。城乡河岸绿色空间的演变受当地地理环境特征的约束和影响，同时城市社会经济和科技文化发展以及社会观念诉求的变迁也逐步改变着河岸地理环境特征。

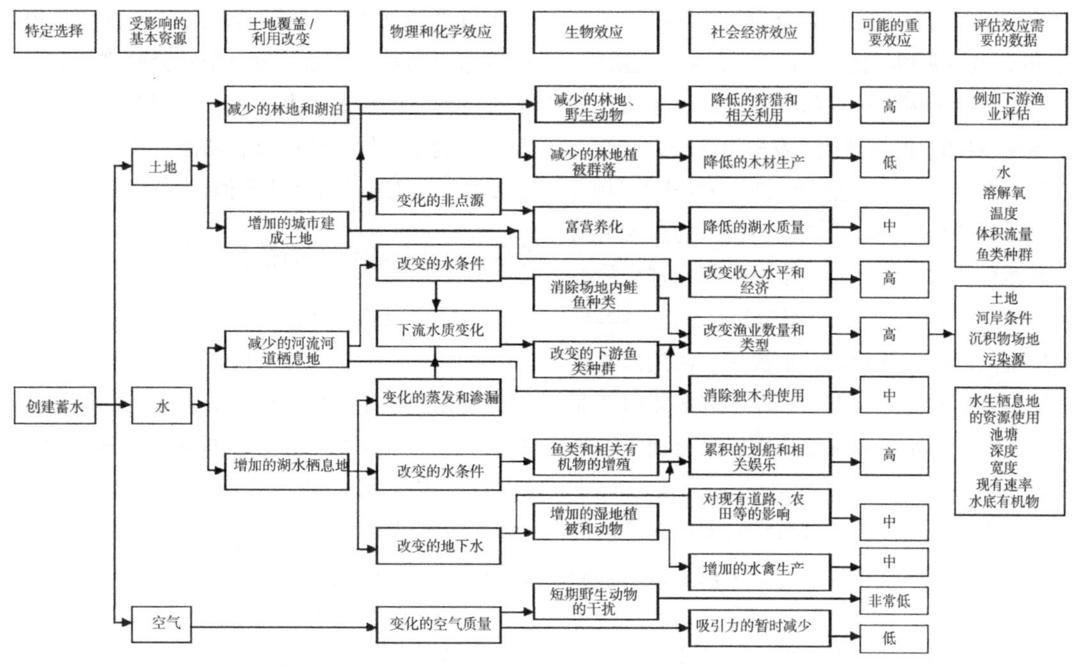

图 2-11　河岸开发项目造成了一系列环境影响

资料来源：NEWSON M. Land，water and development [M]. NewYork：Routledge，2008.

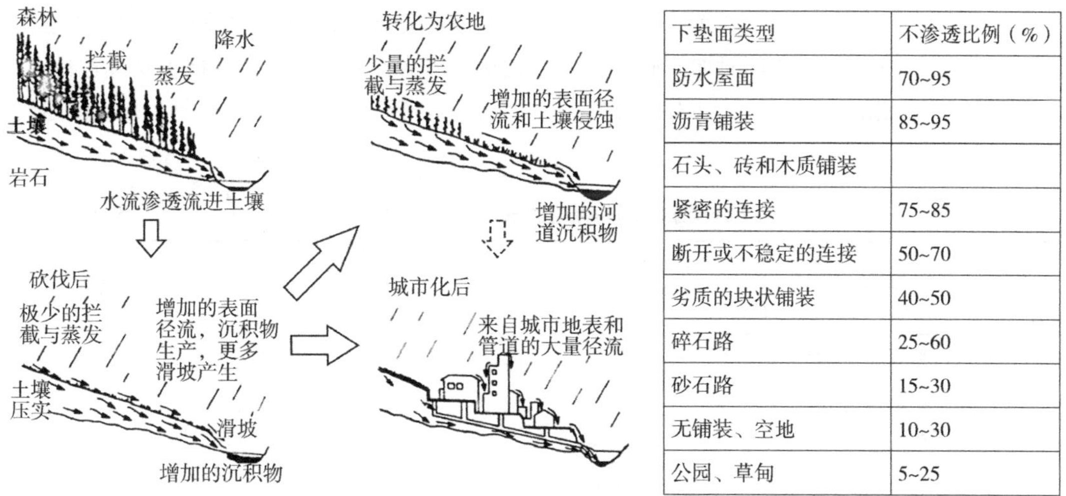

下垫面类型	不渗透比例（%）
防水屋面	70~95
沥青铺装	85~95
石头、砖和木质铺装	
紧密的连接	75~85
断开或不稳定的连接	50~70
劣质的块状铺装	40~50
碎石路	25~60
砂石路	15~30
无铺装、空地	10~30
公园、草甸	5~25

图 2-12　河岸斜坡开发（城市化和农业）对水文的影响（左）；不同下垫面的不渗透性（右）

资料来源：NEWSON M. Land，water and development [M]. NewYork：Routledge，2008.

2.3.1　演变的社会阶段与社会观念

Harvey 说过，任何城市理论都必须研究空间形态和作为其内在机制的社会过程之间的相互关系 [81]。河岸绿色空间研究不仅需认知其内在生态特性和生态过程，还需了解其外在社会演化背景。

绝大部分城市都是建造在河流岸边的，经过长时间的开发及用地转变，河岸早已脱离原始自然的状态，成为受城市化影响的显著区域，河岸的土地利用的历史发展通常来说契合于城市化的发展阶段。在社会演变过程中，可将城市河岸空间的开发利用划分为几个阶段：工业化阶段、改善阶段和优化阶段[82]。在工业化阶段，工业、仓储物流集中在河流两岸，如纽约、波士顿及旧金山，河岸都被开发来建设码头、工厂、仓库。在改善阶段，通过城市产业结构的调整，大部分污染性工业迁出城区，河岸的景观价值和游憩价值得到重视，许多城市都在进行局部河岸空间的改善，如公园、绿道等。在优化阶段，河岸空间的开发建设尤其重视城市河流的多重功能复合，如波士顿港口开发了许多休闲产业活动，结合滨水公园绿带，发展混合利用的开发区。

河岸绿色空间作为城市空间中最有价值的组成部分，是在社会发展过程中被创造出来的产物，反映社会经济制度和社会经济状况。不同的社会阶段、社会形态和社会结构中，河岸绿色空间扮演着服务于城市社会的多种角色。人类社会阶段的演变带来了城市社会环境特征（社会结构、社会观念与需求等）的变化，造成了城市河岸空间的演变。不同时期的河岸空间也反映了社会文化的发展变迁，并对社会产生一定程度的反作用。河岸空间作为一种高价值的城市空间社会产品，每一个社会阶段都会形成独特的空间模式（表 2-3）。在当今，人们逐步意识到了河岸空间的复合功能对宜居生活的重要性，生态和文化历史价值得到重视。

2.3.2 公共和包容的社会服务需求

1. 河岸绿色空间的社会公共性诉求

公共性是河岸绿色空间最重要的外在社会服务诉求。由于在城市内部的河流是一种公共物品（public goods），具有非排他性和非竞争性的特征，因此河岸绿色空间也具有明显的公共属性，并且具有由城市居民组织起来的一种文化模式，因此也可称其为河岸公共（开放）空间。

城市河岸绿色空间是城市内部自然与人工融合的公共开放空间界面。通常来说，具有四个方面的特征：①开放性。城市的社会性活动要求公共空间具有一定的开放性，服务对象应该是全体公众，不能仅为少数人享用，不能够用围墙或者设置高收费等管理手段将它封闭，与公众隔离开。②良好的可达性。指居民达到

河岸绿色空间的社会发展阶段和社会观念 表 2-3

社会发展阶段	社会环境的演变		河岸空间功能与空间特征
	社会阶段特征	社会观念与需求	
原始社会时期	因取水和自然农业的便利，在河岸聚居。	人类饮水、灌溉等生存的基本需求。	河畔聚落形成，河岸空间为自发形成而非规划。
农业社会时期	逐渐兴起商业活动、航运发展使水运更便利，城镇范围逐渐向河岸内陆拓展。	引用灌溉水源、排水、运输、防御等。	自然需求本能和社会活动需求的结合，河岸空间逐步提升的社会功能和社会价值，人与自然融合。
工业社会初期	乡村人口开始向城市聚集，城市用地开发急剧扩张。	因工业需求，码头、仓库、工厂大量占据大型河流的河岸空间，以满足经济利益获取为主。	以生产岸线为主，防洪护岸隔绝了人与水的关系，工业及生活污水使水体污染严重，岸线环境恶劣。
工业社会中后期	随着经济结构的转型，重工业的衰退，航运及相关工业的迁出，河岸空间相继萧条、衰落。	人们意识到河岸空间复兴的重要性，开始实施复兴计划，发展商业和旅游业。	商业和生活岸线逐步取代工业岸线，开始注重河岸开放空间的建设。
信息、科技社会	全球化推进本土文化的创新与发展，河岸空间用来增加城市竞争力。	人们意识到河岸空间的复合功能对宜居生活的重要性，生态和文化历史价值得到重视。	城市河岸空间的商务、休闲和展示功能日益凸显。保护与开发并重，对受损河岸进行生态修复，塑造特色。

河岸绿色空间的容易程度高（衡量指标包括距离较近、时间短等）。③使用性。河岸绿色空间除了提供良好的视觉景观感受以外，还应该具备日常使用功能，如游憩、健身等[83]。城市河岸公共空间具有层次结构，体现出公共空间系统的宏观、中观和微观特征，既具有从河流到城市内部的横向空间连接，又有从上游河区到下游河区的纵向空间连接。

宏观上，城市公共空间体系是基于河流自然空间和城市历史文脉，融合城市社会经济发展目标的空间发展政策的重要显示。河流廊道作为自然环境要素本身具有的线形几何特征主导城乡区域公共空间宏观上的整体结构和社会功能格局。城市政府的宏观政策和导则可以促成整体有序的城乡区域公共空间体系。特别是在山地城市重庆，宏观的河岸公共空间结构很大程度上由长江和嘉陵江及其河畔的大尺度山头、自然山脊线等环境要素限定，凸显了美丽山水城市的特征。这些被保留的绿色开敞空间成了城市社会活动和文化记忆的重要组成部分。

中观上，山地城市河岸公共空间涉及背后的城市建筑轮廓及山体轮廓、标志性公共空间、建筑后退河道线和绿化控制线的距离、河岸多样化的土地利用布局、空间形态和模式、与建筑和机动车道路之间的关系等。依托宏观公共空间的整体结构，由河岸关联的城市内部具有各种社会功能的建筑和街道延伸出来，向河流面开敞并使其社会功能得到升华。中观层次的公共空间是能够被城市公众直接感知的，但受到社会需求、规划管控、实施开发等因素的影响。

微观上，河岸公共空间与人的行为关系最为紧密，公共空间的尺度形状、质感以及承载的公共活动等具体的要素会直接影响城市风貌、活力、历史文脉等城市社会效益。宏观层级的河岸公共空间反映的是山地城市山水环境格局与社会空间发展及空间政策的相互作用机制，微观层面的河岸公共空间则体现的是融合自然环境要素的空间设计及建设使用。

2. 河岸绿色空间的社会包容性诉求

随着人类社会文明的发展、社会价值观的进化，城市的公共服务从“地域均等”到“空间公平”，再到“社会包容”阶段[84]。联合国第三次住房和城市可持续发展大会通过的《新城市议程》提出以“人人共享的城市”为核心愿景。包容性发展的含义包括了对人的关注、对社会建设的重视和对公平的追求[85]。包容性的河岸绿色空间应该具有以下特征：①区域公平、协调和平衡式发展；②服务不同使用者的共享式发展[86]；③潜在匹配城市功能用地的多样化发展。

2.3.3　多样化的社会复合功能目标

环境行为学中的理论认为，环境引导人的行为，行为的结果是由内在有机体的因素和外在社会环境的因素之间的相互作用所导致的人们对环境的影响程度[87]。反过来，人能够利用环境所提供的要素，更能够主动改变自己周围的环境来达到对生活的满足。人们通过物质空间环境的不断改造来使其适应自己的行为目的和行为方式，经过时间的演变就赋予了场所的意义，并且反过来影响人们的行为特征。基于人与环境的不可分割的整体性，河岸本身的自然环境特征在城市发展历史中主导了市民社会活动的方式，塑造了山地城市的文化性格。

山地城市河岸绿色空间承载了多样化的社会复合功能目标，包括生产、娱乐、教育、历史、文化、景观等。人类与生俱来的亲水性使得我们喜爱在河岸地区进行各种社会活动，活动方式可以是静态的如观景、休憩，也可是动态的如慢跑、骑自行车。河岸绿色空间内的社会活动记录着市民日常的生活交流、行为偏好及精神状态，共同形成了城市独一无二的重要文化记忆。这些多元化的社会活动和行为，正是河流河岸环境要素与城市社会文化发展相互作用的结果。

2.4 外在空间梯度转化分区诉求

通过对眉山、南川、桐柏等多个山地城市进行实地调研，总结得出山地城市河岸绿色空间普遍的空间梯度转化趋势和分异特征（纵向和横向）。本节主要以眉山和南川为例展现河岸绿色空间在功能格局、土地利用和景观要素方面的城乡空间梯度纵向转化特征。

2.4.1 城乡梯度分异特征与转化趋势

1. 城乡梯度上河岸绿色空间的整体转化趋势

McDonnel 提出的“城乡梯度”概念可体现时空中复杂的城乡空间整体环境的生态过程，城乡土地利用的环境因子和条件，栖息地响应的变量并不总是线性变化的，也不总是随着与城市的距离而同步变化，多元因素在这些景观上的变化会使相互作用增强或者消解[88]。目前人类和自然环境共同作用的不同类型的河岸绿色空间在“城市—乡村”空间梯度和“自然—人工”程度上有着自己的位置。总体来说，最外围的乡村自然区域的自然化程度最强，最内部的城市核心区的人工化程度最强（图 2–13）。

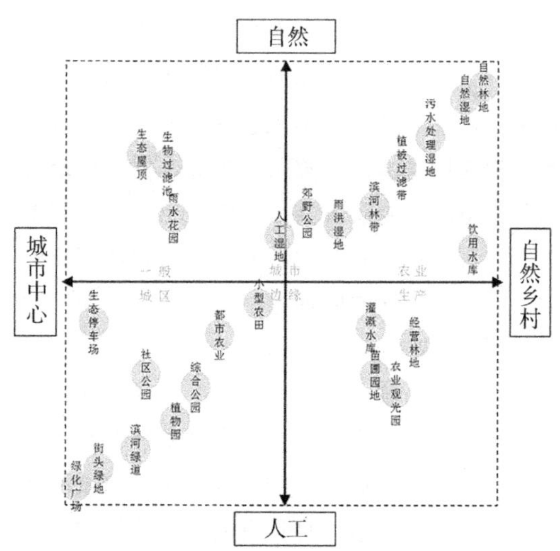

图 2–13　城乡梯度上的河岸绿色空间类型

通过相关数据（如土地利用 GIS、遥感影像、人口经济产业等）的统计分析，可以了解河岸绿色空间特定要素的城乡梯度转化趋势。例如眉山市北向城乡梯度主要有三个转化趋势：指数增长型；指数减少型；倒 U 型。从乡村到城市，人口密度、不透水覆盖程度、道路密度等呈指数型增长；自然生物多样性、景观连接度、廊道宽度等呈指数型减少；景观异质性、生态—社会—经济复合多样性呈倒 U 型（图 2–14）。

2. 山地城市河岸绿色空间在城乡梯度上的空间分异特征

沿着城乡梯度，城市化特征加强（人口密度、建设强度、道路密度、不透水地面），通常可分为几个区段：山林区段、农林区段、城郊区段、城市区段、城市核心区段等（图 2–15）。随着乡村到城市的梯度转化，斑块面积、植被覆盖

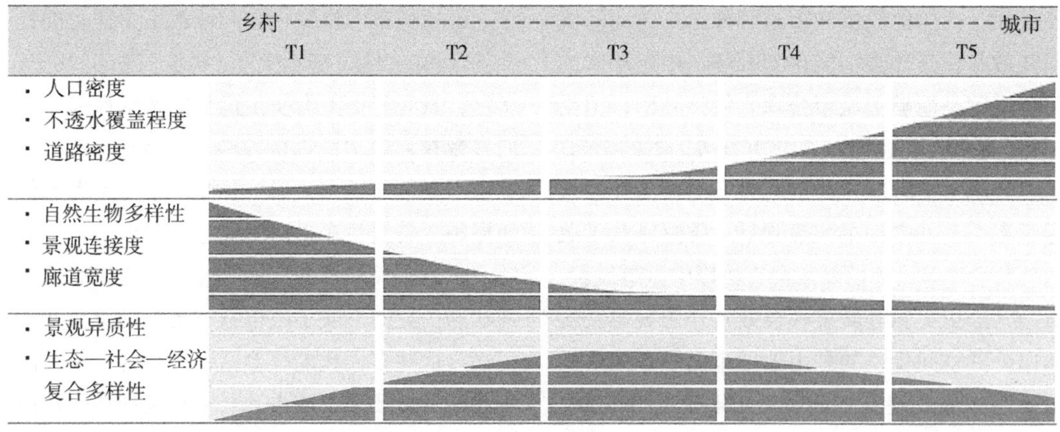

图 2–14　眉山市北向城乡梯度的三个转化趋势

率明显减小，土壤组分、植被群落结构显著变化。每个区段的河岸绿色空间用地现状、功能服务、建设方式、道路景观、空间形态及植被特征等都有所不同。

1）山林区段的河岸绿色空间

通常被认为由河边自然的或人工的森林地带组成。河流生态系统比较健康稳定，动植物栖息地被保护得较好，开发活动被严格禁止。位于远离城市建成区的较少被人类活动干扰的区域，根据该区域的自然资源条件，一般会被保护起来，少量开发为风景名胜点和度假休闲胜地。山林区段河流两侧往往是“V”字形的陡峭山坡，被茂密的森林所覆盖，生态环境敏感脆弱，山形地貌复杂，汇水支流密集，山水生态要素紧密融合为一体。河岸绿色空间的建设开发控制极为严格，只允许建设少量的游憩服务建筑和游憩路径，用地类型除了绝大部分的林地外，还有少量耕地、村庄用地、游憩设施用地等。例如南川的金佛山自然保护区中的神龙峡景区（图 2-16），由于河流等级低，河岸坡度大，河岸绿色空间基本保持着自然原有的水文和植被状态，修建了极少的游憩服务中心、娱乐休闲设施和游览观景步道、栈桥等。

2）农林区段的河岸绿色空间

有很多形式，有些是遗留的很窄的河岸森林廊道，或者是蜿蜒的溪流沿岸的不规则岛屿，过去往往是放牧之处。大部分农业景观区域，其农业开发已经显著地改变了水文，以致群落不能被修复到以前的状态，来自田野和牧草地的大量地表径流使得溪流被排水切割变宽。

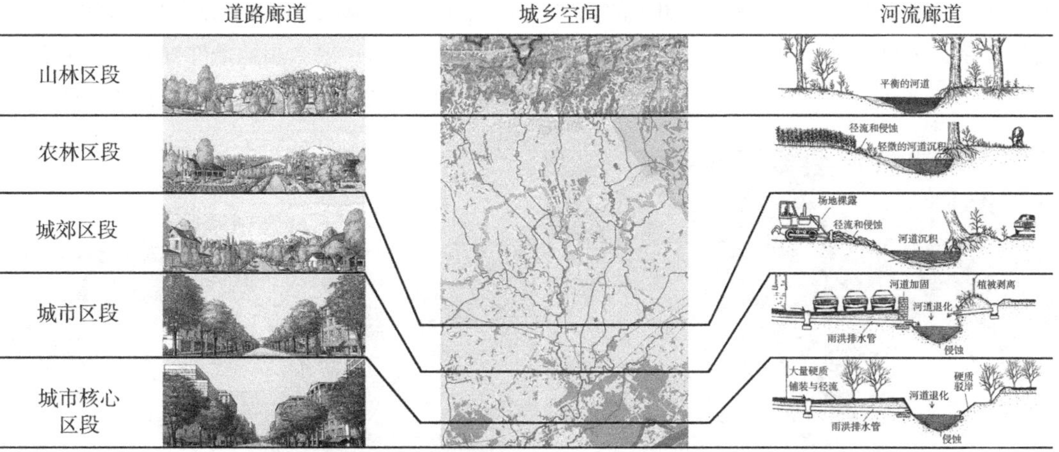

图 2-15　城乡梯度上河岸绿色空间的转化特征

资料来源：改绘自：DUANY A，et al. Smart code and manual[M]. Miami USA：New Urban Publications，2005；MARSH W M. Landscape planning：environmental applications[M]. John Wiley & Sons Inc，2005.

图 2-16　重庆南川神龙峡景区的河岸绿色空间

支流、沟渠、坑塘以及河岸较为平坦的土地空间是发展农业生产的“硬件”基础。河岸农林空间作为“人工—自然”复合型的农林生态系统，对城乡空间的生态环境既有正面的意义又有负面的意义，它既承担着城市外围农业地区多种重要的生态服务功能（如近郊游憩、食物供给、气候调节、物质能量循环），同时，因自身生产过程、外界人为干扰（化肥使用）导致其不断给河流输送污染物。由大多数山地城市的河岸绿色农林空间的情况可以看出，为了更高的农业产量和更方便的农田灌溉，河岸林地缓冲带被肆意侵占、清除，导致肥料、农药等随着农田的地表径流直排进入邻近堰渠，进而流入附近的溪流，形成了乡村农业区的大量非点源污染。例如眉山市太和镇就存在这样的农田，农田与河流之间没有过滤性的林地缓冲带，或河岸林带断断续续，造成农田中的化学成分直接排入河流中，从而影响河流的水质（图 2-17）。

3）城郊区段的河岸绿色空间

对于单中心发展结构的城市，城市边缘区位于城市建成区的外围，而对于多中心结构的城市（如重庆），城郊区段也包括城市建设组团之间的绿色隔离带。此区段的河岸绿色空间经常由邻近居住和商业开发边界的现存森林组成。如果这些森林得到保护和管理，它们可以提供自然功能来过滤和处理城郊的公路、草坪和建设场地带来的污染物，还可以提供噪声控制、野生动物栖息地防护及美化功能。但山地城市城郊区段大多环境恶劣、污染严重、农民的自建房混乱建设、住宅建筑杂乱无章。河岸用地属性复杂，既有小型农林斑块、农村居民点，还有大量零散的工矿业、城市住宅区（图 2-18）。山地城市城郊区段的河岸绿色空间往往呈现两种状态：要么残留破碎的自然生态资源（湿地、林地、湖泊），以较好的生态状况散落在用地条件不好的区域，被空闲、弃置；要么用地条件好的自然生态资源被过度开发，沦为垃圾废水的排放空间。城

图 2-17　眉山市太和镇乡村保留区的河岸农业用地情况

图 2-18　南阳市桐柏县城郊区段的河岸绿色空间

郊区段河岸具有乡村和城市的双重特征，呈现出多种斑块复杂嵌合的景观特征。

4）城市区段的河岸绿色空间

城市区段大多为一般建设用地，它是对城市内部除城市重要节点区域和特色用地以外，绝大部分具有相同性质的土地的泛指，土地利用性质以居住为主。在更加城市化的环境中，河岸绿色空间通常十分狭窄和支离破碎，不具备完整森林生态系统的功能。但是如果经过合理的规划和分区，这些林地可以在雨洪管理中扮演重要角色。由于这些绿色空间通常在高价值的土地上，城市规划的目标是保护其不受私有化开发和过度利用。一般城市区段的河岸绿色空间经过规划建设，通常是次一级的公共空间，如街区广场、社区公园等。这些绿色开放空间多从属于地块的商业开发，部分河岸绿色空间会被高级住宅小区私有化。一般城市区的河岸绿色空间的功能特点是城市居民日常生活的体现，也是最具生活气息的场所，由大大小小的公园、绿地、绿街、广场等组成，最能体现山地城市的宜居生态品质（图 2–19）。

5）城市核心区段的河岸绿色空间

城市核心区段为高密度的城市建设区，其河岸绿色空间往往被重复多次开发，大面积的硬质铺装，几乎全为人工景观植被和石砌或水泥砌的驳岸，绿地斑块较少且十分零碎。城市核心区段的河岸绿色空间通常是整个城市最重要和最具特色的中心地标，承载景观形象、社会经济、历史文化、公共活动、交通节点等复杂的功能。城市核心区的河岸绿色空间开放程度最高，功能用地复合性最强，公共性最强，景观人工化最强，通常包括立体的、多层次的绿地广场、历史街区、景观阳台及娱乐休闲设施等，支撑城市核心公共空间体系，如重庆朝天门或江北嘴、南滨路弹子石 CBD 段（图 2–20）。当然，由于山地城市通常为多中心结构，还有其他依托主干或次级河流形成的次级中心的河岸绿色空间，其功能复合程度同样较高，也有各自的独特功能与特色景观。

图 2–19 南阳市桐柏县城（左）和开州城区（右）的河岸绿色空间

图 2–20 重庆江北嘴、弹子石 CBD 的公共开放空间

源头: 自然生态空间
上游: 农业生态空间
中游: 城市生态空间
下游: 农业生态空间

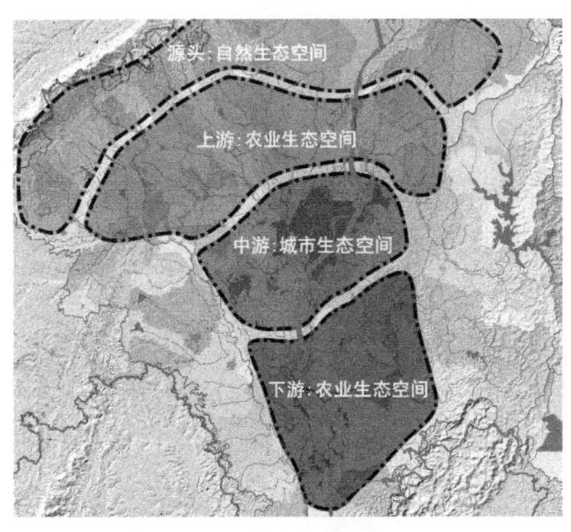

图 2–21　四川眉山流域纵向生态分区

2.4.2　功能格局的空间梯度转化

以四川眉山为例，流域纵向空间上可分为四个区段：源头自然生态空间、上游农业生态空间、中游城市生态空间和下游农业生态空间（图 2–21）。进一步认知河岸绿色空间整体功能区的空间梯度分布特征。东、西、南、北四个方向的功能用地分异较明显，通过绘制四个方向典型的空间梯度分异剖面图，对绿色空间的生态本底进行对比分析，了解城乡空间的景观功能结构和序列特征以及绿色空间类型之间的空间关系，从而更好地理解城乡空间绿色景观格局从城市向乡村的变化情况（图 2–22）。

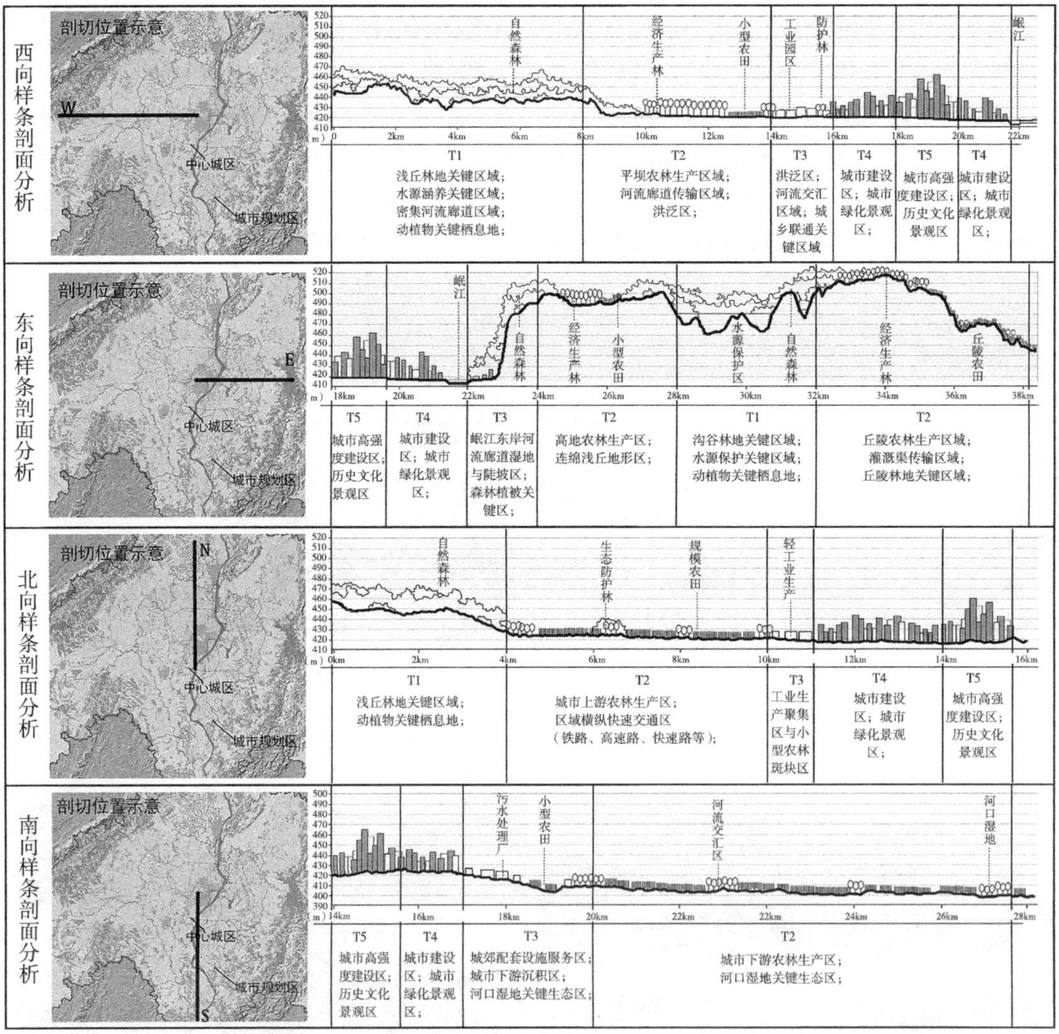

西向样条剖面分析
剖切位置示意
W
中心城区
城市规划区
自然森林
经济生产林
小型农田
工业园区
防护林
岷江
T1
浅丘林地关键区域；水源涵养关键区域；密集河流廊道区域；动植物关键栖息地；
T2
平坝农林生产区域；河流廊道传输区域；洪泛区；
T3
洪泛区；河流交汇区域；城乡联通关键区域
T4
城市建设区；城市绿化景观区；
T5
城市高强度建设区；历史文化景观区
T4
城市建设区；城市绿化景观区；
东向样条剖面分析
剖切位置示意
E
中心城区
城市规划区
岷江
自然森林
经济生产林
小型农田
水源保护区
自然森林
经济生产林
丘陵农田
T5
城市高强度建设区；历史文化景观区
T4
城市建设区；城市绿化景观区；
T3
岷江东岸河流廊道湿地与陡坡区；森林植被关键区；
T2
高地农林生产区；连绵浅丘地形区；
T1
沟谷林地关键区域；水源保护关键区域；动植物关键栖息地；
T2
丘陵农林生产区域；灌溉渠传输区域；丘陵林地关键区域；
北向样条剖面分析
剖切位置示意
N
中心城区
城市规划区
自然森林
生态防护林
规模农田
轻工业生产
T1
浅丘林地关键区域；动植物关键栖息地；
T2
城市上游农林生产区；区域横纵快速交通区（铁路、高速路、快速路等）；
T3
工业生产聚集区与小型农林斑块区
T4
城市建设区；城市绿化景观区；
T5
城市高强度建设区；历史文化景观区
南向样条剖面分析
剖切位置示意
中心城区
城市规划区
S
污水处理厂
小型农田
河流交汇区
河口湿地
T5
城市高强度建设区；历史文化景观区
T4
城市建设区；城市绿化景观区；
T3
城郊配套设施服务区；城市下游沉积区；河口湿地关键生态区；
T2
城市下游农林生产区；河口湿地关键生态区；

图 2–22　眉山东、西、南、北向典型城乡梯度的绿色空间剖面绘图分析

2.4.3　土地利用的空间梯度转化

1. 次级流域内土地利用的时空梯度转化

不同次级流域单元的土地利用空间梯度分异特征显著。以重庆南川为例，沿着所在的大溪河流域，从上游到下游，纵向契合的典型城乡梯度依次为木渡河次级流域、石钟溪次级流域、凤嘴江—半溪河次级流域、凤嘴江—龙岩江次级流域和凤嘴江下游次级流域（图 2–23）。通过统计这五个次级流域单元内的土地利用面积并作比较分析，如图 2–24 所示，可以看出从上游的石钟溪次级流域到凤嘴江下游次级流域，林地占流域的比例快速下降，而农田占比则逐步增加，表面水体占比也是逐步增加。城市用地主要集中在中游的凤嘴江—半溪河次级流域和凤嘴江—龙岩江次级流域；乡镇建设用地占比较多的是木渡河次级流域和凤嘴江—半溪河次级流域；村庄用地逐步增多后再减少，占比最多的是凤嘴江—半溪河次级流域。总结来说，从乡村到城市，以林地、草地等为主要代表的自然化程度逐步降低，而以农田和城镇村等为主要代表的人工化程度则逐步提高。

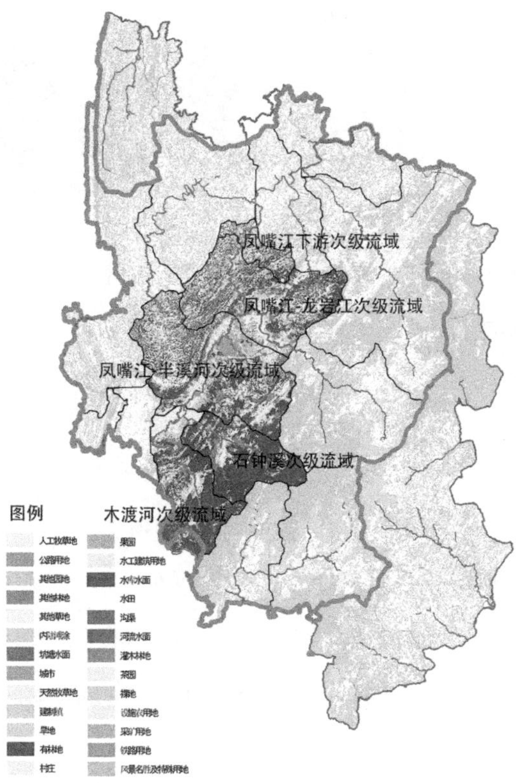

图 2–23　五个次级流域土地利用分布

研究和掌握同一次级流域的土地利用在历史时段上的演变非常重要，特别是河岸土地覆盖（或土地利用）的转变是城市化进程中最为常见的现象。分析南川凤嘴江—半溪河次级流域内 2010~2018 年的土地利用演变情况，2018 年的城镇村及交通等的建设用地比例是 2010 年

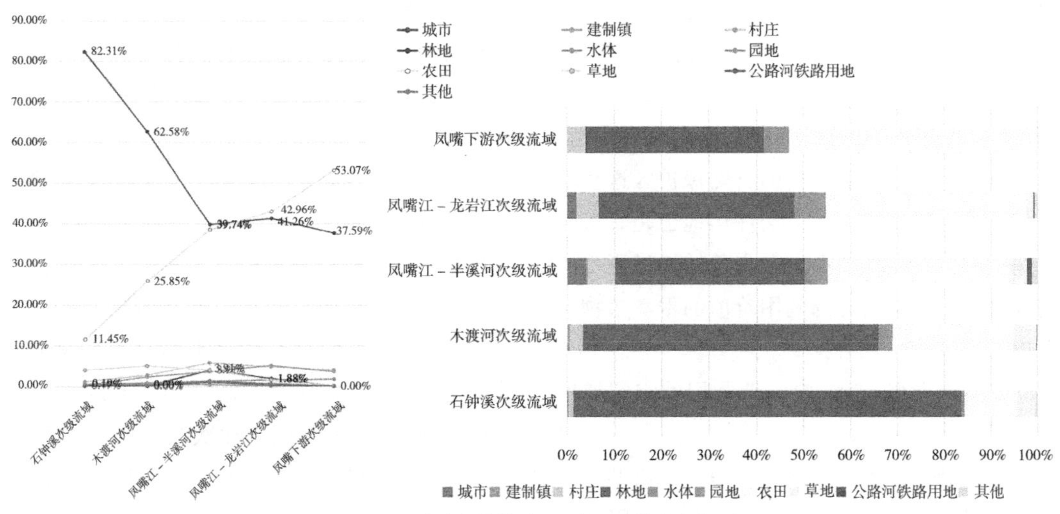

图 2–24　五个次级流域单元的主要用地的统计分析

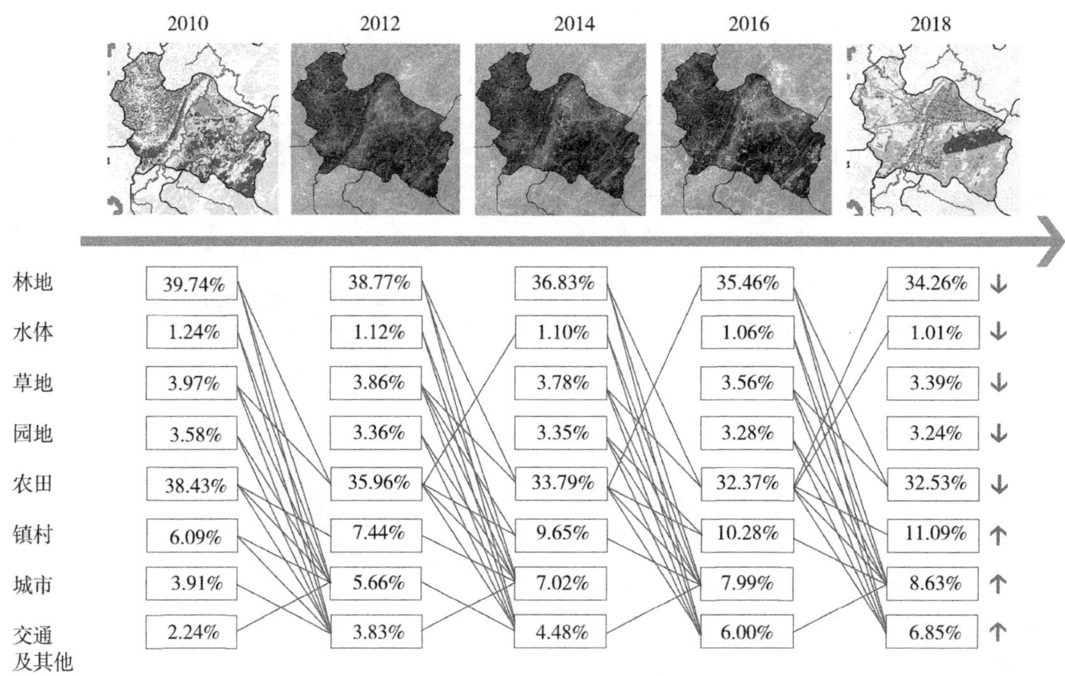

图 2-25　重庆南川区大溪河流域 2010~2018 年的用地演变

的两倍以上，大部分是由原来的林地和农田用地转化而来，此外，水体的减少相对较多，说明城市化建设侵占了大量的小型溪流和坑塘水面（图 2-25）。

Jun Yang（2017）等研究发现，土地利用转换以前的管理活动会影响到转换以后城市植被及其环境的结构与功能，即延续效应[89]。先前的土地利用类型为林地，在土地转换后，残存的林木对生物多样性具有一定的保持作用。研究证实了在土地转化率高的城市，土地利用的延续效应仍然影响城市木本植物的多样性。除了城市公园、国家规定的自然保护区这些政府较为重视的保护地外，居住用地也是具有较大保护潜力的用地类型，在土地转换过程中应高度重视不具有明显的利用价值的木本植物的保护。

2. 河岸两侧 500m 内土地利用的空间梯度转化

选择沿着大溪河流域纵向契合的典型城乡梯度，以河流两侧 500m 宽度的土地利用为研究对象，以汇水单元为分析单元，分析河岸土地利用在这个城乡梯度上的转化特征。为城镇和交通等建设用地、农业用地和自然林地附上自然—人工化程度值（城镇和交通等建设用地为 -5，代表人工化最强；农业用地为 0，代表半生态半社会属性；自然林地为 5，代表自然化最强），并乘以用地比例进行综合评级（图 2-26）。在契合河流纵向的城乡梯度空间上，从上游到下游的河岸土地利用的整体趋势为人工化逐步增强，自然化逐步减弱，但不是完全的线性变换，局部河段会有波动。

3. 山地城市近河岸范围人工转化程度更高

山地城市河岸空间由于地形相对较为平坦，往往成为城镇建设开发的主要区域，越邻近河流的河岸范围，建设用地的比例越高。将河流两侧 500m 宽度范围内的用地构成与河流次级流域单元的用地构成作对比分析，由图 2-27 可以看出，河岸 500m 范围内和次级流域单元的各类建设和非建设比例的整体转化趋势大致相同。500m 河岸尺度的城镇建设用地比例更大（是次级流域单元比例的 3 倍多），林地和水体的比例更小，农业用地的比例略高于次级流域单元的比例。总结来说，通过与次级流域单元的土地利用情况的对比，人们在河岸 500m 范围内的人工开发建设强度大大高于远离河岸的次级流域单元，说明了人类对河岸空间土地价值的强烈重视和需求。

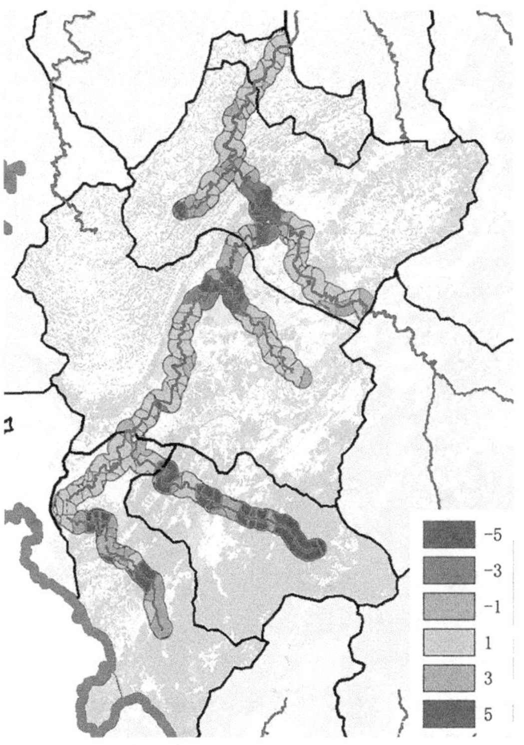

图 2-26 南川的河岸的“自然—人工化”程度

2.4.4 景观要素的空间梯度转化

分析和认知典型河岸绿色空间相关生态景观要素的转化特征。绘制出从上游山地汇流，穿过农田，再穿过城市中心的次级河流的 2km × 17km 的梯度样条（图 2-28）。综合考虑环境分布特征和眉山市城乡人口相对密度及建设强度，将北向样条划分五个梯度区：T1、T2、T3、T4、T5（图 2-28）。绘制 500m × 500m 的样点方格，对每个区的所有样点方格的空间环境特征数据进行统计分析（A、B、C、D、E 分别为河岸每个区的代表性样方）。重点分析绿色空间特征，包括绿色空间类型、主要功能、河

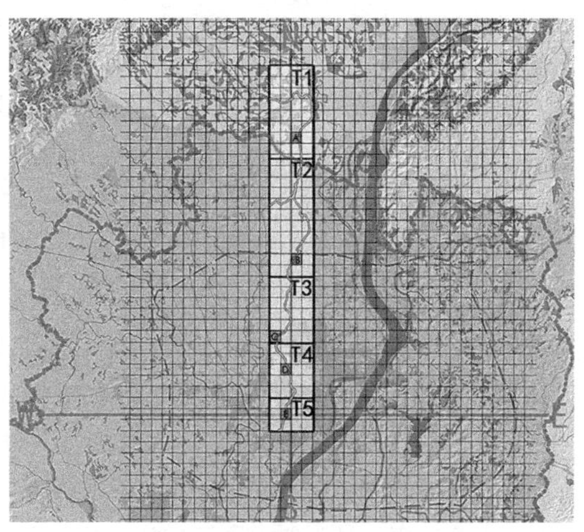

图 2-28 眉山北向城乡梯度分区

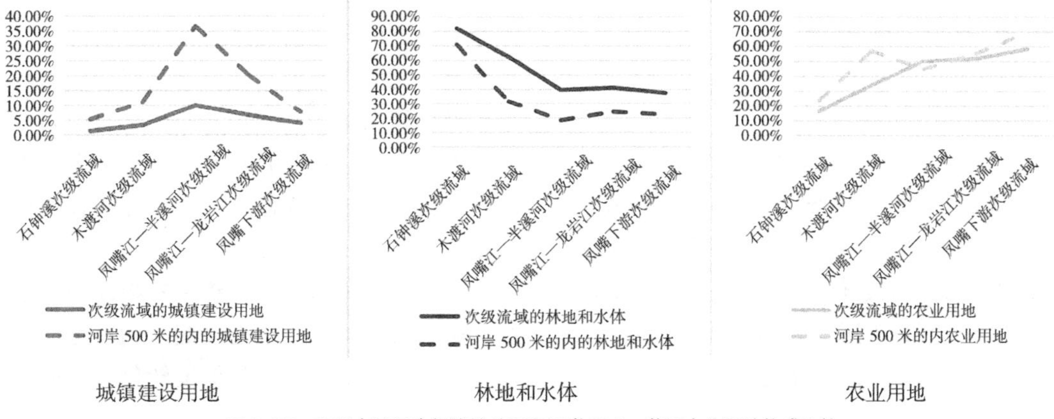

图 2-27 南川大溪河次级流域单元和河岸 500m 范围内的用地构成比较

样条分区	乡村 T1	T2	T3	T4	T5 城市
主要功能	生态涵养 森林游憩	食物生产（粮食、蔬菜、鱼等） 生态防护	食物生产 木材生产 郊野游憩 生态防护	休闲游憩 运动健身 设施防护	休闲游憩 运动健身 设施防护
局部样点方格特征（500m×500m）	A	B	C	D	E
距离市中心	13.5km	7.5km	4km	2.5km	0.5km
人口密度（人/km^2）	48.6 （凤鸣镇高集村）	75.4 （太和镇龙石村）	1208 （白玉社区）	11266 （崇义社区）	20507 （庄店社区）
绿化覆盖率	98%	87%	73%	46%	29%
绿色空间类型	林地（60%） 农田（20%） 河流廊道（10%） 草地（5%） 其他（5%）	林地（10%） 农田（70%） 河流廊道（10%） 坡塘（5%） 其他（5%）	林地（10%） 农田（40%） 郊野公园（35%） 河流廊道（8%） 其他（7%）	城市公园（10%） 居住绿地（50%） 设施绿地（20%） 广场/运动场（15%） 河流廊道（5%）	城市公园（5%） 居住绿地（40%） 设施绿地（25%） 广场/运动场（25%） 河流廊道（5%）
树冠覆盖率	89%	22%	25%	19%	15%
河流宽度	8m	12m	15m	25m	25m
不透水覆盖率	2%	13%	27%	54%	71%
水质情况	Ⅰ类	Ⅱ类或Ⅲ类	Ⅲ类或Ⅳ类	Ⅳ类或Ⅴ类	Ⅳ类或Ⅴ类

图 2–29 眉山市北向梯度样条分区的河岸绿色空间特性分析（节录）

流宽度、树冠覆盖率、水质情况等。沿着城乡梯度，由北向南，景观要素逐渐发生变化，人口密度增大，绿色空间类型的比例发生相应变化，树冠覆盖率呈降低趋势，河道宽度增加，河流水质明显下降（图 2–29）。

2.4.5 空间梯度转化的驱动机制

河岸绿色空间在城乡梯度上的时空转化过程和驱动机制极其复杂。城市不断向外拓展，道路、屋顶、停车场和其他非渗透性表面叠加在自然土壤和植被群落上，改变了原有排水模式。横跨或平行于河流的道路在建设和后续使用中对河岸土壤稳定性、水流特征、沉积物传输、植被特征等都会造成影响。“能量回路语言”以能量流动的概念来体现城乡梯度在时空上的人类活动与自然环境系统相互作用的生态流动过程[90]（图 2–30）。

城市河岸绿色空间作为城乡空间最具价值的稀缺土地资源被许多类似的驱动力和控制生态系统的机制所支配，导致其功能用地与景观特征在城乡梯度上的转化是人类利益主体（个人、开发商和政府等）和生态环境因素（地形地貌、气候水文等）之间长期相互作用的结果。Grimm 等提出了通过人类活动的生态过程和生态格局将生物物理和社会经济驱动力与生态系统连接起来的理论，可以用来解释河岸绿色空间梯度转化的驱动机制[91]（图 2–31）。

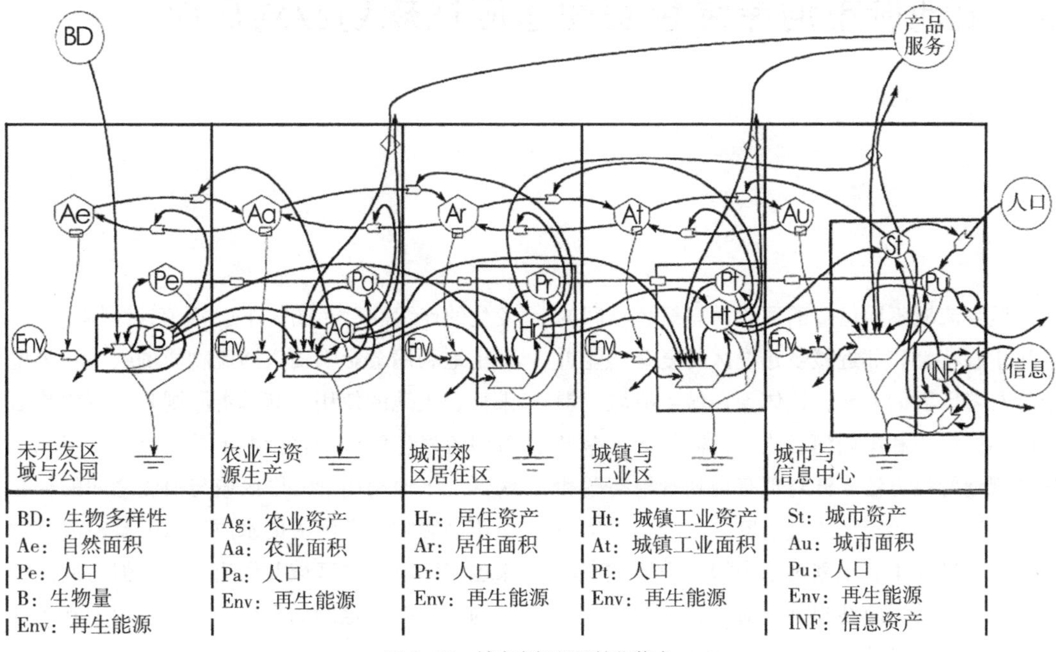

图 2-30　城乡空间能量转化范式

资料来源：HUANG S L. Ecological energetics，hierarchy，and urban form：a system modelling approach to the evolution of urban zonation[J]. Environment and Planning B：Planning and Design，1998，25（3）：391-410.

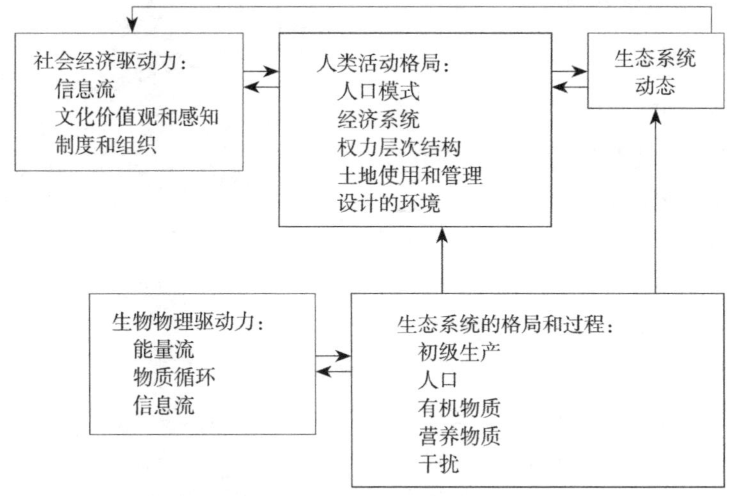

图 2-31　城市生态系统中人类—生物物理耦合系统的实质性相互作用和反馈

资料来源：阿尔贝蒂. 城市生态学新发展 [M]. 沈清基，译. 上海：同济大学出版社，2016.

3 山地城市河岸绿色空间适应性规划应对思路

城乡流域不同位置的河段河岸绿色空间的自然生态特性和邻近城乡建设区的复合功能诉求等有着巨大的差异，这体现在城乡流域范围内的不同河流和不同河段之间，需要分区差异化的规划管控方法。针对现有规划管控问题和认知的特性与诉求，通过借鉴和整合相关生态学理论和城乡生态规划理论来探索山地城市河岸绿色空间的适应性规划应对思路。本章内容涵盖可借鉴的规划理论基础、规划方法思路、规划空间层级及研究重点、规划关键技术要点。

3.1 可借鉴的规划理论基础

3.1.1 生态学分支理论

1. 流域生态学与河流生态学

流域生态学是把流域作为生态系统来研究，主要分析一个流域边界内生物和非生物组分之间的相互作用。在制定决策和规划之前掌握流域的知识和运作非常重要，因为这会影响流域的结构和功能特征，进而影响人类和自然群落的和谐共生。流域的自然过程（雨洪径流、地下水回补、沉积物传输、植被演替等）发挥着有意义的服务功能，错误的认知可能会导致灾害的发生。流域生态学的一个分支是河流生态学，它研究河流等流水水域中的生物群落结构、功能关系、发展规律及其与环境间的相互作用机制。

河流连续体（the river continuum concept）是 Vannote 等人在 1980 年提出的一种范式，描述河流生态系统在纵向空间上（从源头到河口）变化的连续性[92]（图 3-1）。河流连续体通过展现土地利用会影响输入河流物质的数量和类型来整合土地的使用。其基本原则是河流内或沿着河流发生的一切将影响下游支流的状况和生物群，土地利用、河岸区域与河流之间的相互作用会影响下游河流的水质，而下游河流反过来也将影响河岸区域及周边土地。但河流连续体的概念有一定的局限性，只能应用于常年存

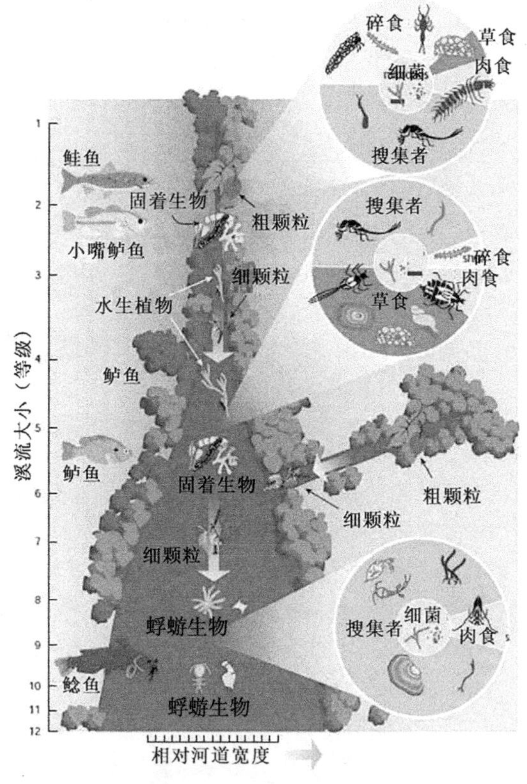

图 3-1 河流连续体概念

资料来源：VANNOTE R L，MINSHALL G W，CUMMINS K W，et al. The river continuum concept[J]. Canadian Journal of Fisheries and Aquatic Sciences，1980，37：130-137.

在的河流，对河流连续性的干扰和影响不能被模型解决。干扰可以打断流域及其河流与河流连续体之间的联系。

2.（河流）景观生态学

景观生态学是一个从联系生态学理论和实践应用的应用生态学中衍生出的整合的理论，它考虑景观中的空间异质性的发展与动态、时空的相互作用与交换、空间异质性对于生物与非生物过程的影响的空间异质性的管理[93]。景观生态学关注整体性、格局、结构、尺度间相互作用的特征，如今已经成为土地利用规划、管理、保护、开发及恢复，规划师、工程师及政治家使用协调政策、决策制定工具的科学基础[94]。

应用景观生态学理论来研究河流河岸的问题在一定程度上能弥补前一个理论——河流生态理论中系统研究的不足。同时，河岸环境非常适合景观生态学的这些原则，景观视角还可以帮助审视河岸区域的其他价值[95]。河流景观生态学是多个学科交叉所形成的，包括水文学、景观生态学以及系统科学。河流景观生态学将景观生态学中的多尺度、空间异质性、等级等概念以及斑块动态理论等引入了河流生态研究，并对相关概念、理论进行了初步的适应性改造，从多个维度（纵向、横向、垂向）探索了河流的景观格局，提出了河流生境斑块的多尺度划分，讨论了各生境斑块的地貌和生物特征[96]。Wiens 认为河流景观与陆地景观不同，水作为一种媒介，使景观斑块结构具有了很强的动态性和连通性，而连通性更多地由水体这种媒介来维持，而不是景观镶嵌体结构，河流景观具有显著的等级结构和方向性层级嵌套的特征[97]。

对于河流景观的研究，大部分时候其生态因子通过还原论的方式而不是整体的方法进行分析和研究。这些河岸的生态因子及它们的生态过程经常被用在一个错误的空间尺度，或者被评估在一个错误的时间尺度。在河流景观的研究中，会涉及流域、次级流域、河流区段、河岸场地等多个空间尺度，河岸生态因子并不一定适用于每个空间尺度。河流同时具备长期性和季节性特征，不同的生态因子应放在不同的时空尺度下来讨论。在规划管控中使用景观生态学的方法可以通过提供一个整体的视角来解决这些问题，保证更有效的土地管理。

3. 城市生态学

城市生态学是在城市环境的背景下，研究生物体与其周围环境之间关系的科学，关注城市生态系统中的物质能量代谢，城市环境中的生态过程，城市自然系统的变化对城市环境的影响等[98]。地球上的每个栖息地，包括城市、农业环境，都是一个生态系统，接收和传输能量，生产和回收废物，而城市和农业生态系统的可持续依赖于自然生态系统[99]。生态系统及其管理有四个特征：生态变化的不间断；空间属性不是统一的；缺少单独的平衡；政策和管理方法包含固定的规则[100]。有了这些特征，城市生态系统可以从很多视角来审视和描述，是一个严格的生物能量学、人类生态学的输入—输出方法。特定城市的生态系统实际上是复杂的，由不同社区组成，可以叠合更大或更小的延伸范围[101]。对于一个异质性的城市镶嵌体，河流生态系统仍然具有生态功能，部分支流受到严重城市影响，而一些还有完整的自然遗留生态斑块。虽然生态系统生产力发生了变化，但生态系统结构和功能继续存在。城市中的生态过程是城市化的直接产品，产生生态输入和输出是有意义的改造。Thorne 提出以一个景观改造梯度来代表人类已经改造的生物物理组分的程度[102]（图 3-2）。河岸绿色空间其实是一种“设计的生态系统”形式，受制于强烈的生态干预。人类可以通过决策行为助益于城市河岸系统的生态结构和功能。生态系统管理视角下的河岸绿色空间规划途径可以包括重建大范围的纵向、横向和竖向的环境梯度，重建景观元素之间的生态连接度，重建自然动态的平衡。

图 3-2　人类的景观改造梯度

资料来源：THORNE J F. Landscape ecology：a foundation for greenway design[M]. University of Minnesota Press：M inneapolis，1993.

4. 界面生态学

界面（boundary）最早被定义为“相邻两个群落之间的交错区”，是生物与非生物之间的作用系统，在系统之间或系统组分内部的物质交换、能量流动及信息传递过程中起到“关、门、闸、卡”的作用，调节系统的生态平衡[103]。界面生态学研究生物与生物、生物与环境交界面上的物质和能量交换、信息传递及其与介质间的相互作用，其研究核心包括：作用物质、作用介质、作用方式、作用结果，相关概念词汇包括：界面层、边缘、交错带、过渡带、渐变群、交界面、边界和界面等[104]。生态界面具有多种结构特征（如不明显或显著，开放或关闭，渐变或模糊，直线或弯曲）。不同的生态学家对生态界面结构有着不同的理解：二维或三维结构，心理或物理的，微观或宏观的，台阶功能或梯度功能，反射、吸收或渗透等。Strayer 等根据界面的空间结构、生态功能和时间特征，总结了生态界面的分类依据和生态属性特征（图 3-3）[105]。王云才等认为，“生态界面是以生态学为基础，以景观生态学为导向对中小尺度生态过渡带的概念界定”，具有独立的结构，是中小尺度上的带状空间[106]。生态界面的边缘作用影响能量流动和物质交换，为相邻的生态系统提供生境或阻碍其移动来发挥生态功能[107]。人类活动主要影响两侧景观生态单元之间的生态界面，通常生态界面的变化会造成两侧景观生态单元面积减小且逐步远离。目前，界面生态学主要应用于破碎化栖息地的保护研究，更多地关注场地、建设、工程尺度的生态界面空间。

河岸绿色空间是一种典型的生态界面、水陆界面及城乡界面，无论宽和窄，都具有多重的生态和社会复合功能，是水生生态系统和陆生生态系统，自然环境单元和人工建设单元之间的联系纽带。作为生态界面的河岸绿色空间既对局部河段的自然过程产生作用，还对更大纵向范围的河区与河网的生态过程产生作用，

生态界面属性

生态界面产生和维持特征	界面的结构	生态界面功能	时间动态特征
• 调查推断出具体存在 • 直接或间接产生 • 短时产生或早期遗留 • 内源性或外源性起源 • 内源性或外源性控制	• 粒度 • 跨度 • 厚度和维度 • 连接的几何特征 • 互作或非互作 • 突然剧烈变化 • 斑块差别 • 整体性（渗透性 / 封闭性） • 几何度和曲折度 • 属性种类 • 多属性的作用	• 转换 • 传递 • 吸收 • 扩大 • 反射 • 中性	• 结果和功能变化 • 移动（静止、定向、被动、随机） • 年限和历史背景

图 3-3　生态界面属性特征

资料来源：STRAYER D L，POWER M E，FAGAN W F，et al.A classification of ecological boundaries. Bioscience，2003，53（8）：723-729.

既作用于林地、农田等景观单元的组成结构和景观单元之间的自然过程，也作用于河岸更加内陆的景观单元。

3.1.2　城乡生态规划理论

1. 生态城市主义理论（ecological urbanism）

生态城市主义是从生态学中汲取灵感，激发一种比绿色城市主义或可持续城市主义更具有社会包容性、对环境更敏感、更少意识形态驱动的城市主义，主张用更全面的方法来设计和管理城市。在 Mohsen Mostafavi 的《生态都市主义》中，将城市看作城市生态系统，对生态问题进行解读，重点关注运用更少的资源建设城市，从环境、社会、经济、文化、规划设计等方面，创造绿色、和谐、高效的人居环境[108]。生态城市主义将城市视为一种生态流动系统，通过形式与流动使得自然、城市及产业之间共生。传统规划设计偏重空间形态，而轻视内在生态服务。生态城市主义中的生态系统设计是以生态流动重构城市系统，注重城市生态系统内部的相容性，把城市空间形态与内部的能量、物质、水文和生物等生态流动连接起来，提供一种组织生态城市空间的原则[109]。对于城市空间形态与生态流动的关系的分析有助于更加精确地预测和评估空间规划设计的环境绩效。对城市空间的规划设计可以作为一种生态介入（ecological intervention）来改变各种尺度的空间形态，改变生态流动方式。不是消极地保护自然，而应该是积极地以再生设计的手法嵌入有价值的生态空间元素。

2. 新城市主义理论（new urbanism）

1）新城市主义思想

20 世纪 90 年代，一些设计者强调新传统的紧凑和美学，乡村特点，生态兼容性，步行和公共交通导向，这些观点被集中成为“新城市主义”，提倡以下原则：重视社区邻里和人口应该具有多样性；社区应该为步行、公共交通和汽车设计；城市和镇应该由物理界定来塑造，通常接近公共区域和社区机构；城市场所应该由建筑和景观设计来塑造，考虑当地气候特征、历史文化、生态环境和建筑实践[110]。新城市主义规划专家还支持：服务于开放空间的区域规划、适于背景的建筑和规划、充足的基础设施供应、职住平衡发展等[111]。

Calthorpe 和 Fulton 设想的“区域城市”包含有效的区域交通、公平可支付的住房、环境保护、可步行的社区、城市内部再开发等，提供社会认同、经济内部联系、城市中心和自然栖息地之间的生态编织和保护农田[112]。区域是巨型结构，社区是次级结构。区域是大都市经济、生态和社会系统运作的尺度，而社区是一个区的地级社会编织和社区认同。村庄、镇和城市中心、片区、保护区、廊道，这些可以作为关键的物理设计要素。

新城市主义理论的重要思想就是：在所有城市规划的尺度下，从区域层面到街区层面，连续性和关联性是重要的规划思想原则。新城市主义把区域中的城市、城郊、乡村以及所在自然环境背景视为一个生态、社会和经济的有机系统。城市自身内部需要不断完善、更新组织，同时也需要与周围自然生态环境保持协同关系，让绿色开放空间成为邻里相互界定和联系的纽带。

2）样条空间分析方法

样条（transect）的概念从生态学借鉴过来，用来描述动植物栖息地的一个跨地形连续演变，作为一种自然法则被熟知。生态学家用样条来描述每个栖息地如何支撑共生的物质条件，如微气候、植物群和动物群，即自然样条（nature transect）（图 3–4 左）。早在 1793 年，亚历山大设想了第一个样条（transect），横跨南美洲南端，从大西洋到太平洋，关注地球表面和地表之下及大气条件。20 世纪初期，格迪斯提出河谷断面，人类活动被架构在开发自然的语境下，图解了从高地到水边的一系列人类社会形态的地理断面，是第一个展现与人类存在相关的自然条件的样条（图 3–4 右）。麦克哈格的《设计结合自然》中也出现了清晰阐述自然生态区（natural ecozones）的样条，作为不同自然栖息地的生态景观特征的分析方法。

美国新城市主义的领军人物 Andres Duany 在样条（transect）的基础上，提出了“城乡空间样条”（rural-urban transect）的概念，即基于生态理论的一种可持续和连贯的城市模式，由一系列满足人类需求的宜居的人类环境组成，是一个连续体，鉴别不同级别和城市强度的栖息地特征。城乡样条连续体被划分为六个不同的生态区，分别是自然保护区（T1）、乡村保留区（T2）、城市郊区（T3）、一般城市区（T4）、城市中心区（T5）、城市核心区（T6）（图 3-5）[113]，并在数量和空间上对城乡用地进

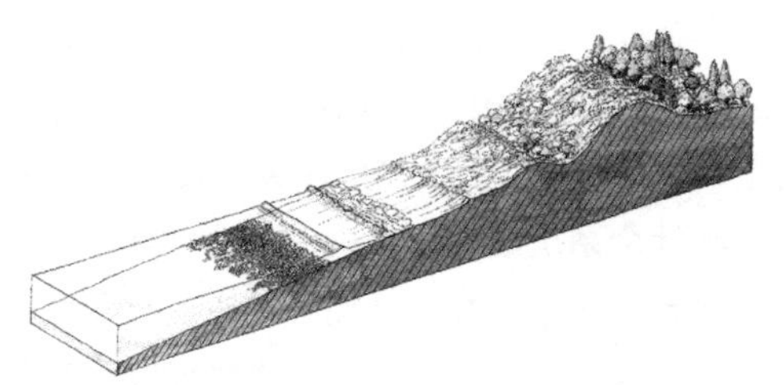

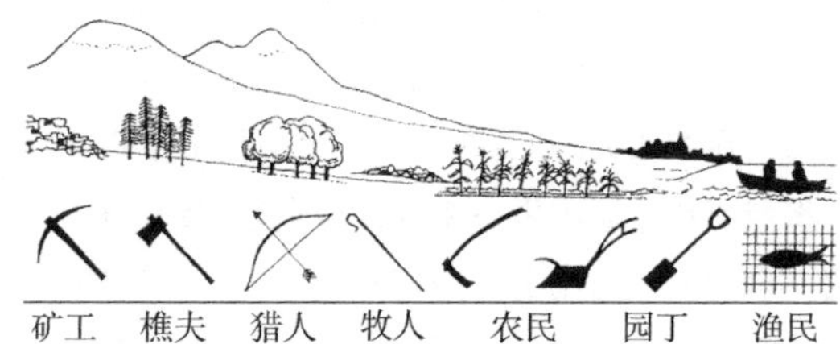

图 3-4 亚历山大的自然样条（左）和格迪斯的河谷断面（右）

资料来源：The charter of the new urbanism[OL]. [2020-06-01]. https：//www.cnu.org/who-we-are/ charter-new-urbanism.

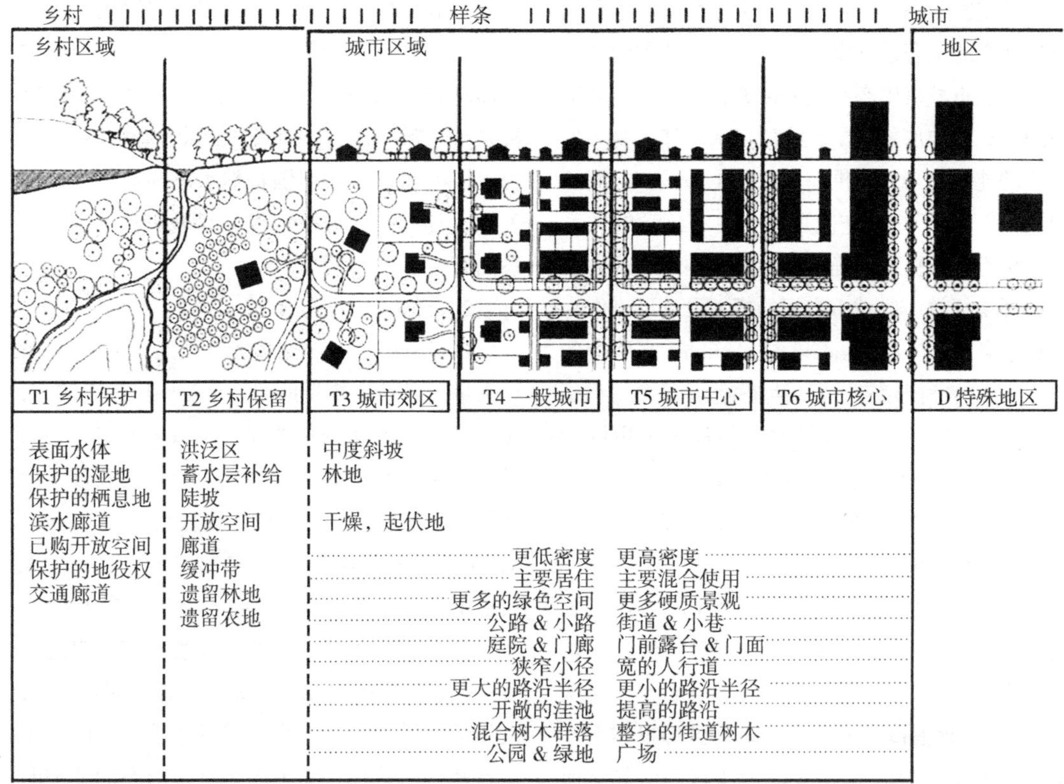

图 3-5 城乡空间样条

资料来源：改绘自：DUANY A，TALEN E. Transect planning[J]. Journal of the American Planning Association，2002，68（2）：245-266.

行优化，协调配置建设用地和非建设用地比例。通常情况是：城乡流域内大于30%的土地应该为林地，小于55%的土地应该为农田用地，控制小于50%的土地作为城镇开发用地[114]。城乡空间样条也被应用于设计城市轨道交通系统，借助样条模型确定关键城市问题，使规划策略与特定样条分区的城市需求、特征、密度和形象相一致，有助于保证交通系统的连续性和可用性[115]。此外，也可以通过样条规划方法构建一个完整的绿色基础设施（GI）空间要素系统，在邻里、城市和区域尺度上整合地方政策，帮助解译和制定总体适应性规划[116]。

3）精明增长与管理（smart growth and management）

在美国，曾经失控的城市蔓延促使许多城市采取激进的增长控制方法来管理发展带来的影响。"增长管理"被定义为政策、规划、投资、刺激和管理来引导土地和空间利用的类型、位置、时间和开发成本，从而实现自然环境保护和增长发展之间的一个合理的平衡以及发展、必要基础设施和品质生活之间的标尺。"精明增长"（smart growth）强调现有基础设施的发展，反对不适宜区域的发展，以此支持和巩固现有社区，保护自然和农业资源，节约新的基础设施成本。使用一套管理工具，包括创新的区划管理、城市增长边界、基础设施投资、社区规划程序、财税政策、土地获取等。许多快速增长的地方尝试控制发展的步伐和位置，没有有效管理地方增长的区域，一些州还采用跨州的增长管理导则和要求（比如俄勒冈、新泽西、马里兰等）。

在2003年发布的《精明准则》（*Smart Code*）中，城乡样条思想与形态控制准则通过有效的结合，在美国成为替代传统区划的一种新工具[117]。精明准则是整合精明增长和新城市主义原则的一个基于形态的准则，一个处理所有设计尺度开发的统一的开发条例，它基于从乡村到城市的样条而不是隔离用途分区，因此能够整合全方位的环境技术，例如精明准则中的城市绿色空间形态标准模式（表3-1）。由于精明准则的设想结果是基于已知的城市设计模式，因此它比大多数传统的准则更简洁和高效。

精明准则中的城市绿色空间形态标准模式 表3-1

T1/T2/T3	T3/T4/T5	T4/T5/T6	T5/T6	T1/T2/T3/T4/T5/T6
可用于非结构化娱乐的自然保护区。可能是独立的周围建筑物的正面。景观将包括道路和小径、草地、水体、林地和开放的避难所，都是自然处理的。公园可能沿着自然走廊。最小面积为3.2公顷。	一个开放的空间，可以进行非结构化的娱乐活动。绿色可能是由园林绿化而不是建筑立面在空间上定义的。它的景观应该由草坪和树木组成，自然布局。最小面积为0.2公顷，最大为3.2公顷。	可用于非结构化的娱乐和公民活动的开放空间。广场由建筑物正面界定。景观应包括道路，草坪和树木，正式布置。位于重要道路的交叉口。最小面积为0.2公顷，最大为2公顷。	供市民及商业活动使用的休憩用地。广场应以建筑物的正面为空间界定。其景观应主要由路面组成。树木是可选的。广场应该位于重要街道的交叉口。最小面积为0.2公顷，最大为0.8公顷。	为娱乐而设计的开放空间。操场应该用栅栏围起来，可能包括一个开放的庇护所；应散布在住宅区内，并可放置在一个街区内；可以包括在公园和绿地内。不应有最小或最大的尺寸。

资料来源：DUANY A，et al. Smart code and manual[M]. Miami：New Urban Publications，2005.

3. 城乡韧性理论

韧性的概念最初整合了生态系统中的三种发生变化的概念，被定义为系统在保持基本状态的基础上应对变化或干扰的能力[118]。城乡韧性逐渐被认知为城镇和乡村在遇到干扰时恢复和继续提供城乡功能的自组织、适应、转变的能力[119-120]。如今，城乡生态系统发展应该具有一种非线性动态轨迹特征[121]，具有诸多特征，包括自组织、冗余性、多样性、适应能力、协同性与创造性等[122]。城乡韧性明确地把握了人类在塑造生态过程中的角色，展现了社会系统和自然系统通过复杂的相互作用共同演化，并融合考量社会需求、生态约束和品质生活的平衡[123]。城乡韧性理论是一种适应性的行动，旨在创建韧性区域来对抗系统内部和外部的压力，特别针对气候变化的影响，适用于土地利用多样化的城市区域，包括高密度的城市中心区、低密度的城郊区域、工业与农业用地区域、自然生态区域等。城乡韧性视角下的河岸绿色空间存在于不同的地理层面（如城乡区域、城市、河流盆域 / 流域 / 集水区、场地），功能横跨行政管辖边界，除了由分散的、多功能的特征元素序列界定，还由空间属性比如空间组分、空间布局和空间层级所决定。需融合考量多个尺度和不同规划背景，这样才能在不同的尺度层面把系统内部这些嵌套属性的多重效益最大化[124]。

4. 山地城乡生态规划理论

山地城乡生态规划理论研究在借鉴生态学相关分支理论的基础上，与城乡空间的规划建设诉求衔接，其目标是在保护自然环境资源的同时提升城乡空间的复合生态服务功能[125]。山地生态资源保护以促进生物多样性保护和城乡社会利益融合为目标导向，相关理论研究涉及栖息地、生态要素和生态过程模式的保护与修复，环境影响和潜在风险的降低等内容。研究关键动植物生境的保护、生态要素和生态过程的保护、城乡空间生态健康的维护和复合功能的提升，形成适应性的山地城乡规划理论与技术方法。

山地城乡生态规划与设计聚焦于适应性规划方法的探索，在剖析山地城市生态资源和环境问题的基础上，认知山地城市内在联系的生态要素和生态过程模式，结合城乡规划建设诉求探寻适宜的山地城乡空间结构系统、用地布局模式和空间形态等。以山地城市生态环境问题和复合功能价值目标为导向，注重内在生态过程模式研究，强调研究性规划内容与法定规划的融合。

山地城乡生态规划技术是立足山地生态的特殊视点对现行规划理论、方法与技术环节的丰富与完善，支撑技术研究旨在切入现行法定规划的各个阶段及建设审批程序的相应环节，提升山地城乡规划建设的合理性及技术科学性。总体上从三个大的阶段切入：总体规划、土地利用规划和详细规划阶段。在总体规划阶段，侧重于区域生态空间分析与专项规划技术方法研究以及对城市生态要素和空间系统的保护。在土地利用规划阶段，关注低环境影响建设规划技术，即城市的空间绩效评估与低环境影响建设技术。在详细规划阶段，侧重于生态工程、环境模拟、实证研究与管理（图 3-6）。

3.1.3 理论的比较与应用

通过比较可以看出，几乎每种理论都强调区域视角的重要性和从区域到场地尺度的连续性和关联性。然而，借鉴的每种理论及方法在河岸绿色空间规划研究中的重点应用环节有所不同，详见表 3-2。

3.2 适应性的规划应对思路

针对山地城市河岸绿色空间的现有表征问题和规划管控问题，在认知其内在自然特性与外在城乡诉求的基础上，通过整合可借鉴的规划理论与方法形成山地城市河岸绿色空间适应性的规划

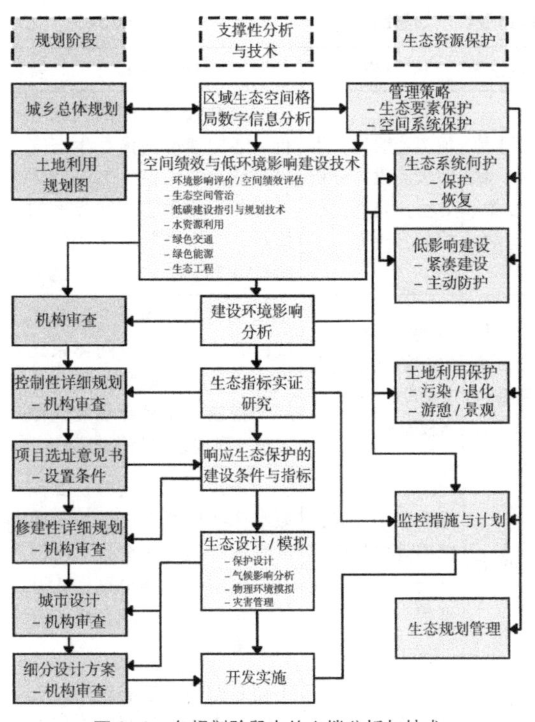

图 3–6　各规划阶段中的支撑分析与技术
资料来源：重庆大学山地城乡生态规划研究团队绘制。

思路，主要包括四个方面：顺应自然特性，维护内在生态健康；兼顾复合功能，发掘外在服务价值；差异化的干预，空间分区分级协调；协作与适应性管理，衔接规划编制体系（表 3–3）。

3.2.1　顺应自然特性，维护内在生态健康

1. 顺应自然特性，维护河岸绿色空间内在生态系统健康

针对河网结构系统破碎、河流纵向生态系统断裂、河岸生境单元侵蚀等问题，以流域（河流）生态学、城市生态学、界面生态学等理论为指导，基于河流廊道的嵌套空间等级与四维结构特征，分层级维护河流生态系统与自然过程。维护城乡流域河流廊道的生态网络的完整性和连通性，构筑河网绿色空间内在生态支撑系统。通过保护河岸关联用地的内在生态空间体系（蓝绿廊道和斑块，关联“山、水、林”空间），提升河岸绿色空间的生态支撑和调节功

相关学科理论和技术方法的比较与应用　　　　表 3–2

可借鉴的学科理论		主要技术方法	适用空间层级	重点应用环节
生态学分支理论	流域（河流）生态学	流域规划方法、河流连续体	城乡区域	▪ 把流域作为生态系统分析研究单元 ▪ 应用河流连续体理论于河网河区绿色空间的纵向联系与自然过程的维护
	城市生态学	生态服务供需评估、生态服务权衡分析	城乡区域、城镇片区	▪ 应用于前期生态服务功能供需评估 ▪ 样条分区主导功能定位的价值权衡 ▪ 河流空间与人居空间生态关联分析
	（河流）景观生态学	景观生态网络	城乡区域，城镇片区	▪ 应用尺度效应构建规划空间层级 ▪ 应用景观生态网络于河网复合功能系统构建与河区空间体系建设
	界面生态学	生态界面设计	街区场地	▪ 河段生态空间界面导控（生态—社会要素的维护与提升、边界属性控制）
城乡生态规划理论	生态城市主义	生态流动系统设计	城镇片区、街区场地	▪ 一般城市区和城市核心区的河岸绿色空间生态设计
	新城市主义	城乡梯度样条、精明准则	城乡区域、城镇片区、街区场地	▪ 应用城乡样条方法进行河岸绿色空间的分区功能规划与空间设计 ▪ 应用精明准则管理建设空间边界 ▪ 应用精明准则对河岸绿色空间进行多层级指标的管控
	城乡韧性理论	适应性管理模式	城乡区域、城镇片区	▪ 应用适应性管理模式来建立动态循环的规划管控程序
	山地城乡生态规划理论	山地地方生态，生态规划与设计	城乡区域、城镇片区、街区场地	▪ 应用山地城乡生态规划理论方法对山地城市的河岸绿色空间进行针对性和适应性分析与认知 ▪ 适于山地的保护、防护、修复与建设

山地城市河岸绿色空间适应性规划思路 表 3-3

针对问题	特性与诉求	规划思路	借鉴理论	借鉴方法	规划措施
河网结构系统破碎，河岸纵向生态系统断裂，生境单元侵蚀	河流空间等级，四维空间结构，景观廊道特性，生态要素与生态过程特征	顺应自然特性，维护河岸绿色空间内在生态系统健康	流域/河流生态学、城市生态学、界面生态学	河流连续体；生态服务供需分析方法；自然过程模式分析等	①河流与人居空间的关联分析；②构建河网内在生态支撑系统；③内在生态空间体系保护；④生态空间界面的维护；⑤生态服务功能的供给与需求评估
功能目标单一，关联用地功能割裂、公共开放空间流失	公共性和包容性的社会服务需求，多样化社会复合功能目标	兼顾复合功能，发掘河岸绿色空间外在城乡服务功用价值	景观生态学、生态城市主义、界面生态学	景观生态网络；边缘效应分析；生态界面设计；生态服务权衡分析	①构建河网外在复合服务系统；②外在复合空间体系建设；③关联土地利用整合布局与控制；④复合功能整体定位、纵向组织与横向指引
均质化、片段式的保护方法，一刀切式管控	空间梯度转化分区诉求（功能格局、土地利用、景观要素的转化趋势）	河岸绿色空间的差异化规划管控，城乡空间分区分级协调	新城市主义理论、景观生态学	城乡样条分区；精明管控与精明准则；形态设计准则	①三个规划空间层级；②流域整体空间样条分区；③河区纵向空间样条分区；④河段横向空间样条分区；⑤基于现状和发展的城乡样条分区及其设计引导
规划价值导向模糊、失衡，部门管辖条块分割	城市化后生态过程变化的不确定性，空间梯度转化的驱动机制特征	协作与适应性综合管理，衔接现有规划编制体系	城乡韧性理论	适应性管理模式；全生命周期的管理方法	①动态循环演进的规划过程组织；②基于跨部门协作的综合管理模式；③衔接现有规划编制体系（总规、控规、详规、专项规划）

能（雨洪管理、生态维持、气候调节、雨洪调节）。通过保护和修复河岸地形、植被、土壤、水文等生态要素以及这些要素的相互作用形成自然生态过程模式，引导河岸生态空间界面的特性与功能，从而控制人类对河岸绿色空间的涉入程度。由此维护各层级河岸绿色空间整体和局部的内在生态系统健康。

2. 将城乡人工系统与自然河流系统融合

在纵向空间上融合，将城乡河岸绿色空间由内部城市中心区延伸至外围乡村地区，通过其廊道连接功能承担城乡空间之间的物质与能量的传输交换。在横向空间上融合，利用河岸绿色空间减缓关联用地环境的影响，同时促进复合功能的发挥。在自然河流系统上叠加城乡人工建设系统时，通过尊重和顺应自然特性，自然河流空间与城乡人居空间的关联认知，使城市建设开发对自然环境生态系统的负面影响减至最小[126]。在宏观层面，是流域自然河流网络结构与城乡区域开发空间结构的融合，将城乡开发梯度空间与流域自然梯度空间叠加。在中观层面，是次级流域单元自然河流廊道与城镇建设组团的融合，将城镇功能梯度空间与河区纵向生态梯度状况叠加。在微观层面，是河岸自然生境单元与人工建设单元的融合，将场地建设利用程度与河段横向生态特征叠加。通过人工系统和自然系统的协同作用，寻求人与自然的最大共同利益的和谐发展。

3.2.2 兼顾复合功能，发掘外在服务价值

1. 在满足内在生态支撑功能的基础上兼顾河岸绿色空间外在复合功能

针对河岸用地功能目标单一、关联用地功能割裂、公共开放空间流失等问题，以景观生态学、生态城市主义、界面生态学等理论为指导，

基于多样的城乡社会复合服务诉求，发掘河岸绿色空间外在城乡服务功用价值。通过山地河岸特色景观环境资源利用、河岸绿色开放空间供给和河岸绿色基础设施功能输出，来促进河岸绿色空间复合功能的综合效益发挥。在河网内在生态支撑系统的基础上叠加构建河网绿色空间外在复合服务系统，在保护河岸关联用地的内在生态空间体系的基础上建设河区外在复合空间体系。

2. 广泛价值目标和复合功能的发掘和平衡

河岸绿色空间规划不是一个单一目标的现有河岸土地资源配置规划，而是可持续发展视角下承载多个生态社会子目标的功能复合规划。考虑一系列广泛的价值，如存在价值、历史文化价值、经济价值、精神价值等，其目标包括人类健康与安全、自我维持和修复、宜居性、公平性、公共性、生物多样性、社会包容性、更大连接度等。山地城市河岸绿色空间的典型复合功能有八大类：雨洪管理、灾害防护、气候调节、生境维持、景观游憩、农林生产、经济增值、文化教育（图 3–7）。需要注意的是，它们不是各个目标的简单叠加，而是多个目标内在关系的权衡和协同后的城乡空间整体效益最优的安排。考虑主导和次要复合功能时尽量减少它们之间的权衡关系，增加协同关系，努力满足所有利益相关者的需求。

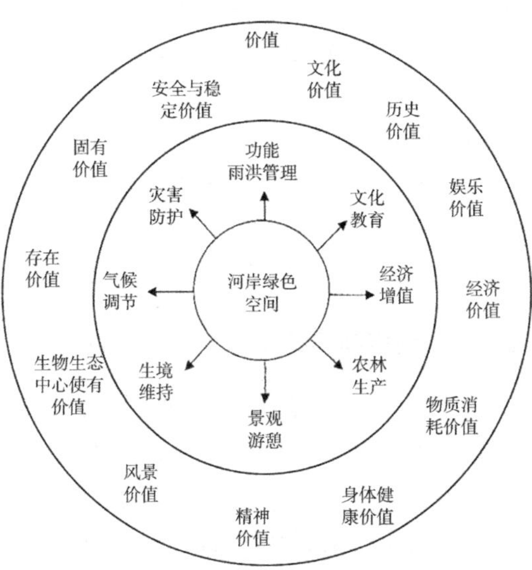

图 3–7 河岸绿色空间的复合功能目标与价值

3.2.3 差异化的干预，空间分区分级协调

1. 融合河岸自然生态特征与城乡建设诉求的分区差异化规划管控

针对以往均质化、片段式的保护方法和一刀切式的管控问题，以新城市主义理论、城乡样条分区及精明准则等方法为指导，基于河岸绿色空间在城乡空间梯度上的转化趋势和空间分区诉求，形成融合河岸自然生态特征与城乡建设诉求的分区差异化规划管控思路。通过自然、乡村、城区土地利用强度梯度变化进行空间细化分区，可以更加细腻地反映河岸绿色空间与邻近关联地区的异质性功能关系，兼顾河岸绿色空间自然地理格局与关联城乡规划土地利用，这种关联决定了给定人类栖息地中某些元素的适宜性，不能被单一维度地孤立对待。在关联考虑不同分区河岸自然生态特征与对应分区建设空间诉求的基础上，差异化地规划和管控河岸，改变传统规划一个模式标准与指标体系覆盖所有的状况，提升规划管控的合理性与可操作性。差异化的干预思路需同时考虑人工系统与自然系统作为影响河岸绿色空间复合功能供给价值的相互因果关系，把城市内部的环境问题放到城市外围更大绿色空间中解决，进而实现最大的生态服务效能与可持续性。

2. 水平空间分区转化和垂直空间分级递进的区域空间协调整合

山地城市河岸绿色空间规划由于河岸区域所处位置的复杂性和特殊性，横跨了整个城市规划区及更外围的各个不同性质、功能的城乡空间片区，虽然它的实际规划空间范围只有全部区域土地总面积的 5%~10%，看似是一个条带，其实它是一个整体系统，是城乡绿色空间生态系统规划整体架构中的一个有机骨架。河岸绿色空间规划视域应该从一个河流结构网络到重要河流连续廊道，再到多个典型河段节点，

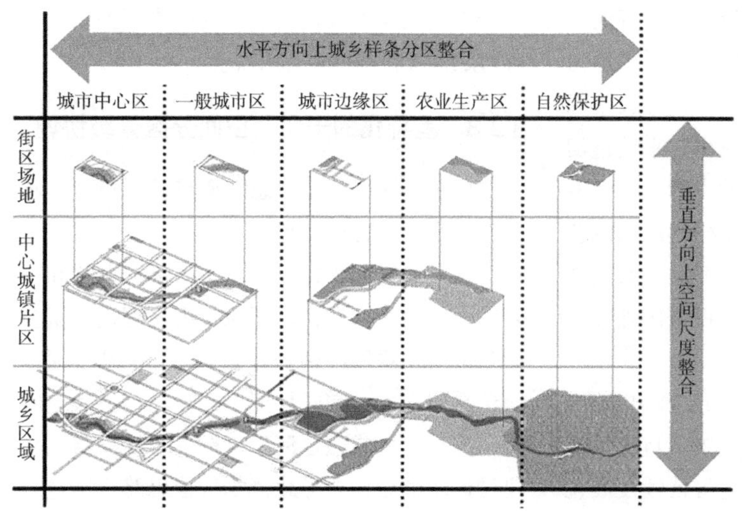

图 3-8　河岸绿色空间水平空间分区与垂直空间分级的协调整合

从一个流域河流纵向整体层面到河流河岸横向局部层面，在两个方向上进行空间协调整合（图 3-8）：

1）水平方向上的空间分区整合

整合城乡区域连续空间的环境分区（城市中心区、一般城市区、城市边缘区、乡村农业区和自然保护区），对城市到乡村全区域空间范围内的河岸绿色空间资源进行统筹规划与协调整合，强调匹配分区环境特征的地域化、差异化河岸绿色空间开发与建设。

2）垂直方向上的空间分级整合

整合三个规划空间层级（城乡区域、中心城镇区和街区场地），从宏观到中观再到微观，空间尺度层层递进，上一空间层级的规划对下一空间层级的规划有着严格的功能导向作用。

3.2.4　协作适应管理，衔接规划编制体系

针对规划价值导向模糊、失衡，部门管辖条块分割，管控效力低下等问题，认知城市化后生态过程变化的不确定性和空间梯度转化驱动机制的特征，以城乡韧性理论、适应性管理模式、全生命周期管理等为指导，衔接现有规划编制体系，形成山地城市河岸绿色空间适应性综合协调管控思路。山地城市河岸绿色空间规划需要与现有城乡规划编制体系衔接，以法定城乡规划（城乡总体规划、控制性和修建性详细规划）为基础，整合专项规划（如城市绿地系统规划、城市道路交通规划、城市水系规划）和其他部门专业规划（如河道利用与保护规划、风景名胜区规划、城市排水防涝规划）的相关重点内容。由于它们各自作用的空间范围和规划体例不一样，落实到河岸绿色空间规划上需要国土和规划（现自然资源局）、旅游、农业、林业、水利、环保等部门通力协作统筹，在全域范围内进行跨部门、多层级的管理整合，协调河岸绿色空间与其他城市结构（或基础设施）的物理和功能关系。让各级地方政府（市、区/县、镇等）和各相关部门（农业、林业、水利等）在空间上划分和确立自己的职责，实现管理监督的有效落实。凡是涉及河岸绿色空间建设与管制的行为，都能有规划或条例可遵循。在规划时序上，应结合地方行政管理实际情况，与城乡总体规划及其相关专业专项规划同步进行。

3.2.5　规划空间层级与各级研究重点

规划空间层级问题一直都是城乡规划研究中的首要理论问题。以往的河岸绿色空间规划常常只局限于一个较小尺度层级，而忽视大尺度层级的流域和河流等级的自然特征，因此忽视了区域整体生态系统和生态格局的健康。明

确一个顺应内在自然河流空间等级，外在契合城乡规划空间模型的河岸绿色空间层级十分重要，以此实现规划目标与意义。

1. 自然河流与人类社会二元空间对接的规划空间层级

1）自然河流空间层级划分（河网、河区、河段）

流域单元是承载水环境水生态功能与过程的基础空间载体。河流是流域水文过程在地面上的表现形式，流域的重要自然生态特征与河流的特征密切相关，例如河流走向、河流网络系统（如河网密度）、河流类型（永久、间歇等）。在前文第 2.1 章节中已阐述流域的等级划分（盆域、次级盆域、流域、次级流域、集水单元）和河流的等级划分。在自然流域中，各种流域空间层级的变量共存，这些在不同空间层级的流域变量起主导作用，使同一种现象和过程在不同空间层级下表现出不同特征[127]。河岸绿色空间的规划研究范畴需要在不同的河流空间层级来探讨，相比于大江大河，山地城市更关注数量更多、更密集的次级流域河流的河岸绿色空间。

一个流域内的自然河流空间可以根据不同的尺度划分为河网、河区、河段这三个空间层级。“河网”基本覆盖一个中心城市及其周边乡镇所在的城乡地理区域，通常将其视为三个或四个等级的河流廊道所组成，关注整个面域的生态系统。“河区”通常是一条主干河流或多条次级河流穿过中心城市或城镇的邻近开发建设区域，关注河流廊道纵向生态系统。“河段”关注不同等级河流廊道的某一特定区段的河岸横向生境单元。河网、河区与河段都涵盖河道水域和河岸一定宽度的陆域范围。

2）自然河流空间层级和城乡规划空间层级的对接

流域是地球上惟一连续的自然生态要素及生态系统，河流又是惟一能把城外自然要素和城内人工要素联系起来的流动的生态廊道。它们把整个城乡区域连接成一个有机整体，河岸绿色空间应该与河流、湿地、森林和人类系统（农业、城市）等其他生态系统组成部分一起管理。因此，河岸绿色空间的规划空间层级应该建立在自然河流空间层级和城乡规划空间层级这两个自然系统与人类社会二元空间对接的基础上（图 3-9）。在城乡规划领域已有相对成熟的规划编制空间层级体系：城乡总体规划、城市（片区）总体规划、控制性或修建性详细规划。各个规划编制空间层级及其相互之间的关系的规划研究重点已非常明确。将现有城乡规划编制的空间层级融入自然河流的空间层级：城乡区域层级对应河网绿色空间；中心城镇区层级对应河区绿色空间；街区场地层级对应河段绿色空间。

河岸绿色空间是一个具有空间层级结构的城乡生态与社会系统，因此具有系统性。三个空间层级的规划在价值导向、功能定位、目标设定、空间设计及管控实施等环节存在上下导向联系。

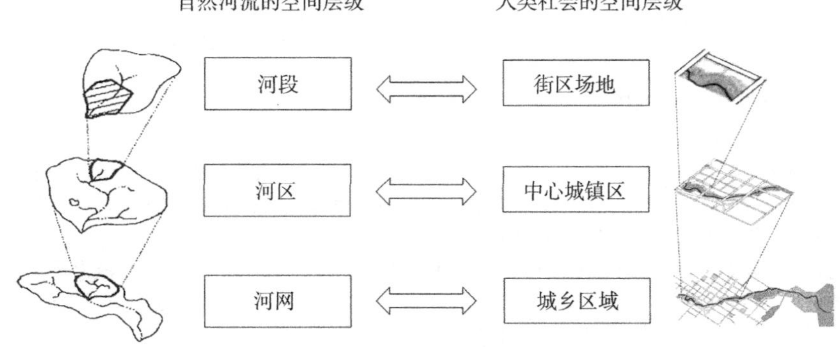

图 3–9　自然河流与人类社会二元空间对接的规划空间层级

低层级要素是高层级要素单元或要素系统的基本载体，例如河岸场地地形设计和植被配置支撑着河岸内在生态空间体系和用地生态功能的发挥。高层级要素单元或要素系统对低层级要素起制约和选择的作用，例如自然保护区或风景区的河岸功能定位限制了河岸场地设计中的建设方式、强度和设施配置。随着层次的升高，系统在与环境相互作用时表现得更为主动，功能对结构的反作用增强，系统逐渐由孤立和封闭转为开放。例如河流廊道网络在维护整体流域生态系统健康中起着主要作用，并且向其他生态系统（如森林生态系统、湿地生态系统、农业生态系统）开放。三个空间层级的河岸绿色空间规划会呈现逐级的规律性变化。

2. 三个规划层级的规划研究范围界定

麦克哈格认为："城市地区应该有两种系统，一种是顺应自然生态过程保护的开放空间系统，另一种是城市社会发展系统，把这两种系统融合，就成了居民满意的开放空间。"[128] 河岸绿色空间是典型的社会—生态结合系统，是城乡绿色空间的重要组成部分，通过社会—生态过程使人与自然得以功能性整合。概念研究的核心在于整合自然生态系统和城乡社会系统中各自最重要的主导核心要素，即河流和城市（图 3–10）。山地城市受复杂地形地貌的影响，次级河流从邻近城市周边的山体汇集下来，河道纵向高程变化剧烈，横向河岸坡度也普遍较大。因此，山地城市河岸绿色空间规划相比平原城市需要更大的纵向区域研究范围和横向河岸宽度研究范围。

1）纵向区域研究范围界定

河流纵向研究区域有三个空间尺度，分别为"城乡区域""中心城镇区""街区场地"（图 3–11）。"城乡区域"是指城乡空间内包含的城市规划区①的一个完整的河流流域单元的区域范围，包括自然区、农业区和城镇区等功能区域。根据不同城市等级，"城乡区域"范围面积通常为 500~2000km^2。随着多年城市规划编制实践的积累，城市规划区的控制范围不断扩大，从最开始包括"市区和近郊区"到后面又包括更远的"水源保护区"[129]，空间范围越来越接近所在流域范围或是全域管理范围②。因地形地貌格局的特

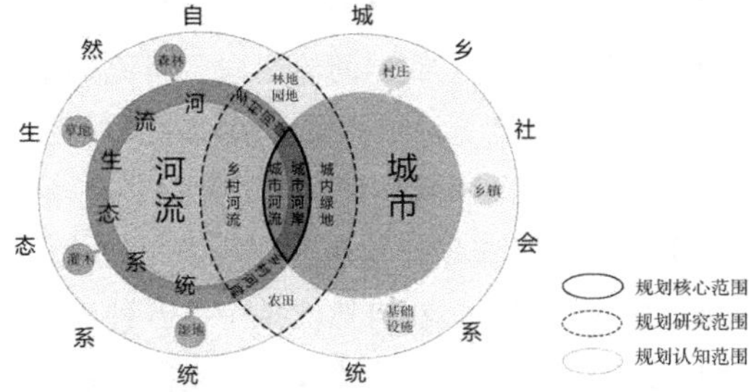

图 3–10 河岸绿色空间概念的认知范围、研究范围和规划核心范围

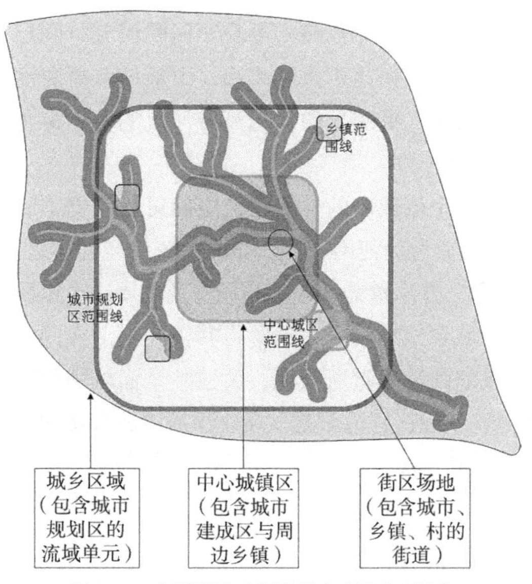

图 3–11 河岸绿色空间的研究空间范围界定

① 根据《城乡规划法》第二条，城市（镇、村庄）规划区是指城市、镇和村庄的建成区以及因城乡建设和发展需要，必须实行规划控制的区域。城市规划区包括城市建设用地以及因城市建设和发展需要而实行规划控制的区域，是城乡规划主管部门依法实施城市规划管理的空间范围（官卫华，2013）。

② 规划区概念的出现源于在城乡分治的背景下城市规划主管部门与其他有关主管部门分权，成为城市规划主管部门与其他各部门事权划分的界线。自然资源部的成立加速了"城市规划区"这个概念的消亡。规划区管理的权力已经全部给了谋求全域管理的自然资源部。文献来源："城乡规划管理职能"并入自然资源部，"规划区"这个尴尬的概念要退出历史舞台了 [OL]. 2018-05-02. https：//mp.weixin.qq.com/s/mIBnu2iLT_6aL41S-Z0Sag.

性，山地城市规划区范围一般是建设区面积的7~10倍。

“中心城镇区”是指中心城市建成区及紧邻乡镇区的范围①，包括商业、居住及工业等功能组团。根据不同的城市等级，中心城镇区范围面积通常为50~200km^2。在区域的城镇体系中处于首位的中心城区[130]，本书认为其空间范围应该比城市建设区的空间范围大，比城市规划区的空间概念小，包括城市建设区、城市中远期发展区及周边非建设用地。

“街区场地”是指城市或乡、镇、村的街区。在城市，街区是被道路所包围的区域单元；在乡村，街区是依据自然特征或人文特征划分的基本单元。河岸的街区通常由道路和河流共同来界定其边界，不同地域和不同时期的城市街区尺度有所不同，通常街区的尺度面积不大于5km^2。城市区的河岸街区单元形式包括滨河居住小区、公园、商业街等。农业区和城郊区的河岸街区单元往往为滨河乡镇集中建设组团、村落、郊野公园等形式。而场地②是比街区尺度更小的空间单元，一个街区往往被划分为多个场地单元。

2）横向河岸宽度研究范围界定

由于河流是一个有方向、有宽度的线形地理生态要素，因此河岸空间也是一个有一定宽度范围的带状要素。在前文第1.3.1节中对“河岸”的宽度界定已有所讨论，各个学科领域的观点各有不同。在规划设计领域中，杨保军认为滨水地区的空间范围应该是滨水200~300m的内陆空间，对人的吸引范围大约是1000~2000m，等同于步行一刻钟到半小时的距离[131]。邢忠将水域滩涂和岸线以外500m范围的地带称为“水域边缘区”[132]。在生态学或地理学领域，众多学者认为河流岸边100m空间范围的土地利用格局对河流水质影响较大，其景观特征相比整个流域有更显著的意义[133-134]。但整个次级流域的土地利用格局特征同样对河流沿岸的水生态环境有重要的影响。

河流贯穿地区的功能性质多元，不同河段的河岸邻近土地的利用属性具有较大的差异性，且不同空间层级的河岸绿色空间的规划研究重点不同。因此，应该考虑以不同的河岸宽度来满足不同空间层级规划研究的需求。根据不同的河流等级宽度和城市规模，本书界定：在城乡区域，“河岸宽度1000m以上到次级流域”为城乡区域河岸绿色空间系统构建的宽度范围；在中心城镇区，“500~1000m”为河岸绿色空间土地利用布局的宽度范围；在街道场地，界定“100~500m”为河岸绿色空间场地设计的宽度范围（表3-4）。

河岸横向宽度研究范围的确立有几个方面的依据：①山地城市土地利用模式对河流水质的影响最为明显的范围；②保护河岸自然栖息地有意义的所有必要土地；③有着显著社会意义的所有近河的公共开放空间（包括近河道路的完整近河街区）。

河岸绿色空间三个空间尺度的横向研究宽度范围　　表3-4

	城乡区域	中心城镇区	街区场地
纵向区域范围	500~2000km^2	50~200km^2	<5km^2
横向河岸宽度	1000m以上到次级流域单元	500~1000m	100~500m
河流等级	干流 / 支流	干流 / 支流 / 次级支流	干流 / 支流 / 次级支流

① 现行法律法规没有对中心城区的明确规定，仅在《城市规划编制办法》中提到中心城区的规划内容。《市级土地利用总体规划编制规程》中明确中心城区的控制范围应该包括主城区及其相关联的功能组团（涉及周边的乡镇村）。

② “场地”通常是指修建性详细规划设计的单元尺度，按使用特征可以分为居住区场地、商业场地、公园绿地等，按地形条件可以分为平坦场地、斜坡场地等。

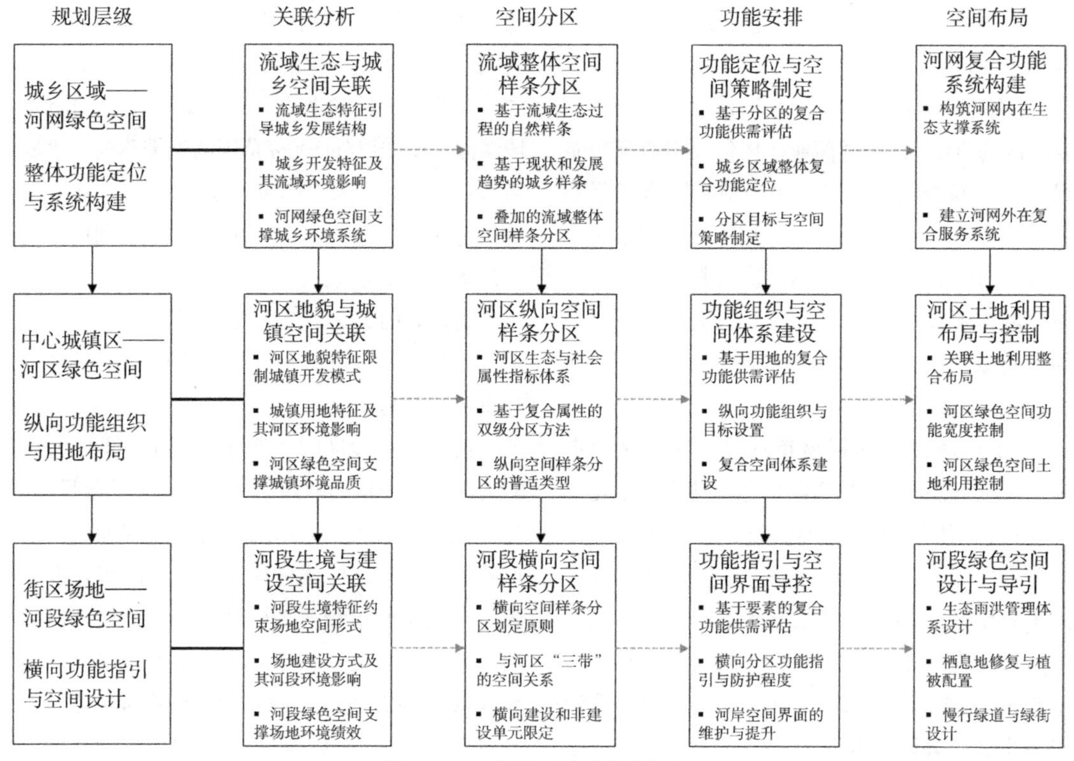

图 3–12 三个空间层级的规划框架

3. 三个空间层级的规划研究重点

山地城市河岸绿色空间在不同空间层级的规划研究重点分别是：在城乡区域，河网绿色空间整体功能分区定位与系统构建；在中心城镇区，河区绿色空间纵向功能组织与用地布局；在街区场地，河段绿色空间横向功能指引和空间设计（图 3–12）。本质上来说，还是“总体规划—分区规划—详细规划”这一由上至下的规划思路，形成了由“网”到“线”到“点”的规划框架。

3.3 响应特性与诉求的技术要点

根据山地城市河岸绿色空间的内在特性和外在诉求，本书提出了以样条分区体系为核心的四个适应性规划技术要点（适用于三个规划空间层级）：①河流空间与人居空间的关联作用分析，这是规划前期认知基础（顺应自然特性）；②融合特性与诉求的样条分区体系，这是规划空间分区单元（差异化的干预）；③复合功能平衡下的空间布局，这是规划建设内容（兼顾复合功能）；④动态循环的规划与管控程序，这是规划管理过程（协作适应管理）。

3.3.1 河流与人居空间的关联分析

1. 河岸绿色空间由自然环境和人工环境共同演化（认知基础）

了解城乡区域内人与自然的相互作用及其复杂性非常重要[135–136]。城市规划可以通过解决存在于人类—环境系统中相互作用的自然环境和社会组分之间的内在联系来解决可持续性挑战[137]。城市化地区是由人类作为支配主体的复杂的人类—自然耦合系统，改变了生物自然栖息地、物种组成，改变了水文系统、能量流和营养循环。土地开发、资源利用以及它们的生态影响的动态取决于人类活动的空间格局以及它们与多种尺度的生物物理过程的相互作用[138]。每一块河岸绿色空间场地都有着独一无二的生态环境、历史文化和社会背景特点。人工环境和自然环境关系的演变，理想的情况是：人工环境如果让步，自然环境会逐步恢复一些受损的区域。城市中会保留一些自然化或半自然的生态环境单元，如森林公园、湿地公园等，多样化是人居环境演化的未来趋势[139]。

河岸绿色空间演化形成的驱动力主要有两大类，一是人类动态，二是环境力量。人类动态是主要驱动力，通过人口特征、经济体制、社会经济组织、政治结构和技术等因素起作用。城市化是一个人类驱动过程，对于城市河岸的生态研究必须考虑人类的价值和行为。人类行为作为一种潜在的导致这些影响力作用的基本原因直接影响了土地使用、土地需求和资源供应。在城市化的河岸地区，这些驱动力组合后影响了分散在河岸纵向和横向的各个空间的活动方式。快速城市化或城镇发展作为我国目前最显著的人类活动背景是以一种复杂的方式干预和控制了河岸生态系统的结构和功能，人类活动的空间格局决定了土地开发、资源使用以及它们的生态影响的动态。

在山地城市，环境力量是一个重要的驱动力，例如气候、地形地貌、水文以及洪水、山体滑坡等自然灾害。这些环境力量（蜿蜒复杂的河流，陡峭的山体等）可能会成为主导驱动力，约束和限制城市发展和人类决策。河岸区域土地开发和基础设施建设的决策受到生物、物理限制因素和环境舒适性条件的强烈影响。随着全球气候的变化，改变的环境条件和力量始终影响着人类和城市发展的决策，不能被日益先进的工程技术所克服。因此，人类动态和环境力量的长期共同相互作用造成了特定时间和空间上的河岸绿色空间的景观格局。

2. 河岸绿色空间的基础要素解读与系统分析方法

建立河岸绿色空间的基础数据库，筛选科学合理的数据源，结合“3S”技术数据使用特点及山地空间特征，形成不同流域及河流空间层级的规划管控自然要素和不同尺度的河岸人居空间的基础要素解读与归类方法。

在城乡区域—河网空间层面，基础要素解读对象为流域河网空间和城乡空间。流域河网空间的自然生态要素构成包括：流域面积大小、海拔高度、坡向与坡度、河网密度、河网空间形态、河流走向、山地地形类型（高山、低山、丘陵、山脉）等。城乡空间的基础要素系统包括：山地城市拓展结构、自然空间系统、农业空间系统、建设空间系统、设施系统等。在中心城镇区—河区层面，基础要素解读对象为河区空间和河岸城镇空间。河区空间的自然生态要素构成包括：关联环境区、地貌基本单元（高地、河岸斜坡、河谷平坝）、山地河流的蜿蜒形态等。中心城镇空间的基础要素构成包括：城镇建设开发单元、河岸开发模式、河岸功能区用地构成、关联城镇用地特征等。在街区场地—河段层面，基础要素解读对象为河段空间与场地空间。河段空间的自然生态要素构成包括：河道和河岸的生境单元类型、水质、水量、水生生物、陆生生物、河道和河岸植被、土壤、地形、水文等。河岸场地空间的基础要素构成包括：护岸形式、下垫面类型、建筑高度、景观类型、绿地类型、界面开敞度、混合度、多样性等。

对河岸绿色空间基础要素及其过程模式进行系统分析（图 3-13）。分析不同层级流域单元和河流空间的自然过程及空间功能，认知不同地形地貌条件下的植被、土壤、水文等环境梯度变化和这些自然要素之间的内在相互作用过程。分析基础要素系统在不同层级的构成模式，分析河流空间要素系统和人居空间要素系统在不同层级的相互作用关系。

3. 不同空间层级的河流空间与人居空间的关联作用分析

河流空间与人居空间的关联作用分析的意义在于了解人类动态和环境力量在山地城市河岸绿色空间格局形成中的相互依赖和相互影响的规律，从而在规划时能够更好地顺应自然特

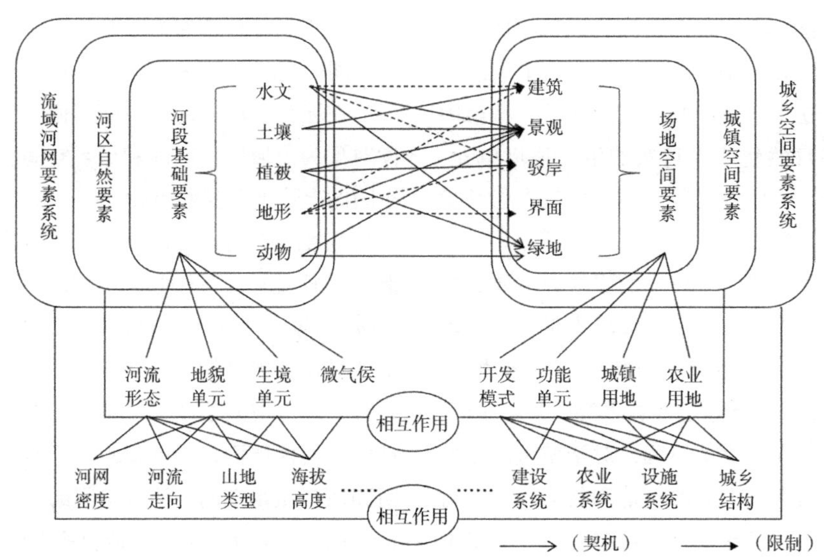

图 3-13　河岸绿色空间基础要素的系统分析

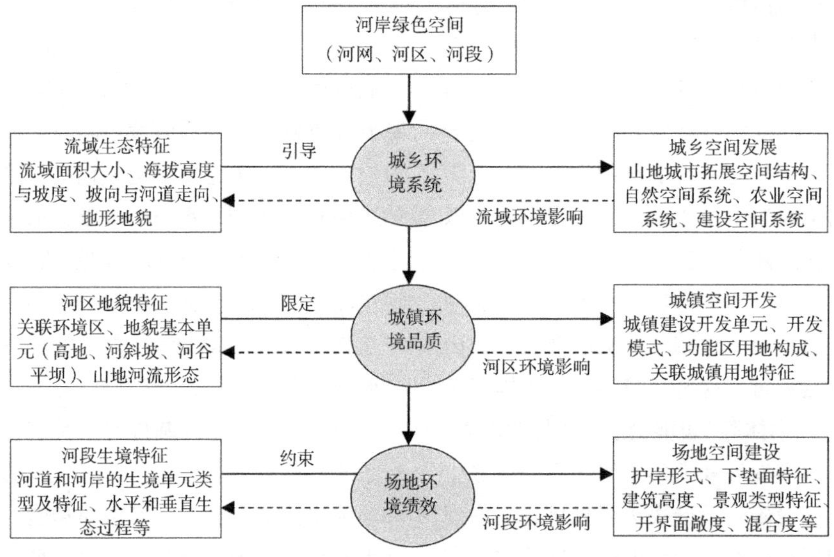

图 3-14　三个层级的河流空间与人居空间的关联作用分析

性，可以体现于三个空间层级（图 3-14）。

3.3.2　融合特性与诉求的样条分区

1. 样条分区方法的定义及其三个层级

样条分区体系的方法基础来自于新城市主义思想理论和城乡样条分区技术方法（详见前文第 3.1.2 节）。它是基于每段流域或河流的生态和社会特征，让每个区的复合功能与环境特征相匹配，是规划空间分区单元。通过深度解析空间生态流动以及时间变迁中的动态关系及其环境绩效，反映不同地带绿色空间功能与可输出环境效益的差异。其空间分区原则是关注跨尺度时空复杂性、生态流动、环境效应及可持续进程等，能更加清晰、客观地反映出城乡空间分区河岸绿色空间的功能、构成及使用方式的梯度变化特征，有助于针对性地解读河岸绿色空间保护和利用导向，使保护更为有效，利用更合理。

样条实质上是一种梯度范式（gradient paradigm），是按照一个环境梯度的采样区域，如水分梯度、高程梯度、城乡梯度或人为干扰梯度等。本书对样条的定义是：一定范围内按照环境梯度划分的带状或面状区域。样条能为城市发展与生态过程相互作用范围的假设提供一种有效框架，内含人类因素与生物物理因素之间的相互作用，揭示人类或城市化压力下生物生态环境响应的临界值。其中城乡样条最被人熟知，并被广泛应用。构建的三个层级的样条分区体系为：城乡区域——流域整体空间样条分区、中心城镇区——河岸纵向空间样条分区、街区场地——河岸横向空间样条分区（图 3-15），是各个层级规划（功能定位、目标设定、空间设计及管控实施）的基本空间单元。上层级的样条分区对下层级的样条分区具有严格的指导作用，“由上至下”地落实宏观、中观层面的策略。

2. 城乡区域——自然样条与城乡样条叠加的整体空间样条分区方法

1）基于内在生态特性的流域纵向自然样条分区

流域纵向生态功能分区中最经典的理论就是流域纵向空间功能分区，即源头区、传递区与沉积区（图 3-16）。将这三个分区作为流域自然样条分区，在本书中又被称为上游区、中游区和下游区，它是依据流域或河流相对于中心城市的位置进行划分的，在研究范围内，城市一般位于流域或河流的中下游。因此，本书所述的流域纵向自然样条分区（即上、中、下游区）

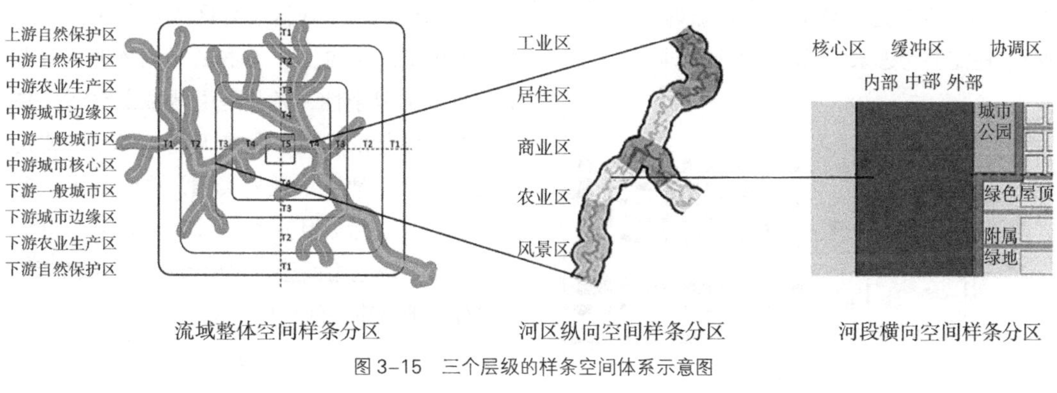

图 3-15　三个层级的样条空间体系示意图

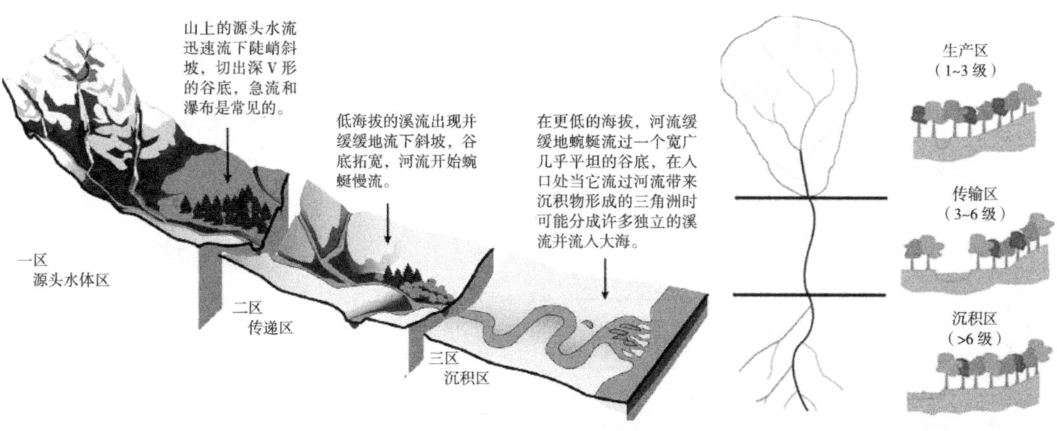

图 3-16　流域河流纵向生态功能分区

资料来源：FISRWG.Stream corridor restoration，1998[R/OL].[2020-5-25]. http：//www.nrcs.usda. gov/Internet/FSE_DOCUMENTS/stelprdb1044574.pdf.

是一个相对概念，虽然上、中、下游区的河流特征没有理论上(从山上到入海口)的那么显著，但是对于山地城市，上、中、下游区的流域特征（如温度、流速、流量、河道宽度等）还是有明显的阈值区分的。

2）基于外在社会诉求的城乡样条分区

借鉴新城市主义的城乡样条概念，基于人类对自然环境的改造程度或城市化强度划分城乡样条分区（自然保护区、乡村保留区、城市边缘区、一般城市区、城市中心区），反映了河岸绿色空间的土地利用、建设强度、活动方式、空间形态等方面的差异化生态社会特征（图 3–17）。通常来说，这五个分区的特征差异鲜明，适用于大部分城市。城乡样条分区的依据主要是城市化指标（如人口密度、道路密度、城市建设用地比例等）。需要注意的是，城乡样条分区不是仅考虑现状的社会功能诉求来进行划分，还需要考虑未来的城乡发展诉求。

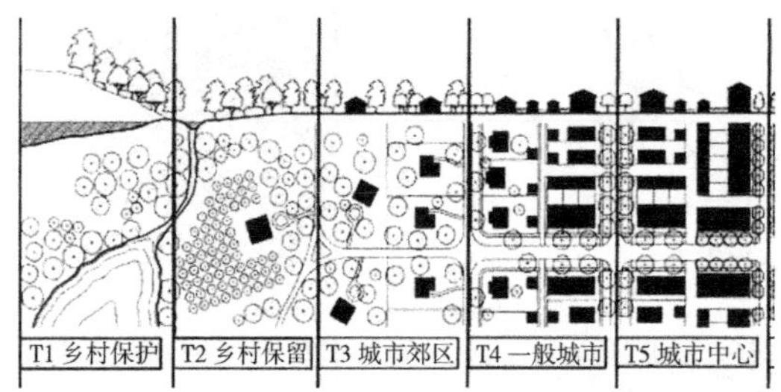

图 3–17 常见的五个城乡样条分区
资料来源：DUANY A，TALEN E. Transect planning[J]. Journal of the American Planning Association，2002，68（2）：245–266.

3）自然样条与城乡样条叠加的整体空间样条分区

将基于生态特性的流域纵向自然样条分区和基于社会诉求的城乡梯度样条分区叠加形成了城乡流域整体空间样条分区（图 3–18）。根据诸多实证研究和长期的实践经验，对于山地城市，融合流域现状生态条件和城乡空间发展诉求，城乡流域叠加的整体空间样条分区通常可以分为 10 个区（表 3–5）。

3. 中心城镇区——基于城镇功能结构的河区纵向空间样条分区方法

1）城市空间结构与功能分区

西方城市空间结构理论中常见的有三种类型：同心圆、扇形、多核心。在多核心空间结构中，大城市并不是依托惟一的城市中心区发展，而是围绕若干主要或次级的城市中心区形成一般居住区、工业区、郊区或农业区，由此组成城市空间结构[140]。多核心结构体现了城市空间发展的复杂性，尤其是山地城市空间，并且多核心结构的功能区分布无统一规律。黄光宇先生结合山地城市规划实践，总结出了“多中心组团型、绿心环形型、城乡融合型、指掌与树枝型、环湖组团型、星座型、长藤结瓜型”等多种山地城市空间结构模型[141]。

2）适用于山地城市的典型的河岸纵向空间样条分区

根据山地城市结构功能分区特征，沿着大

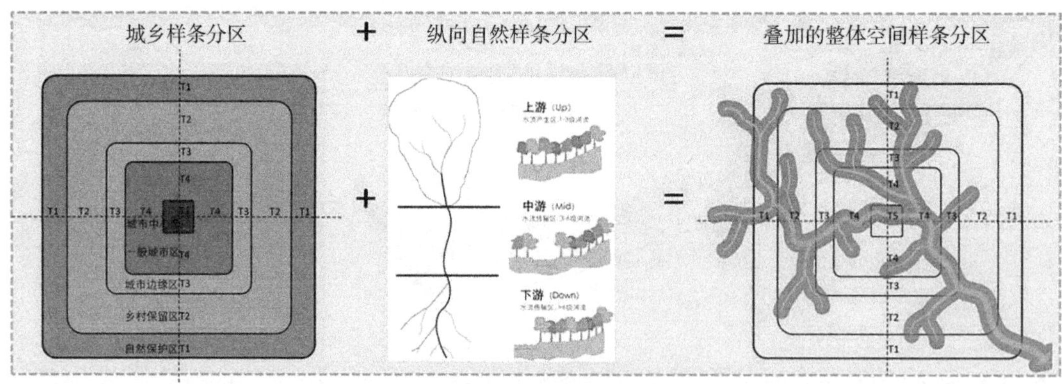

图 3–18 自然样条与城乡样条叠加

型主干河流或穿过城市内部的次级河流的河岸纵向空间样条分区通常为：老城区、居住区、工业区、商业区、文化行政区、城郊农业区、风景区等（图 3–19）。由于山地城镇的规模大小不同和山地的地形地貌特征限定下的城市空间结构不同，河流沿岸的功能分区会有所不同。一般来说，规模较大的山地城市（如重庆）有大中型河流穿过，会形成多个以商业区为中心的功能区组团，组团内部功能区较多（既有居住商业，也有文化、行政、工业等），而组团之间往往是农业区或风景区。而中小型山地城镇（如云阳、开州），组团数较少，组团内的功能区类型也较少，仅仅是单独的居住商业组团，或单独的工业组团。

4. 街区场地——基于生态保护与建设程度的河段横向空间样条分区方法

随着河岸横向地形梯度（河流—河漫滩—斜坡—高地）的空间转换，河岸绿色空间在横向上的功能随之变化。在确立整体和纵向空间样条分区及分区主导功能的基础上，对各城乡流域不同河区的不同位置的河岸横向绿色空间场地进行差异化的保护与利用，控制河岸场地横向的建设利用强度。对各个不同纵向分区内的生态斑块予以保护和修复，对可能输入的外围相邻人为干扰进行隔离与缓冲，并结合相邻建设空间的功能诉求设置人类活动涉入程度，从而形成河岸绿色空间的河段横向空间样条分区。

城乡流域叠加的整体空间样条分区建议　　表 3–5

流域纵向分区	城乡梯度样条分区	叠加的整体空间样条分区	编号
上游区（up–stream）	自然保护区（T1）	上游自然保护区	U–T1
中游区（mid–stream）	自然保护区（T1）	中游自然保护区	M–T1
	乡村农业区（T2）	中游乡村农业区	M–T2
	城市边缘区（T3）	中游城市边缘区	M–T3
	一般城市区（T4）	中游一般城市区	M–T4
	城市中心区（T5）	中游城市中心区	M–T5
下游区（down–stream）	一般城市区（T4）	下游一般城市区	D–T4
	城市边缘区（T3）	下游城市边缘区	D–T3
	乡村农业区（T2）	下游乡村农业区	D–T2
	自然保护区（T1）	下游自然保护区	D–T1

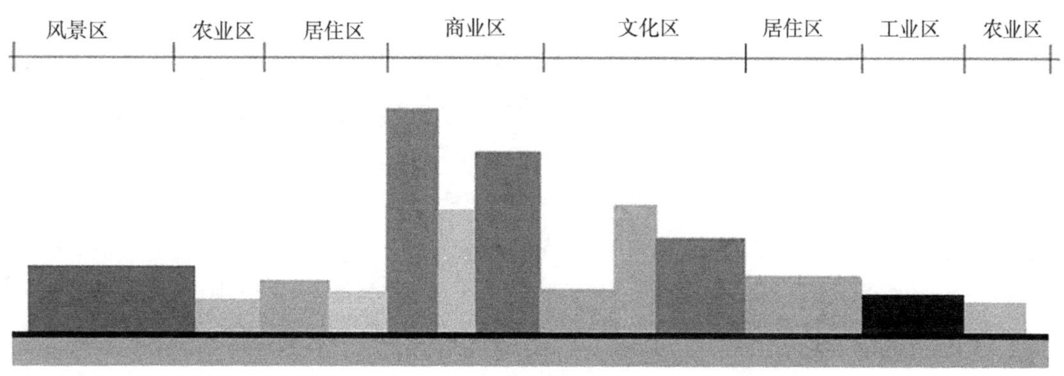

图 3–19　河岸纵向空间样条分区建议

对于自然保护区的保护，通常是“核心区—缓冲区—过渡区”模式[142]。为避免或减少人工对河流的干扰，对河流及河岸栖息地、湿地等核心生态资源予以严格保护，需要设立核心保护区，禁止人类涉入。为满足科学实验、回归自然、生态游憩的需求，又不对生境质量造成影响，需要设立缓冲区对人类行为加以约束、限制。缓冲区的设立主要依据关联用地类型、强度以及城市建设发展的诉求。这些决定了缓冲区的模式、面积、宽度[143]。过渡区则是在缓冲区与关联建设区之间，允许开展适量的经济活动。这种模式给河段横向空间样条分区带来了启示，因为河流也是自然保护区的一种类型，同样承受人类社会经济系统的压力。

河段横向空间样条分区的目标是保护遗留的或可恢复的生境斑块，同时满足人类亲水和景观游憩的需求以及资源利用需求。参考“核心区—缓冲区—过渡区 1/ 过渡区 2”模式，将河段横向空间样条分区分为 5 个区：核心区、内部缓冲区、中部缓冲区、外部缓冲区和协调区。中部缓冲区的面积、宽度由核心区和内部缓冲区的遗留自然斑块和面积以及外部缓冲区及更外围的土地利用压力、地形特点等确定。横向空间样条分区与整体空间样条分区、纵向空间样条分区紧密联系，上两个层级的空间样条分区对横向空间样条分区在功能、用地、空间形态等方面的规划设计有着指导作用（图 3–20）。

3.3.3 复合功能平衡下的空间布局

1. 复合生态服务功能的两大关系认知

1）协同与权衡关系认知

河岸绿色空间的多种生态服务功能，既有协同（synergy）关系，也有权衡（trade-off）关系①。复合生态服务功能的权衡关系可以导致在聚焦管理一个生态功能时对另一些生态服务功能产生不期望的影响。规划师可以通过聚焦于联系这些生态系统服务功能的生态过程来改变

	水域滩涂	缓冲带			协调带
	核心区	内部缓冲区	中部缓冲区	外部缓冲区	协调区
分区目的	保护自然河流、滩涂生态斑块	保护遗留生态条件较好或修复潜力较大的自然林地或栖息地	缓冲外围开发建设活动对内部核心区的消极影响（如径流污染）	限制开发利用和提高开放程度，注重环境带来的社会效益	适度开发利用，注重社会和生态效益的协调发挥
与整体空间样条分区的关系	流域整体空间样条分区的主导功能，指导横向空间断面样条的总体宽度、总体面积、植被覆盖率等管控措施的制定				
	指导河流水域和滩涂斑块大小	指导河岸临水自然林地生境斑块的大小	指导绿化缓冲带的大致宽度	指导林地植被覆盖率的大致比例	指导协调带的总体绿地率
与纵向空间样条分区的关系	河区纵向空间样条分区的主导功能，指导横向空间断面样条的建设单元（非建设单元）、空间形态、植被配置、灰色与绿色基础设施配置等管控措施的制定				
	指导河流水域或滩涂斑块的内缘比	指导河岸临水自然林地生境斑块的内缘比	指导缓冲带的形态和具体宽度调适、植被和设施配置等	指导外部缓冲区的绿地空间建设、植被和设施配置	指导协调区的绿地甚至建筑建设、植被和设施配置

图 3–20　河段横向空间样条分区与上两个层级的样条分区之间的关系

① 协同（synergy）：指协调两个或者两个以上的不同资源或者个体，协同一致地完成某一目标的过程或能力，在生态系统服务理论中，是指一种生态系统服务的使用直接增加另一种生态系统服务的供给效益的情况。权衡（trade-off）：在生态系统服务中是指一种生态系统服务的使用直接降低另一种生态系统服务的供给的情况。需求或供给方引起的一种生态系统服务使用的变化，也包括不同地域和现在与未来的权衡。

它们之间的权衡关系[144]。忽略生态系统服务功能之间的动态过程可能会增加制度转移中突如其来的意外风险。

了解河岸绿色空间复合功能之间的协同和权衡机制可以帮助我们更好地管理复合生态服务功能之间的关系，比如减少权衡，增加协同[145]。生态服务功能的供给涉及多种复合功能之间的相互作用关系以及对驱动力变化的回应（图 3-21）[146]。由表 3-6 可以看出，一区的行为驱动会影响复合生态服务功能 A，但不会影响 B，例如修建游憩道路会促进文化旅游，但不会影响农业生产。二区的行为驱动会同时影响（正向或负向）复合生态服务功能 A 和 B，但 A 和 B 之间没有相互作用关系，例如化肥的使用可以促进农业生产，但也会破坏河流水质。三区和四区的行为驱动在影响复合生态服务功能 A 或 B 后，A 会进而影响 B。例如修复河岸湿地可以促进洪水防控，进而提高农作物的生产力；草地上植树造林可以促进碳吸收，但会降低水量。五区和六区的行为驱动在影响复合生态服务功能 A 和 B 后，A 和 B 之间会产生相互影响。例如耕地保护可以促进侵蚀控制，进而有益于农作物，农田反过来也会影响侵蚀控制；大片森林砍伐会影响水分滞留和林木生产，水分滞留和林木生产之间也会相互影响。

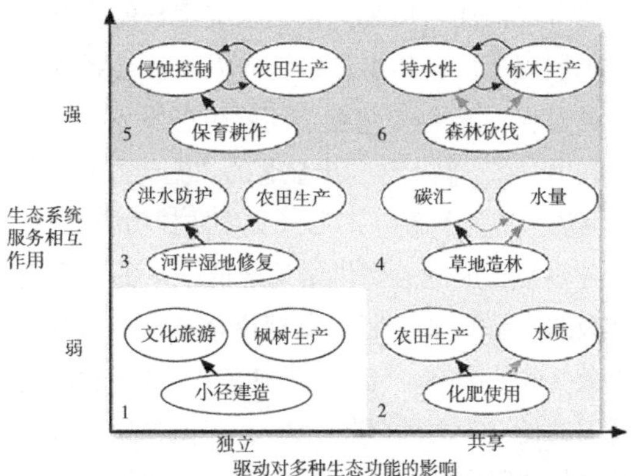

图 3-21　多种生态服务功能之间的驱动影响（黑色箭头代表积极影响，灰色箭头代表消极影响）

资料来源：BENNETT E M，PETERSON G D，GORDON L J. Understanding relationships among multiple ecosystem services[J]. Ecology Letters，2010，12（12）：1394-1404.

2）供给与需求关系认知

生态系统服务的“供给”是生态系统为人类提供的产品和服务，“需求”是人类对生态系

不同的行为驱动与多种生态服务功能之间的作用关系　　表 3-6

分区	行为驱动	复合生态服务功能 A	复合生态服务功能 B	共享驱动	回应类型	相互作用类型	协同或权衡
1	修建游憩道路	文化旅游	农业生产	无	—	无	无
2	化肥使用	农业生产	河流水质	有	相反	无	权衡
2	重新引入动物	自然旅游	洪泛区维持	有	相似	无	协同
3	修复河岸植被	洪水控制	农业生产	无	—	单项作用积极	协同
3	维持森林斑块	授粉	农业生产	无	—	单项作用积极	协同
4	湿地修复	洪水控制	洪水控制	有	相似	单项作用积极	协同
4	砍伐森林	碳固定	河流水质	有	相反	单项作用消极	权衡
4	海洋保护开发	海藻增长管控	旅游	有	相似	单项作用积极	协同
5	干旱期	碳固定 / 土壤有机物	农业生产	无	—	双向作用积极	协同
5	杀虫剂喷射	林木生产	害虫控制	无	—	双向作用消极	权衡
6	大面积森林砍伐	水分滞留	碳固定和树木增长	有	相似	双向作用积极	协同

资料来源：BENNETT E M，PETERSON G D，GORDON L J. Understanding relationships among multiple ecosystem services[J]. Ecology Letters，2010，12（12）：1394-1404.

统服务的消耗与使用，生态系统服务的供给与需求展现了从自然生态系统向人类社会系统流动的过程[147]。河岸绿色空间的生态服务从供给到利用，在空间上体现出显著的"流动方向性"，如河流上游为下游调节洪水（灾害防护功能）[148]；服务供给程度随着到供给地区的距离的增大而衰减的"局部邻近性"，如河岸植被与地形对周边微气候的影响（气候调节功能），减缓和净化周围的径流（雨洪调节功能）；只能在供给区域发生的"原位性"，如农林生产、文化教育和生境维持功能；服务使用者能够朝向生态系统移动的"使用者迁移性"，如景观游憩和经济增值功能。

人类对河岸环境的主要影响是土地利用的变化。这些土地利用的变化又影响生态系统为人类社会提供产品和服务的能力。如果要实现自我维持的人类环境系统和一个可持续利用的自然资本，自然的多种产品和服务的供给应该匹配社会的需求。河岸绿色空间复合功能的供给与需求和复合生态功能的协同与权衡也存在复杂的相互作用关系。当生态服务功能被"使用"时，复合生态功能之间的相互作用才会被激发，这也意味着河岸绿色空间内在的社会—生态系统在一定程度上作为人类或城市需求的结果是可以被管理、改造、评估、保护和体验的。规划师和实施者的物理行为干预是复合生态功能权衡或协同被驱使的因果关系机制。一种生态服务功能的使用会改变其他生态服务功能的供给和需求。

生态系统服务功能通常是多种功能供给的，但生态系统发挥每种功能的能力水平受到生物物理（如气候变化、灾害疾病等）、管理实践或多种生态服务之间消极作用的限制[149]；生态规划、管理或使用（土地利用、景观改造、自然保护等）的主要驱动力是人类利益相关者的需求和欲望[150]；复合生态功能之间的权衡关系可能会导致承受负荷者和生态服务获利者之间的矛盾（图 3-22）。

2. 复合功能平衡安排与空间布局方法

1）复合功能的供给与需求评估

河岸绿色空间潜在供给能力由内在河岸生态系统的生态结构过程或生物物理特性决定。而相抵触的生态服务需求由人类利益相关者的相互作用决定。河岸绿色空间的供需分析的意

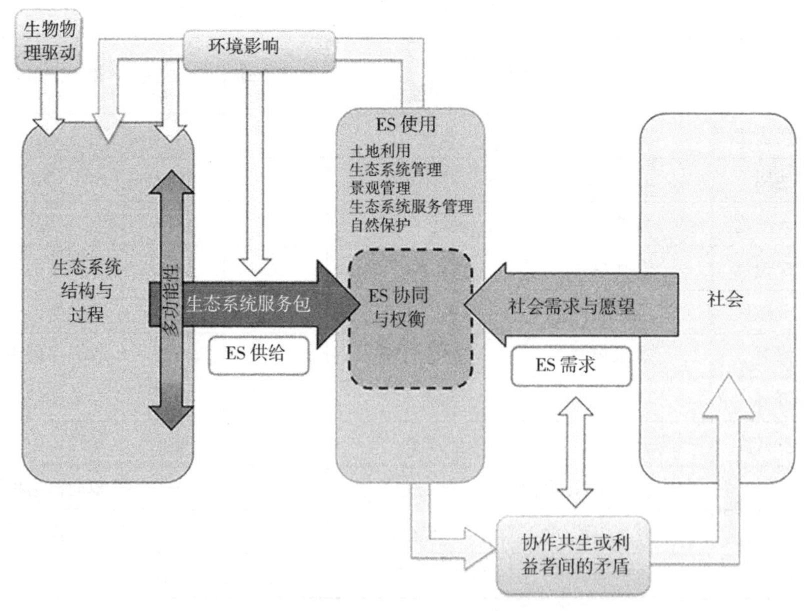

图 3-22　复合生态服务功能的供给与需求以及权衡机制

资料来源：TURKELBOOM F，et al. Ecosystem service trade-offs and synergies[J]. Ecology and Society，2015，21（1），43.

义在于通过评估其复合功能供需主体的空间范围和作用强度，理解不同空间尺度、不同城乡空间和时间节点下的供需关系特征，解析土地利用类型、强度对于复合功能的供需影响机制，以确定不同时空节点下的河岸绿色空间功能定位和目标导向。需要关注供给与需求主体在时间演变过程中的动态变化特征，各类生态服务功能对时间的响应速率不同，基于它们不同的时变特性，寻找最大化满足近远期的功能需求的平衡点。

2）基于样条空间分区的复合功能安排原则

人类在获取生态服务功能时，应在不同时空尺度上权衡与其他生态服务功能的互竞关系。权衡的根本是价值判断，基于多种生态服务功能权衡后的价值选择，才能制定理性的土地利用规划方案和引导控制策略，满足多方利益主体的诉求[151]。对不同层级的空间样条分区进行多种复合功能的内部作用关系分析和价值取舍，最终确立分区主导与次级复合功能。空间样条分区主导与次要生态功能组织原则包括：

（1）每个分区的复合功能组织需要与山地城市河岸绿色空间的内在特性和外在诉求特征相匹配，尽量减少权衡关系，增加协同关系。

（2）每个分区尽量确立一个强协同的主导功能（例如自然保护区把生境维持作为主导功能），次要生态功能尽量为弱协同或弱权衡。

（3）当同一个分区内部出现两个强权衡关系的复合生态服务功能的需求时，给予生态支撑和调节功能（生境维持、雨洪调节等）优先权，通过策略和技术弱化与另一个复合功能的权衡关系强度。

两个复合功能之间的协同—权衡关系不是一成不变的，会随着城乡空间和时间的演变而发生变化。规划师随时要做的是通过优化规划措施和建设方法尽量减少权衡，增加协同，从而提升综合服务功能。例如非正式娱乐会对河岸产生多样的物理和生物影响，在有大量游客的地方，地被植物被践踏、土壤暴露、植物群落被损坏、水土流失，所以自然环境保护和非正式娱乐存在矛盾，需要规划和管理者去有效平衡，规划措施可以包括：娱乐场址应避免陡坡、洼地、水源涵养地等生态敏感的地方，选择植被生长较快、生命力强的地方；使用天然材料来搭建娱乐活动设施和铺设可达路径；控制娱乐场地的大小，防止场地的蔓延扩展和环境资源的污染破坏；注意在植物生长季节对场地的保护等[152]。

3）复合功能平衡下的空间布局方法

河岸绿色空间规划空间布局和其复合（生态服务）功能之间的相互作用关系体现在两个方面：一方面，河岸生态系统本身以及不同城乡梯度空间所在的不同河段所产生的不同等级的自然生态供给，城乡空间生态环境现状问题和社会经济发展诉求所产生的城镇和人的需求，不同复合功能之间的价值权衡关系等，将会对河岸绿色空间布局思路产生影响并支撑规划方案的选择、管控要求以及实施策略等的制定。另一方面，可以通过对城乡土地利用的布局调整改变城乡各种生态系统（河流、森林、农业等）的组分、过程和结构，进而改善和提升城乡空间的生态环境绩效。河岸绿色空间规划抉择和短期与长期的管控实施效果将会对河岸复合功能的供给能力产生正面或者负面的影响。大部分情况下，河岸的开发活动会对河岸生态系统造成较为严重的负面影响，进而使得生态支撑和调节功能价值下降。也有少数正面影响的情况，如合理的河岸绿道建设可以在保障生态支撑服务功能的前提下提升社会文化服务功能，从而实现综合效益的最大化。

河岸绿色空间复合功能有两个平衡重点。一是通过供需评估了解供需差值及缺口，确定生态系统的供需服务传输特征和连接路径，不同的供需传输特征将决定不同的空间连接路径，例如景观游憩和文化教育服务功能的传输需要通信、交通、市政等基础设施的连接路径，农林生产服务功能的传输需要灌溉、交通等基础设施的连接路径。二是在价值导向下的样条空间分区主导和次要功能的平衡，平衡生态环境目标和社会经济目标，不仅关系到未来规划愿景的实现，还关系到空间布局对生态系统服务的反作用和复合功能供给的可持续性。

3.3.4 动态循环的规划与管控程序

1. 河岸绿色空间规划的作用力

河岸绿色空间作为城市空间的组成部分，不仅属于物质实体范畴，也属于政治经济学范畴，空间由社会生产同时也生产社会[153]。我国城市河岸空间生产是由政府的土地批租、开发商的资本逐利、金融机构的推波助澜、城市居民对河岸空间的偏好选择、规划师的价值权衡与技术手段等复杂因素共同推动形成的。在城市化和城市更新过程中，河岸空间因亲水性、文脉悠久、资源稀缺等特征而成为城市空间生产并实现资本增值的重要途径。通常政府通过整理破碎化土地权属、地块清理、拆迁安置、土地出让和促进资本流通等手段为河岸空间生产创造条件，同时，房地产商和金融机构以不同方式参与河岸空间生产过程[69]。河岸绿色空间在“政府、文化、权利、税收、资本”的外在复杂作用力中发生重构、再生和转型。

2. 动态循环的规划与管控程序

1）应对不确定性的适应性规划过程

河岸绿色空间本身是一种适应性的行动，以城乡韧性及可持续发展为导向，旨在创建韧性区域来对抗系统内部和外部的压力，特别是气候变化的影响，适用于土地利用多样化的城市区域，包括高密度的城市中心区、低密度的城郊区域、工业与农业用地区域、自然生态区域等。它可以应对长期规划和管控过程中的不确定性和障碍，包括科学（生物物理）不确定性和社会政治不确定性。规划从长远利益出发，而非短期经济收益。它考虑多种用途、交互结构和不同利益相关者之间的利益平衡，有助于实现长期目标，允许通过不同参与者之间持续的学习和讨论来适应。规划是反思的，响应变化并可导致多种积极的结果，识别和应对所有的价值、因素和输入。通过全面的分析和利益相关者的参与，确定功能的优先级并制定明确的目标。通过自适应的方式了解哪些功能正在按照预期的方式运行，同时通过沟通、公众参与和教育提升对多功能性的认识。

2）动态循环的六个主要规划阶段

基于山地城市河岸绿色空间的内在特性和外在诉求，多维度价值目标导向与近期现实问题导向并行，其适应性规划与管控程序分为6个主要阶段：现状调查分析、确立规划目标、制定规划方案、选择最佳方案、实施与监督、反馈与调整。它是一个动态循环、反馈调整的过程（图3-23）。

（1）现状调查分析。无论是问题导向还是目标导向，都需要对现状相关资料信息进行详细的调查。调查内容包括采用多种分析方法，了解资源优势、规划缺口。不仅要对河岸绿色空间生态系统要素（水文、生物、地形等）进行调查，也要对各要素的相互作用关系进行调查（例如斜坡与植被类型的关系），还要对外部影响环境（社会、自然、经济）进行调查，了解河岸绿色空间各利益主体及其作用力强烈程

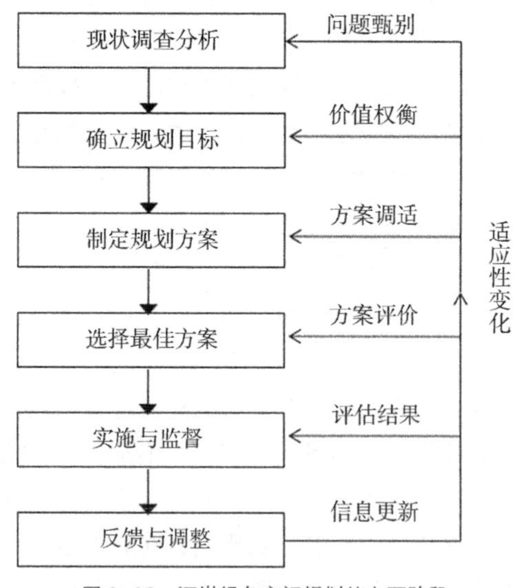

图3-23　河岸绿色空间规划的主要阶段

度。不同规划空间层级对资料数据的精度、分析方法有不同的要求，要甄别各个层级的关键作用力和焦点问题。

（2）确立规划目标。这是河岸绿色空间规划最重要的阶段，体现了利益相关者的博弈结果和规划师的价值权衡，直接影响后面的方案制定和空间落地。河岸绿色空间规划目标可以有综合目标和单项目标，定性目标与定量目标，长期目标和近期目标，愿景目标、策略目标和行动目标等。城乡区域层面的目标大多为远期综合的定性的愿景目标，中心城镇区层面的目标通常为中期的定性与定量结合的策略目标，而街区场地层面的目标则为近期的更详细的行动目标。

（3）制定规划方案。面对河岸绿色空间的复杂性和不确定性，适应性规划和管控思路需要多个规划方案，需承载规划目标，并具有可实施性。河岸绿色空间规划方案内容一般包括空间结构、功能分区、功能细化组织、用地布局、设施布局、建设引导及植被配置等。

（4）选择最佳方案。对于多个备选规划方案进行统一评价，明确每个方案的相对优势和劣势以及可能带来的实施效果和环境影响。应该通过多方评估和公众参与讨论共同达成一个最佳规划方案。

（5）实施与监督。规划实施是对规划方案内容进行更加详细的安排，更多地在城乡空间各街区场地层面进行各类项目的建设。根据规划目标和方案，明确各项目的建设时序和实施主体、期限，采用适宜的开发管理工具，制定保障实施的政策。在实施的各个阶段进行动态的监督和监测，并进行绩效评估，评估河岸绿色空间规划目标的完成进度或实现程度，是否产生了复合服务能效，是否降低了环境影响。

（6）反馈与调整。面对现有问题的复杂性和未来的不确定性，规划师需要不断学习、实验或实践并校正。实施绩效评估结果是进一步认知学习和调整规划的基础，通过及时的反馈与反复的调校，有助于实现长期目标。

4 城乡区域——河网绿色空间整体功能定位与系统构建

在城乡区域层面，河网自然空间格局及功能与城乡空间结构及功能密切相关。这个层面的问题包括流域河网结构系统断裂、流域生态过程改变、整体系统分配与统一利用不足等。这个层面的任务是河网绿色空间的整体功能定位与系统构建：采用城乡流域整体样条空间分区、分区功能和策略制定、河网绿色空间复合功能系统构建等规划措施，旨在保障城乡河岸环境资源配置的协调性、城乡河岸生态—社会系统的可持续性，为城乡河岸空间开发提供生态安全屏障，支撑城乡河岸乃至流域生态系统的健康运行。

4.1 流域生态特征与城乡空间关联分析

4.1.1 流域生态特征引导城乡发展结构

1. 流域生态特征引导山地城乡空间结构

山地城镇选址与河流分布密切相关，河流的走向和形态影响了城镇的空间分布特征。通常山地每个次级流域出山口与上一等级河流的交汇处，都有一个中心镇，次级流域单元边界常常与乡镇行政边界基本吻合[154]。流域生态特征通常包括流域面积大小、海拔高度与坡度、坡向与河道走向、地形地貌等。河流走向和空间形态又受山形地势和地貌特征的影响，例如受大巴山、七曜山和大娄山脉的影响，西南地区的长江流域水系是南北向汇集后由西向东入海（如南川大溪河流域属长江流域的乌江水系），并多为树枝状。流域生态特征及其复合生态服务功能在城乡空间格局上表现出高度异质性[155]。山地流域的自然地理和生态资源特征对山地城市的城乡社会经济发展理念、发展模式、产业布局结构、城镇化空间职能结构有着强有力的约束、限定和导向作用。

了解流域自然生态地理特征与城乡空间①发展格局的关系是十分重要的，是指导城乡规划与决策的重要基础。以重庆南川为例，南川地形以山为主，地势呈东南向西北倾斜，以湘渝公路为界，湘渝公路以南呈高中山地貌，以北呈丘陵低山地貌。南部具有金佛山及其多条源头支流，为南川提供丰富的旅游景观资源，而北部的丘陵地貌和温和气候为南川提供农业生产条件。因此，在矿产资源逐步耗尽的同时，南川凭借独特的山地流域特征发展全域生态旅游，包括以南部金佛山为核心的自然生态旅游和北部田园乡村旅游。区别于其他平原城市的区位及政策主导城乡空间发展结构模式，南川的山地流域生态特征主导了城乡全域的城镇职能结构，走向了资源环境的可持续利用模式，引导了城镇建设强度和密度等。

2. 主干河流等级限定不同等级山地城市拓展空间结构

不同等级和宽度的主干河流对不同城市的空间结构及拓展有着不同的耦合关系和影响（表 4–1）。主干河流限定下的山地城市空间结构类型通常有：多中心组团型、指掌与树枝型、环湖组团型、星座型、长藤结瓜型等。

① 城乡空间是人类居住状态和载体，是城市和乡村之间各种关系综合作用的结果，并不只是物质实体空间，还包括社会、经济、自然等空间要素，构成复杂开放巨系统（赵珂，2007）。

不同等级的主干河流与不同等级的山地城市的空间耦合关系　　　　表 4–1

河流等级	不同等级的山地城市	主干河流	河流宽度（m）	河流弯曲度	城市和河流耦合空间结构与拓展模式
高等级河流	 重庆（大型城市）	长江	300~700	高	（1）依托主次河流的多中心、多片区结构；（2）城市拥河发展，未来拓展方向与河流关系不强，向东西南北四个方向拓展
高等级河流	 眉山（中型城市）	岷江	250~600	低	（1）依托主河流一侧的城市主中心与多片区副中心结构；（2）城市跨河发展，未来横向垂直于河流拓展
高等级河流	 云阳（小型城市）	长江	500~800	中	（1）依托主干河流一侧的主中心；（2）城市依河发展，未来依托次级支流多点式发展
中等级河流	 攀枝花（中型城市）	金沙江	150~200	中	（1）依托河流纵向分离的多片区结构（长藤结瓜型）；（2）城市跨河发展，未来同时沿河流纵向和垂直河流横向拓展
中等级河流	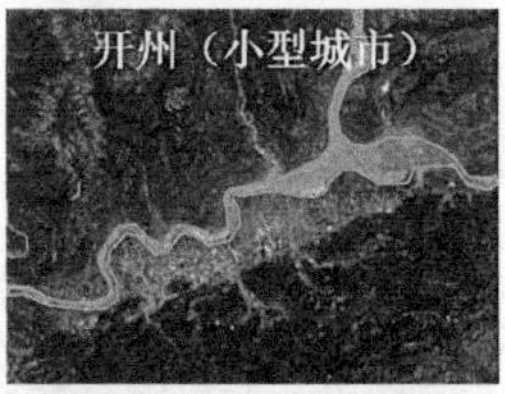 开州（小型城市）	澎溪河	100~200	高	（1）沿河流纵向连片的带型城市结构拓展；（2）城市依河发展，城市未来沿河流纵向拓展
低等级河流	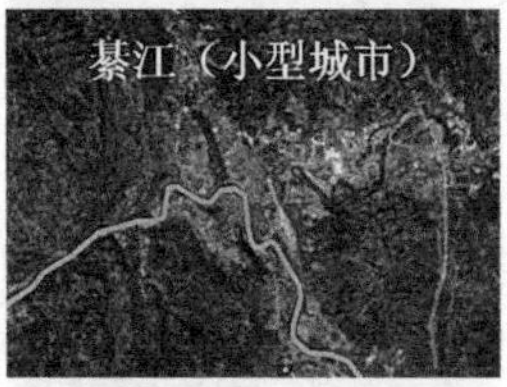 綦江（小型城市）	綦江河	60~80	中	（1）依托主干河流及支流河谷和山谷的指状城市结构；（2）城市拥河发展，未来垂直于河流横向拓展
低等级河流	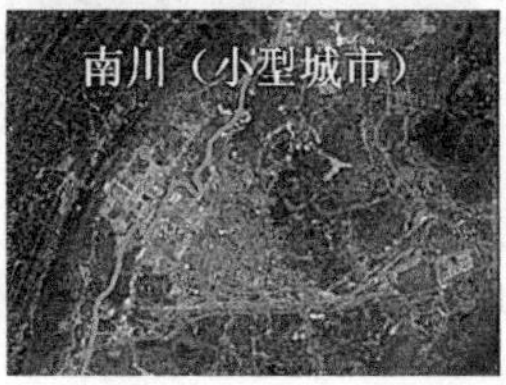 南川（小型城市）	凤嘴江	40~70	中	（1）依托河流的城市主中心和多片区绿心环绕型结构；（2）城市拥河发展，未来沿主干河流上游拓展

1）高等级河流（通常在300m以上，如长江、岷江），超宽的河流水面强烈限制了城市初期的空间拓展。高等级河流岸边的山地小城市（如云阳），由于山区河岸环境条件和经济条件的限制，往往在主干河流一侧的城市集中功能中心的基础上沿河岸纵向和横向空间发展。而高等级河流所在的中大型山地城市（如眉山、重庆），已经越过河流宽度的限制，呈现跨河发展和拥河发展的态势，城市未来往往向多个方向拓展。

2）中等级河流（通常在70~200m内，如金沙江、澎溪河），河道宽度适中，河流水面有一定的隔离作用。中等级河流岸边的中型山地城市（如攀枝花），往往跨河发展，未来同时沿河流纵向和垂直河流横向拓展；而小型山地城市（如开州），主要沿河流的一侧河岸呈带状发展。由于大型城市的城市空间结构已与中等河流的空间关系不强，所以在此处不作讨论。

3）低等级河流（通常宽度为几十米），河流两岸有较强的视觉联系，河流水面成为两侧河岸横向联系的纽带。低等级河流所在的山地小城市，主要依托城市河岸主中心多片区拥河发展，同样由于大中型城市的城市空间结构与低等级河流的空间关系不强，所以在此处不作讨论。

4.1.2 城乡开发趋势及其流域环境影响

1. 城乡流域空间开发趋势

城乡流域空间开发无外乎三种空间系统：自然空间系统、农业空间系统、建设空间系统，承担着城乡流域空间发展的生态、生产、生活的功能诉求。自然空间系统主要承担城乡空间发展的生态诉求，包括水源涵养、生态维育，兼顾少量林木生产和郊野游憩等生活功能。农业空间系统主要承担城乡空间用地拓展及产业诉求，包括农林业、工业，兼顾生态防护和游憩观光功能。建设空间系统主要承担生活诉求，包括居住、商业、休闲、教育等生活服务。以四川眉山为例，眉山城乡流域的自然、农业和建设空间系统发展在东西南北四个方向都有所考虑，各建设功能组团开发趋势情况详见图4-1。

在流域纵向空间梯度上，城乡空间开发可以分为自然生态空间、农业生态空间和城市生态空间。源头区是水流汇集区段，属于自然生态空间，多为自然山林地，河网支道密集，人类干扰较少，但还是面临森林退化、水土流失等问题。上游区是河流经农业生态空间的传输区段，河道较密，较多人工灌溉渠，农业用地

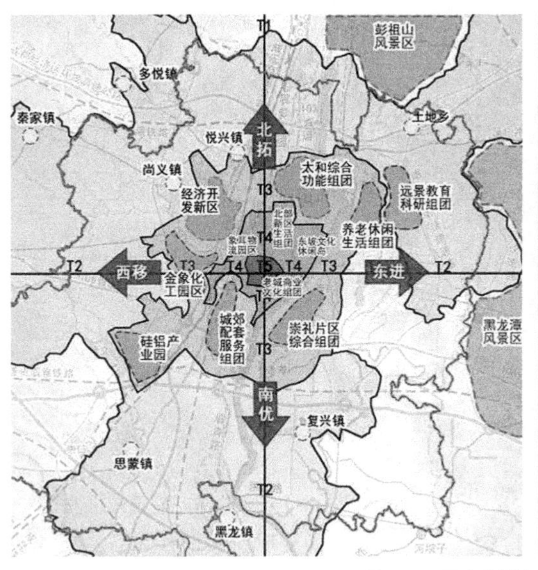

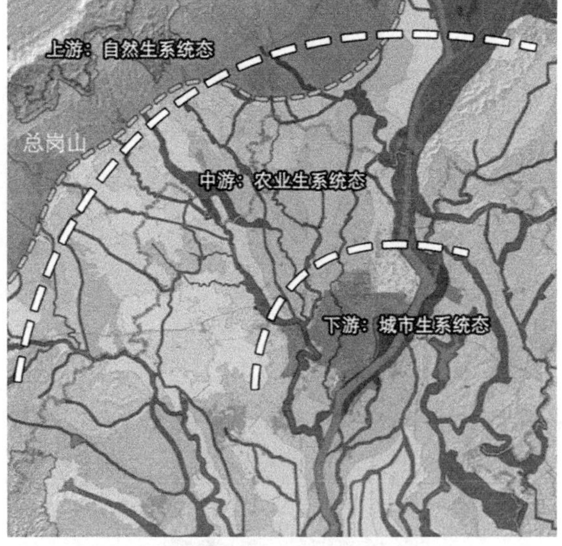

图4-1 眉山市城乡流域空间开发趋势情况

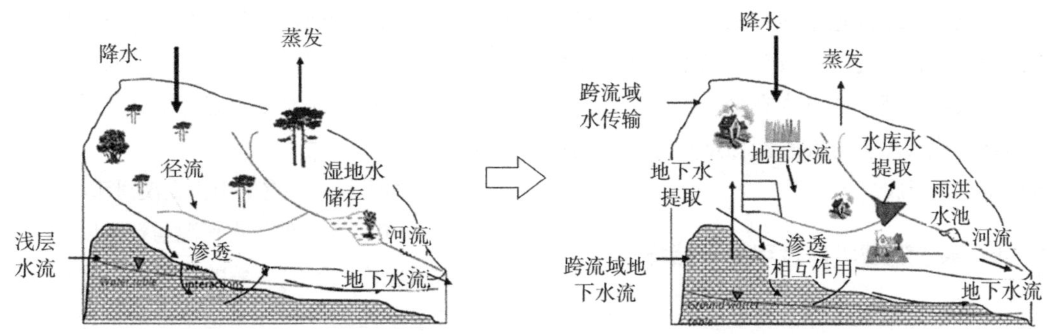

图 4-2　自然山地流域水文特征（左）与人类影响下的流域水循环特征（右）对比
资料来源：魏晓华，孙阁．流域生态系统过程与管理 [M]. 北京：高等教育出版社，2009.

上的工作景观，包括行栽作物、果园、放牧等农业活动，容易受到农业生产的非点源污染，工作景观上的河岸绿色空间往往要针对性地解决这些问题。中游区是河流经城市集中建设空间的主要传输区段，受到工业、生活废物废水排放的污染。下游区是水流沉积区段，主要为城郊配套服务设施空间与农业生态空间，面临上、中游的城市径流污染、洪涝灾害等问题。

2. 城乡空间开发对流域生态系统的环境影响

城乡空间开发对流域水文循环特征造成改变。地下水抽取造成地下水位的降低，带来更少的蒸发。自然湿地的水储存变成水库供给水源，只留下小型的雨洪滞留池等（图 4-2）。流域内开发的不透水覆盖导致更短的雨洪反应时间，更大的高峰水流。小型的流域单元比大型的流域单元的雨洪反应时间更短。一些城市流域没有表现出水文特征的变化可能是因为洪水控制水库或其他景观的改变可能增加流域的水流储存。

4.1.3　河网绿色空间支撑城乡环境系统

作为流域水文过程的地表表现形式，河流是支撑山地流域生态环境的基本骨架。再加上城市依水发展的历史文脉和人类与生俱来的亲水特征，山地河岸绿色空间也作为基本骨架支撑着整个城乡区域的绿色开放空间体系这个有机体，水文生态过程和人类社会过程就是河网绿色空间健康运行的内在机制。绿色开放空间体系与河流自然生态系统两者相互依存，耦合形成了城乡河岸绿色空间网络。提升城乡河流网络与其相邻开放空间的协调度、耦合度有助于提升城乡河岸绿色空间的整体功能发挥，从而支撑城乡环境系统。

河流是城市开放空间的核心组织轴线，河流横向空间延伸到城市内部的开放空间，形成依托河流、支流及其他水文通道的城市绿色开放空间系统。山地城市的河岸绿色开放空间通常为树枝状结构，如前所述，这种空间结构对城乡空间发展结构有引导作用，保障了河流廊道网络与其他绿色开放空间（农田、林地、湿地等）以及其他廊道空间（如山脉、基础设施绿化廊道）的连接。

流域河网绿色空间的内在生态系统往往支撑了城乡整体环境系统。城市规划师和环境管理者在规划组织城乡整体绿色空间网络体系时，应该首先考虑河岸绿色空间内在生态支撑功能（如生境栖息地、生态雨洪管理）网络系统的构建。在城乡区域层面，河岸绿色廊道网络通过耦合城乡梯度上的建设空间组团和农业空间组团，能支撑城乡绿色空间复合生态功能效益的发挥。

4.2　流域整体空间样条分区

整体空间样条分区是城乡区域层面的复合功能目标定位和宏观规划策略制定的空间基本

单元，也是河岸绿色空间土地利用布局和横向空间设计中差异化规划管控的基本单元。整体空间样条是由代表流域内在纵向生态特性的自然样条与代表城乡外在空间梯度转化诉求的城乡样条叠合形成。

4.2.1 基于流域纵向过程的自然样条

1. 基于流域纵向生态特性的自然样条分区方法

流域纵向空间从上游到下游，水文条件发生明显的变化，坡度逐步变小，河流变宽变深，平均流速变小，典型河流流量增加，沉积土量增加。这些生态属性的变化在山地地域中更为显著，随着高程的降低，气候温度、土壤和动植物群落结构也发生了显著变化。流域自然样条分区以次级流域作为分区单元，对每个次级流域的温度、高程、流速、流向、宽度等流域和河流生态属性指标进行三个级别（高、中、低）的分级打分。对所有次级流域单元的生态属性赋值（上游赋值 5，中游赋值 3，下游赋值 1），并加权综合得到各次级河流的总分，参考水文空间矢量关系进行修正，最后根据各次级河流所得总分重新分级得到三个纵向空间分区（上游、中游、下游）。各类流域生态属性指标的选取和权重分配根据相关文献以及规划经验所确定，根据山地地方生态特征做出适当调整（表 4–2）。

2. 实例研究——重庆南川大溪河流域

1）研究区域自然生态概况与资料搜集

南川境内大溪河流域的河流多发源于金佛山，其主干河流凤嘴江穿越中心城区，支流有木渡河、石钟溪、龙岩江等。大部分山区支流的河道平均比降大、流速快、河床陡、地形切割深、滩多水急。从南川规划局、水务局、环保局等提供的资料中获取大溪河流域的次级河流相关生态属性信息，如表 4–3、图 4–3 所示。

2）流域生态属性指标分级量化过程说明

对大溪河流域的这 14 条次级河流的各类生态属性指标进行评分，分为三级（上游赋值 5，中游赋值 3，下游赋值 1），根据南川大溪河流域各次级河流的特征分析，各生态属性赋值评分如表 4–4 所示。各类流域生态属性指标的权重分配是根据相关文献以及参与南川相关规划的经验所确定的。

（1）气候：依据地理气象科学，通常海拔越高，温度越低。海拔越高的地方必定是流域

山地流域自然样条分区（上游、中游、下游）考虑的流域生态属性指标　　表 4–2

一级指标	二级指标	上游区（U）	中游区（M）	下游区（D）	评价尺度
气候	温度	低	中	高	次级流域单元
	河流平均海拔	高	中	低	
水文	流速	高	中	低	次级河流
	流量	低	中	高	
	降水	高	中	低	次级流域
河道	河道平均比降	高	中	低	次级河流
	河道宽度	小	中	大	次级河流
	河流等级	小	中	大	次级河流
地形地貌	平均坡度	大	中	小	次级流域单元
	地貌单元	高山	中山、低山	低山、丘陵	
	林地植被覆盖率	高	中	低	

资料来源：根据《南川区城乡空间资源调查与规划分析报告》绘制。

重庆南川区大溪河流域主干河流与支流相关生态属性情况一览表 表 4–3

等级	次级流域单元的河流	气候		河流水文					地形地貌		
		河流平均海拔（m）	平均温度（℃）	平均降水（mm）	河道长度（km）	多年平均流量（m^3/s）	平均河道宽度（m）	河道平均比降（‰）	平均坡度（°）	地貌单元	植被覆盖率（%）
干流	大溪河	450	20	1123	24.90	26.77	125	3.7	17	丘陵	39.8
	凤嘴江下	553	20	1147	18.00	18.35	50	1.6	18	丘陵	37.4
	凤嘴江上	485	19	1197	21.97	10.76	42	3.2	19	山脉	43.3
支流	鱼泉河下	510	20	1147	17.86	4.89	45	4.7	18	丘陵	46.1
	鱼泉河上	621	13	1240	18.00	1.86	23	17.6	20	高山丘陵	52.9
	木渡河	651	11	1435	20.93	2.15	16	27.1	22	高山河谷	76.8
	石钟溪	630	12	1435	16.25	1.99	17	20.9	23	高中山	82.3
	半溪河	548	19	1170	14.00	1.23	16	10	18	中山平坝	28.5
	龙岩江下	540	20	1170	18.53	4.73	30	9.1	10	高中山	41.5
	龙岩江上	662	16	1170	17.00	1.69	15	16.2	22	高山	62.3
	龙骨溪	665	15	1240	12.20	1.10	20	28.6	25	高中山	68.8
	龙川江下	612	20	1170	26.30	3.78	27	7.6	15	丘陵	38.9
	龙川江上	695	19	1230	22.00	1.39	12	1.6	16	丘陵	42.7
	黑溪河	639	17	1210	26.36	1.42	28	12	15	丘陵	56.3

资料来源：根据相关数据资料整理。

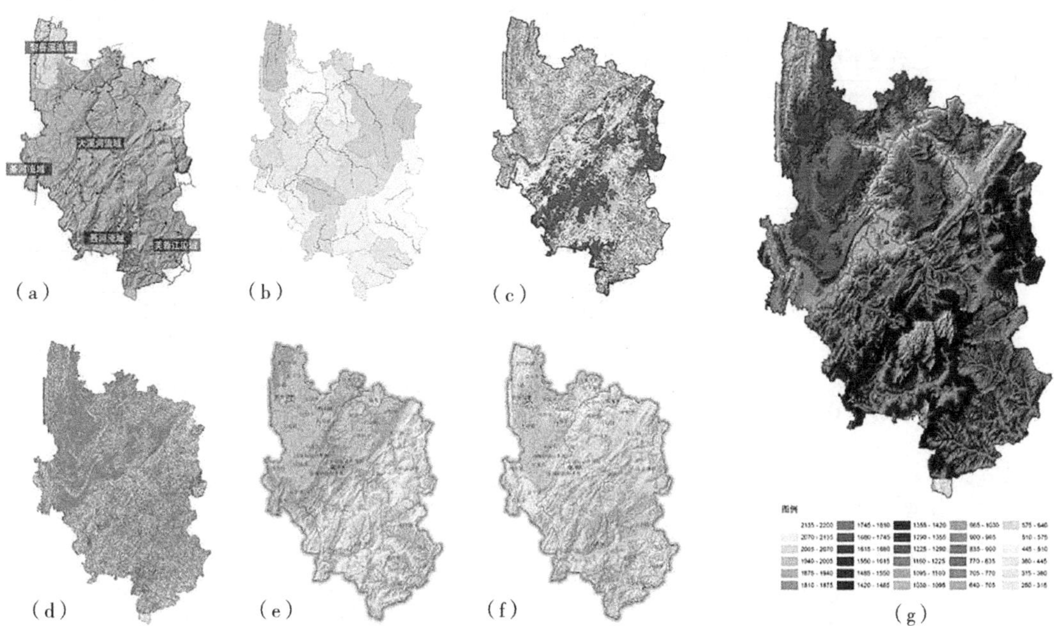

图 4–3 南川大溪河流域的自然生态属性指标选择

（a）南川流域单元分区（中心城区和大多数乡镇属于大溪河流域）；（b）次级流域单元分区，河道等级；（c）森林覆盖；（d）坡度；（e）年平均温度；（f）年降水量；（g）高程

资料来源：根据相关数据资料整理。

单元内最上游的汇水区。根据南川相关气候地理数据资料，将温度和平均海拔分为三个等级，越往下游（赋值越低）温度越高，而平均海拔正好相反。

（2）水文：根据流域纵向空间生态特征，越往下游（赋值越低）降水越少；而次级河流流量越高，赋值正好相反。

（3）河道：根据流域纵向空间生态特征，越往下游（赋值越低）河道越平缓，宽度越宽，河道平均比降越低。

（4）地形地貌：根据流域纵向空间生态特征，越往下游（赋值越低），地形地貌大多从高山、中山向低山、丘陵演变，而林地植被覆盖率越低。

3）流域纵向空间自然样条分区结果

将这 14 条河流所在的次级流域单元的各生态属性指标得分乘以各指标权重，综合相加得到加权总分。最后依据每条次级河流流域单元的最终评价得分，对南川大溪河流域进行流域纵向空间的自然样条分区，即划分上游区、中游区和下游区（图 4–4）。

4.2.2 基于现状和发展趋势的城乡样条

城乡样条分区是以新城市主义理论中的城乡样条（urban–rural transect）为理论基础，选择相关城市化社会经济属性指标（人口密度、建设用地比例等）和宏观规划发展趋势指标（如城镇空间职能规划、产业规划）并进行评分，

南川区大溪河流域次级河流相关生态属性分级赋值评分　　表 4–4

指标 \ 赋分		上游（U）5	中游（M）3	下游（D）1	权重
气候	温度（℃）	低	中	高	0.05
	河流平均海拔（m）	高	中	低	0.05
水文	流量（m^3/s）	低	中	高	0.1
	降水	高	中	低	0.1
河道	河道平均比降	高	中	低	0.1
	河道宽度	小	中	大	0.2
地形地貌	坡度	大	中	小	0.1
	地貌单元	高山	中山、低山	低山、丘陵	0.2
	林地植被覆盖率	高	中	低	0.1

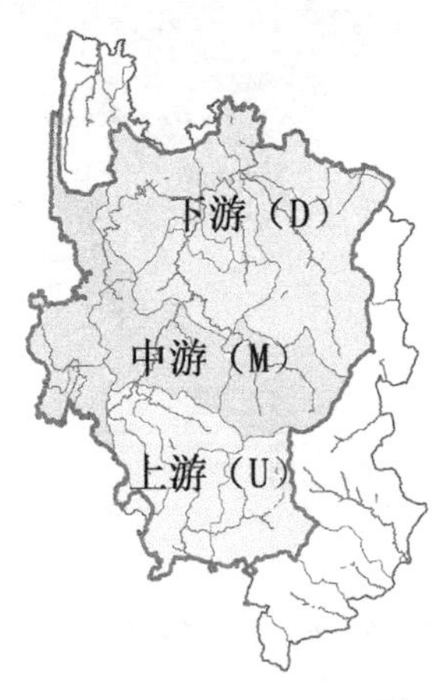

自然样条分区	次级流域	加权总分
上游区（Up）	木渡河次级流域	4.6
	石钟溪次级流域	4.3
	龙骨溪次级流域	4.5
	鱼泉河上次级流域	3.9
中游区（Middle）	龙川江上次级流域	3.6
	半溪河次级流域	3.1
	黑溪河次级流域	3.3
	凤嘴江上次级流域	3.0
	龙岩江上次级流域	3.0
下游区（Down）	龙岩江下次级流域	2.9
	龙川江下次级流域	2.2
	鱼泉河下次级流域	2.5
	凤嘴江下次级流域	2.2
	大溪河下次级流域	2.3

图 4–4　南川区大溪河流域纵向空间的自然样条分区结果

以乡镇行政边界（中心城区部分以控规片区边界）为分析单元。城乡样条分区需要与相关产业（工业、农业、旅游业）规划、水功能区划、风景名胜区规划及自然保护区规划等协调一致，与当地社会、经济发展水平相适应。对于单中心空间结构的城市，城乡样条分区结果呈现同心圆梯度模式，对于多中心空间的城市，则呈现复杂的空间梯度模式。

1. 基于现状和发展趋势的城乡样条分区方法

城乡样条分区主要采用成熟的梯度分析法，以乡或镇的行政管辖边界为分析尺度单元，按照人类社会改造自然环境的程度，选取多个城市化指标如人口密度、道路密度、城镇村建设用地比例、不透水覆盖比例等指标进行五个等级的分级（高、较高、中、较低、低）打分。将所有行政管辖单元的城市化指标赋值（自然保护区赋值5，乡村农业区赋值4，城市边缘区赋值3，一般城市区赋值2，城市核心区赋值1），并加权综合得到各行政管辖单元的总分，最后根据各行政管辖单元所得总分重新分级得到城乡样条分区结果（T1，T2，T3，T4，T5）。各个城市化指标的选取和权重分配是根据相关文献以及山地城市规划经验所确定，可以根据地方社会经济文化特征做出适当调整（例如增加建筑高度、容积率等）（表4–5）。

2. 实例研究——重庆南川区

1）研究区域城乡社会概况与资料搜集

2014年末南川区常住总人口为55.91万人，城镇人口为30.20万人，户籍人口为68.66万人，城镇化率54.00%。南川区现状城镇规模整体偏小，小城市带小城镇的城镇体系不利于城乡要素的集中组织，中心城区规模偏小。南川区旅游资源丰富，占据南川区面积近一半的金佛山被正式列入“世界自然遗产名录”。除得天独厚的金佛山、山王坪、楠竹山、黎香湖等保持完好的生态景区外，还有如神龙峡、灰纤河等各具特色的生态资源20余处。“经济新常态”背景下，南川区城乡总体规划中，将南川定位为“工业强区”“旅游名城”和“生态花园”。强调凭借区域山脉、河流、农田形成的自然分割和生态环境条件，强化各类旅游景区、各级河流沿岸和重要道路沿线的绿化景观建设，维护城乡生态空间体系，成为渝南地区生态屏障。从南川规划局、旅游局、农委等单位提供的资料中获取了南川城乡社会经济发展概况信息，如表4–6、图4–5所示。

2）城乡化属性指标分级量化过程说明

对南川大溪河流域的这30个行政单元（包含21个乡镇，9个城市片区）的各类城市化社会经济属性指标进行评分，分为五级（自然保护区赋值5，乡村农业区赋值4，城市边缘区赋

城乡样条分区的城市化属性指标　　表4–5

指标	自然保护区（T1）	乡村农业区（T2）	城市边缘区（T3）	一般城市区（T4）	城市核心区（T5）
人口密度	低	较低	中	较高	高
道路密度	低	较低	中	较高	高
城市建设用地比例	低	较低	中	较高	高
城镇工矿用地比例	低	高	较高	无	无
村建设用地比例	低	高	较高	无	无
不透水覆盖比例	低	较低	中	较高	高
农业用地比例	较低	高	中	低	无
城乡总规中的城镇职能结构	旅游型	农贸型 / 旅游型	工贸 / 农贸型 / 旅游型	综合型	综合型

南川区大溪河流域城镇城市化情况一览表（部分） 表 4–6

乡镇名称		乡镇人口密度（人/km^2）	道路密度（km/km^2）	城市建设用地比例	城镇工矿建设用地比例	农村居民点建设用地比例	不透水覆盖比例	农业用地比例	城乡总规中的城镇职能结构
东城街道		791	4.1	8.61%	8.02%	4.66%	14.31%	14.05%	综合型
其中	隆化片区	14760	5.8	100%	0	0	66.2%	0	
	北固，东胜片区	8547	5.2	100%	0	0	59.7%	0	
	其他片区	211	3.3	0	8.02%	4.66%	2.42%	14.05%	
南城街道		385	4.3	6.49%	1.54%	2.18%	5.04%	10.42%	综合型
其中	隆化片区	14760	6.6	100%	0	0	67.2%	0	
	天星片区	4230	3.1	100%	0	0	30.9%	0	
	其他片区	108	2.1	0	1.54%	2.18%	3.63%	10.42%	
西城街道		681	4.6	8.41%	7.78%	5.72%	14.73%	43.45%	综合型
其中	隆化片区	14760	5.8	100%	0	0	62.4%	0	
	西胜，永隆片区	6362	2.9	100%	0	0	47.2%	0	
	其他片区	156	2.3	0	7.78%	5.72%	2.63%	43.45%	
三泉镇		105	1.8	0	0.40%	1.39%	2.42%	21.52%	旅游型
南平镇		293	2.7	0	1.44%	3.37%	6.61%	32.24%	工贸旅游型
神童镇		263	1.7	0	0.41%	3.71%	5.49%	54.08%	农贸旅游型

资料来源：根据相关数据资料整理。

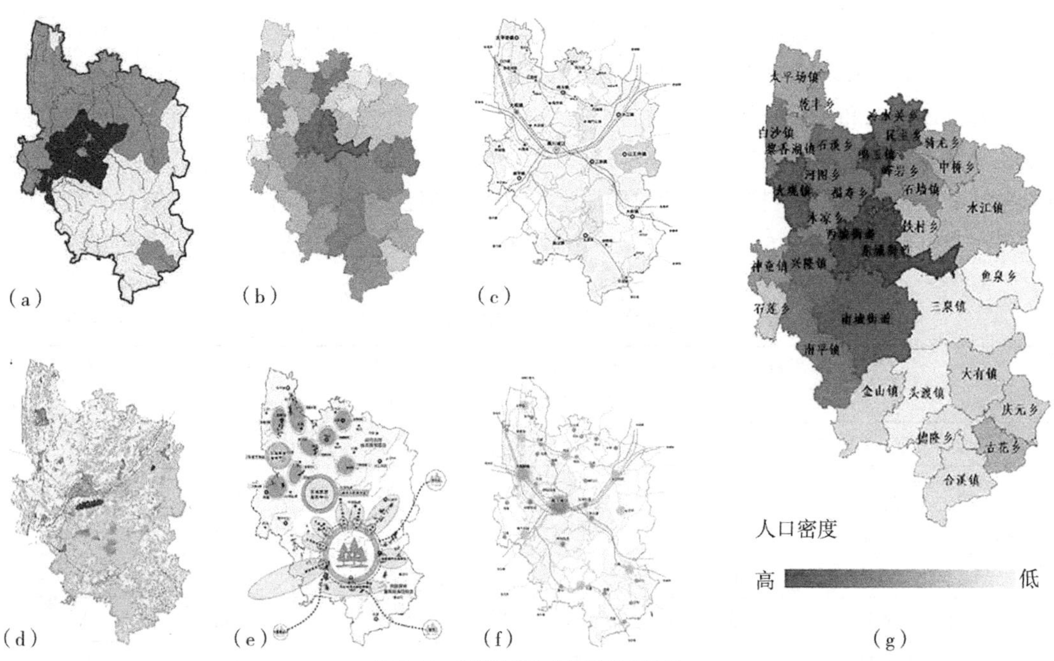

图 4–5 南川的城市化属性指标选择

（a）南川次级流域的不透水覆盖分级；（b）城乡道路密度；（c）城镇村建设用地比例分级；（d）土地利用规划；（e）旅游产业发展趋势；（f）城镇发展职能结构；（g）各乡镇人口密度

资料来源：根据相关数据资料整理。

值 3，一般城市区赋值 2，城市中心区赋值 1），根据南川大溪河流域各个行政单元的特征分析，各城市化指标评分如表 4–7 所示。各类城市化指标的权重分配是根据相关文献以及参与南川相关规划的经验所确定的。

（1）人口密度：依据城市社会发展的普遍规律，通常来说，人口密度越高，社会经济属性越强。从自然保护区到乡村，再到城市，人口密度逐步增大，赋分提高，到达城市中心区，人口密度最高，赋分最高。

（2）道路密度：依据城市社会发展的普遍规律，通常来说，道路密度越高，社会经济属性越强。从自然保护区到乡村，再到城市，道路密度逐步增大，赋分提高。

（3）城镇建设用地比例：规律同人口和道路密度，与前两者具有正相关性，但由于地方发展的差异，也并不都是绝对一致。

（4）城镇工矿用地比例：依据工矿产业发展规律，通常集中分布（或适宜布局）在城市边缘区和部分靠近城市的乡镇，一般城市区分布较少，自然保护区分布极少，而通常城市中心区没有。

（5）村建设用地比例：依据乡村社会发展规律，自然村建设用地集中分布在乡村农业区，其次是城市边缘区，而自然保护区和一般城市区（城中村）的分布较少。

（6）不透水覆盖比例：与建设用地比例存在正相关性，但也存在由建设方式不同导致的差异性，总趋势是越往城市中心区，不透水覆盖比例越高。

（7）农业用地比例：与村建设用地比例存在正相关性，但也存在由乡镇职能产业的不同导致的差异性，最高的赋分给乡村农业区。

（8）城乡总规中的城镇职能结构：主要依据上位规划，即《南川区城乡总体规划（2015—2030 年）》，通过总体规划中的城镇职能体系规划来确立不同分区。

3）南川大溪河流域城乡样条分区结果

将这 30 个行政单元的各类城市化指标得分乘以各指标权重，综合相加得到加权总分。最后依据每个行政单元的最终评价得分，对南川大溪河流域进行城乡空间样条分区，即划分为自然保护区（T1）、农业区生产（T2）、城市边缘区（T3）、一般城市区（T4）、城市中心区（T5）。在自然保护区的行政单元有头渡、金山、三泉等 5 个乡镇和 1 个街道片区；在乡村农业区的行政单元有神童、鸣玉、水江、大观镇等 16 个乡镇；在一般城市区的行政单元有南城街道

重庆南川区城乡行政单元的城市化指标分级赋值评分　表 4–7

指标 \ 赋分	自然保护区（T1）	乡村农业区（T2）	城市边缘区（T3）	一般城市区（T4）	城市中心区（T5）	权重
	1	2	3	4	5	
人口密度（人 / km^2）	低	较低	中	较高	高	0.2
道路密度（km/km^2）	低	较低	中	较高	高	01
城市建设用地比例	低	较低	中	较高	高	0.1
城镇工矿用地比例	低	较高	高	低	无	0.1
村建设用地比例	低	高	较高	无	无	0.1
不透水覆盖比例	低	较低	中	较高	高	0.1
农业用地比例	较低	高	中	低	无	0.2
城乡总规中的城镇职能结构	旅游型	农贸型 / 旅游型	工贸 / 农贸型 / 旅游型	综合型	综合型	0.1

天星片区，西城街道永隆片区，东城街道的北固、东胜和其他片区共 4 个城市街道片区；在城市中心区的行政单元只有一个隆化核心片区（图 4–6）。

4.2.3 叠加的流域整体空间样条分区

将流域自然样条分区和城乡样条分区叠加形成城乡流域整体空间样条分区（图 4–7）。通常来说，根据山地城市的流域现状生态条件和城乡空间发展诉求，可以把叠加的整体空间样条分区划分为 10 个区：上游自然保护区（U–T1）、中游自然保护区（M–T1）、中游乡村农业区（M–T2）、中游城市边缘区（M–T3）、中游一般城市区（M–T4）、中游城市中心区（M–T5）、下游一般城市区（D–T4）、下游城市边缘区（D–T3）、下游乡村农业区（D–T2）、下游自然保留区（D–T1）。在自然样条分区和城乡样条分区边界叠加的时候，由于行政单元边界与次级流域单元边界存在部分一致和部分矛盾，在部分矛盾的地方需要作出调整，调整原则是尽量以行政单元的边界作为整体空间样条分区的边界，以便于相关行政部门的管控。若是在上游自然保护区冲突较大的位置，可以选择以次级流域单元边界作为整体空间样条分区边界。

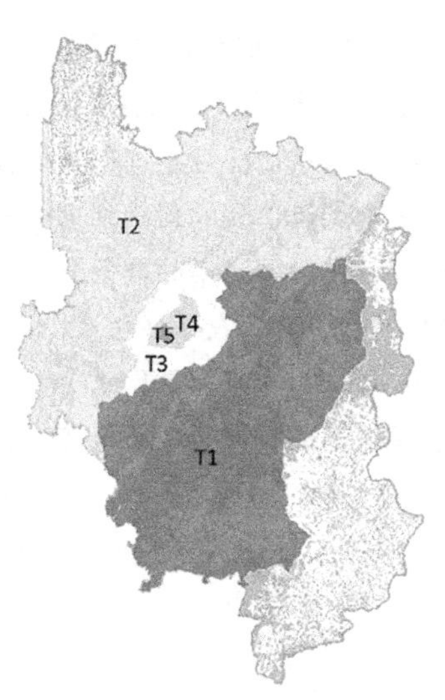

城乡样条分区	各行政单元	加权总分
自然保护区（T1）	头渡镇	1.4
	金山镇	1.1
	三泉镇	1.2
	南平镇	1.7
	鱼泉乡	1.2
	南城街道其他片区	1.3
农业生产区（T2）	神童镇	1.9
	鸣玉镇	2.5
	大观镇	2.8
	兴隆镇	2.2
	水江镇	2.7
	石墙镇	1.9
	石莲乡	1.8
	木凉乡	2.3
	河图乡	2.0
	骑龙乡	1.9
	中桥乡	2.1
	铁村乡	2.0
	峰岩乡	1.8
	民主乡	2.0
	冷水关乡	2.0
	福寿乡	1.9
城市边缘区（T3）	南城街道天星片区	3.8
	西城街道永隆片区	3.5
	东城街道其他片区	3.1
一般城市区（T4）	东城街道北固 / 东胜	4.2
	南城街道隆化片区	4.4
	东城街道隆化片区	4.6
	西城街道隆化片区	4.5
	西城街道其他片区	4.2
城市中心区（T5）	隆化片区核 心	4.8

图 4–6 南川区大溪河流域城乡样条分区结果

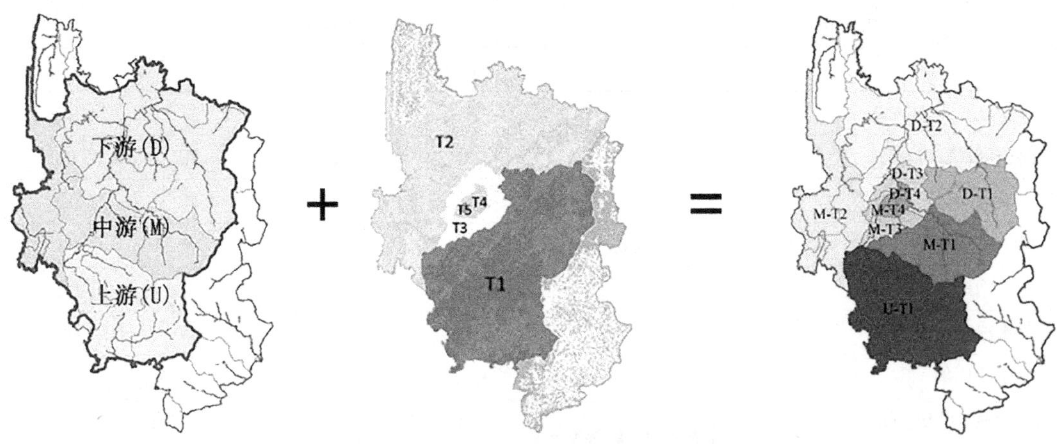

图 4–7 南川大溪河流域的整体空间样条分区

4.3 整体功能定位与空间策略制定

选择河岸绿色空间典型的两大复合功能（雨洪调节和景观游憩）进行供需评估，得到城乡流域内的这两个典型的生态调节功能和社会文化功能的供需差值粗略评估结果，以支撑整体样条分区下的复合功能定位，并制定相匹配的功能目标和规划策略。

4.3.1 基于分区的复合功能供需评估

1. 山地城市河岸绿色空间典型复合功能选择（雨洪调节和景观游憩）

在山地城市河岸绿色空间众多的复合功能中，功能效益最突出，最具代表性的生态功能和社会功能分别为雨洪调节和景观游憩。

由于河岸独特的物理、生物属性（地形、植被、土壤等）和在高地和河流之间所处的过渡位置，河岸绿带一直在相邻高地和吸收水体之间承担着拦截雨洪径流携带的沉积物、过滤净化污染物、渗透回补地下水等雨洪调节生态功能，也是当今各个国家的雨洪管理理念和实践（如 LID、WSUD、GSI、海绵设施等）中的实施区域和实施载体。由于雨洪调节功能与河岸其他生态服务功能（生境维持、水土保持、气候水温调节等）之间有一定的协同关系，因此选择雨洪调节作为典型的生态功能进行供需评估。

在人类城市发展的历史实践中，河岸绿色空间具有极高的景观游憩价值，作为重要的绿色开放空间，为城乡居民和游客提供美丽的河岸风景和亲水休闲娱乐的机会。河岸绿色空间的景观游憩功能在城市和城郊区域的社会价值尤其高，有助于城市居民身体和精神的健康。同样地，与河岸其他社会功能（经济增长、文化教育等）之间也有一定的协同关系，因此选择景观游憩作为典型的社会功能进行供需评估。

选择雨洪调节和景观游憩作为河岸绿色空间典型复合功能的原因还有一个，就是它们在城乡空间梯度上既存在协同关系，也存在权衡关系[156]。河岸的雨洪调节功能需要保护或修复河岸带原有的森林植被群落，种植具有较强持水和净化能力的植被，这样就具备了一定的景观观赏价值，促进了景观游憩功能，因此它们之间存在协同关系。但另一方面，景观游憩功能的发挥势必会增加道路和游憩服务设施的建设，进而增加不透水覆盖，反过来就削弱了雨洪管理功能的发挥，因此它们之间又存在权衡关系。从生态优先的价值取向出发，雨洪调节功能应该具有优先权，但在不同的城乡空间位置，这种优先权的等级会有所不同，需要谨慎考虑这两种复合功能之间的强弱关系，以平衡河岸绿色空间的保护和利用的目标。

2. 城乡流域河网雨洪调节与景观游憩功能的供需评估指标体系

不同空间尺度的生态功能供给与需求评估由于其支撑的相应尺度的规划任务不同，其指标选择也应该有所不同。在城乡区域层面，河岸绿色空间的规划任务是复合功能系统构建，因此这个层面的供需评估目的在于识别城乡区域阶梯式的复合生态功能的供给和需求之间的差值情况，从而找到需求缺口，完成宏观的系统构建和功能策略制定。每个贡献指标按 0 到 5 这六个等级进行评分，代表雨洪调节和景观游憩的潜在供给和需求的大致评估。

1）雨洪调节功能的供需指标评分

由于流域纵向生态空间的自然样条分区本身与城乡区域雨洪调节功能的供给与需求之间存在内在关联性，因此直接将叠加的整体空间样条分区作为供需评分贡献指标进行简化评估。通常来说，山地城市上游自然保护区（U-T1）具有雨洪调节功能最高的供给估值和最低的需求估值，而中游城市中心区（M-T5）具有雨洪调节功能最低的供给估值和最高的需求估值。雨洪调节功能的供给与需求指标评分如表 4-8 所示。上游自然保护区的供给评分为 5，需求评分为 0。中游自然保护区、中游乡村农业区、中游城市边缘区、中游一般城市区、中游一般城市区、下游一般城市区的供给评分依次减少到 0，需求评分依次增加到 5。下游城市边缘区、下游乡村农业区、下游自然保护区的供给评分依次增加到 3，需求评分依次减少到 1。

2）景观游憩功能的供需指标评分

选择城乡游憩绿色资源的空间管制分区（例如自然保护区、风景名胜区等），作为景观游憩功能的供给评估指标。选择片区（乡镇）人口密度、片区中心到河流的距离这两项指标作为需求指标。在南川的案例研究中，金佛山自然遗产地和自然保护核心区的供给评分最高为 5，自然保护缓冲区、风景名胜核心景区、国家森林公园为 4，自然保护实验区、风景名胜普通区、市级森林（湿地）公园为 3，风景名胜外部区、区级森林公园为 2，其他城乡绿色空间如农林空间、城市绿色空间为 1（表 4–9）。片区人口密度越高、片区中心到河流的距离越近时，景观游憩的需求越高。

3. 城乡流域河网雨洪调节与景观游憩功能的供需差值评估

雨洪调节功能供需评估结果根据供需指标评分系统的分区评分直接得出。景观游憩功能供给值也根据指标评分直接得出，而需求值依据经验，将片区人口密度与片区中心到河流的距离给予同等的权重得出。两个功能的供给与需求估值各自分为 0~5 这 6 个等级。供需差值计算公式：Net budget = ESS — ESD（ESS 为供给估值；ESD 为需求估值）。供需差值最后分为 –5~5 这 11 个等级，–5 代表需求超出供给的最大等级，0 代表需求与供给估值平衡，5 代表供给超出需求的最大等级。

1）雨洪调节功能的供需评估结果

根据流域自然样条和城乡样条叠加的整体空间样条分区及其供给与需求评分，可以从城乡区域的视角粗略地评估流域雨洪调节生态功能的供给与需求之间的差值（需求缺口）（图 4–8）。总体来说，大溪河流域上游的雨洪调节功能供给估值明显大于中下游的城市建设区和乡村农业区，而需求估值在人口集中的中下游城市区最大，人口较多的中下游农业区也有一定的需求。通过供需差值分析可以了解，在中游城市边缘区和下游农业区具有较小的需求缺口，而下游城市边缘区、中游城市区具有较高

城乡流域河网雨洪调节功能的供给与需求指标评分　　表 4–8

贡献指标		供需评分	
		供给	需求
叠加的整体空间样条分区	上游自然保护区（U–T1）	5	0
	中游自然保护区（M–T1）	4	1
	中游农业生产区（M–T2）	3	2
	中游城市边缘区（M–T3）	2	3
	中游一般城市区（M–T4）	1	4
	中游城市核心区（M–T5）	0	5
	下游一般城市区（D–T4）	0	5
	下游城市边缘区（D–T3）	1	4
	下游农业生产区（D–T2）	2	3
	下游自然保护区（D–T1）	3	1

注：供给：0 没有供给，1 低供给，2 较低供给，3 中供给，4 较高供给，5 高供给；
需求：0 没有需求，1 低需求，2 较低需求，3 中需求，4 较高需求，5 高需求。

南川城乡流域河网景观游憩功能的供给与需求指标评分 表 4–9

贡献指标			供需评分	
			供给	需求
城乡游憩绿色资源空间管制类型	自然遗产地		5	N/A
	自然保护区	核心区	5	N/A
		缓冲区	4	N/A
		实验区	3	N/A
	风景名胜区	核心景区	4	N/A
		普通区	3	N/A
		外部区	2	N/A
	森林、湿地公园	国家级森林公园	4	N/A
		市级森林公园	3	N/A
		区级森林公园	2	N/A
	其他绿色空间	其他农林空间、城市绿色空间	1	N/A
社会需求	片区中心到河流的距离	长	N/A	5
		较长	N/A	4
		中	N/A	3
		较短	N/A	2
		短	N/A	1
	片区（乡镇）人口密度	高	N/A	5
		较高	N/A	4
		中	N/A	3
		较低	N/A	2
		低	N/A	1

注：供给：0 没有供给，1 低供给，2 较低供给，3 中供给，4 较高供给，5 高供给；
需求：0 没有需求，1 低需求，2 较低需求，3 中需求，4 较高需求，5 高需求。

的需求缺口。

2）景观游憩功能的供需评估

同样地，评估城乡区域景观游憩功能供给与需求之间的差值（需求缺口）。总体来说，山地景观游憩功能的供给水平与地形、海拔具有相关性，南川南部海拔最高的金佛山核心区的供给值最高，中部、北部的山脉丘陵区域的供给值较高，而平坝浅丘的城区和农业区供给值较低。需求估值在南川中心城区最高，西北乡镇区域的需求也较高。通过供需差值分析可以了解，南川东城街道的需求缺口最大，可能是因为人口密度加大而造成了绿色空间的缺乏。南城街道如石钟溪区域，位于金佛山风景名胜区，但还是有较小的需求缺口，可能是因为人口较多地集中居住在距河流较近的区域（图 4–9）。

3）城乡流域河网典型复合功能的供需差值评估

对这两大典型的复合功能的供需差值结果作对比，发现雨洪调节功能和景观游憩功能供给差值在城乡区域层面的大致空间分布模式相似，都是中部中心城区的需求缺口最大，南部供给充足，北部有一定的需求缺口。根据山地城市的特性和诉求，将这两大复合功能供需差

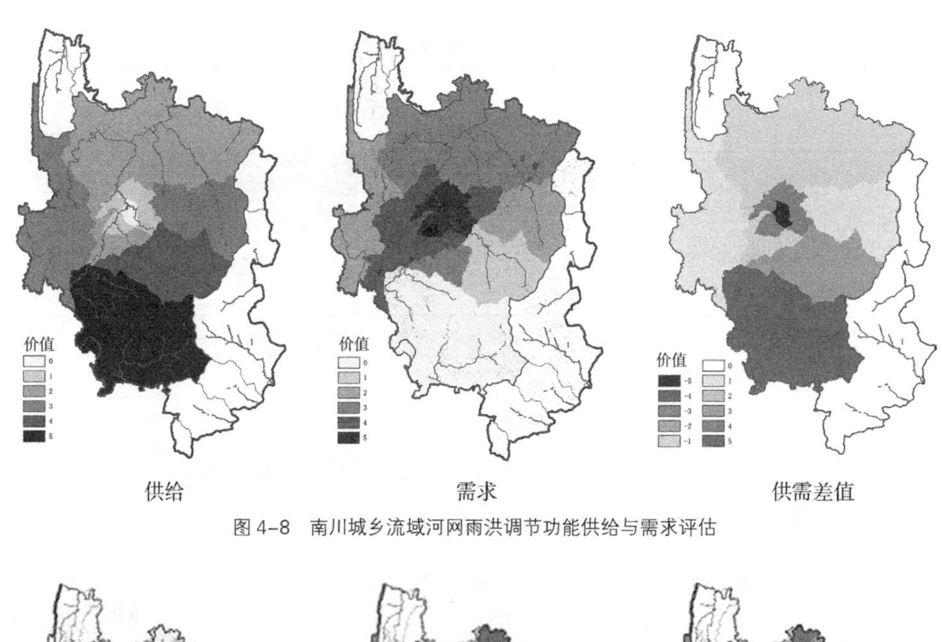

图 4-8　南川城乡流域河网雨洪调节功能供给与需求评估

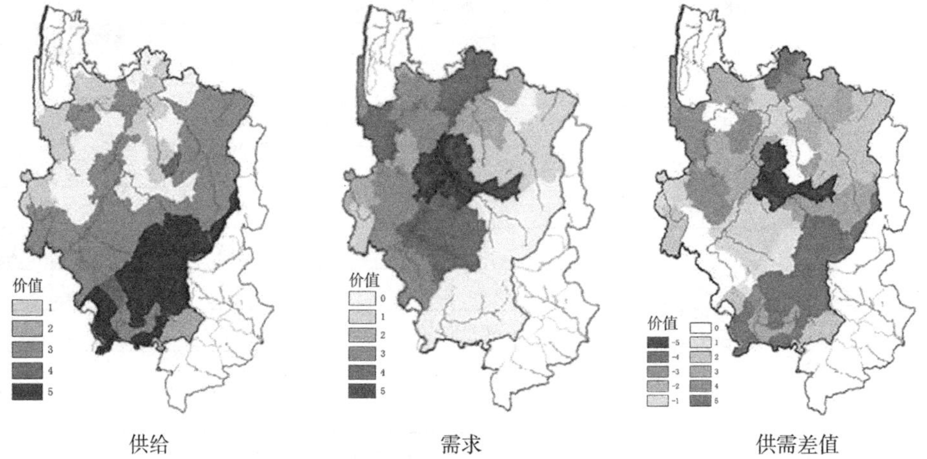

供给　　需求　　供需差值

图 4-9　南川城乡流域河网景观游憩功能供给与需求评估

值（supply-demand budget）赋予一定比例的权重，叠加得到复合功能的供需差值（图 4-10）。有些区域供需差值加强，有些区域则得到中和减弱，如石钟溪次级流域的雨洪调节功能超供给（excess supply），景观游憩超需求（excess demand），而复合功能供给略大于需求。

4.3.2　城乡流域整体复合功能定位

1. 河岸绿色空间复合功能的协同—权衡关系分区判定

掌握河岸绿色空间复合功能之间的协同和权衡机制（例如应对同样驱动的生态服务功能或它们之间的相互作用）可以帮助我们更好地进行分区主导与次要生态功能定位。但值得注意的是，每种生态或社会功能在城乡样条空间上的协同或权衡关系及其关系强弱程度有所不同，原因在于人类在每个城乡样条分区对生态服务功能的干预的强度不同。例如在自然保护区和乡村农业区，景观游憩与雨洪调节有较弱的协同关系，因为健康的自然生态系统和农业生态系统既有益于水源涵养和水土保持，又因为具备好的景观品质而有益于生态旅游和农业观光。在城市边缘区、一般城市区、城市核心区，景观游憩与雨洪管理又有较弱的权衡关系，

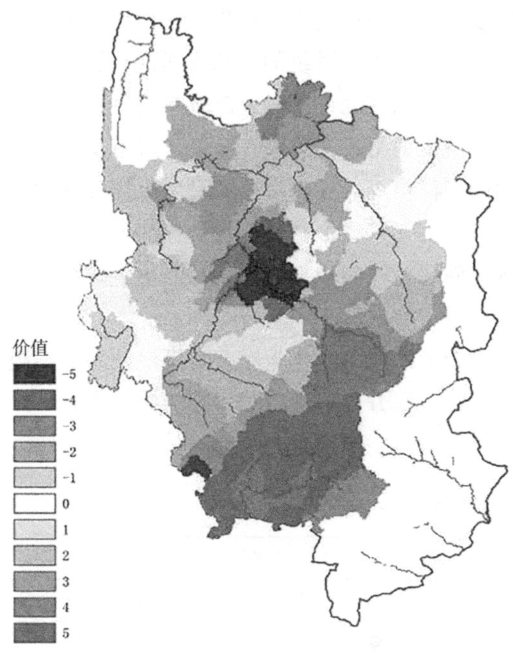

图 4-10　南川城乡流域典型复合功能供需差值评估

因为较多游憩设施和道路的修建会增加不透水覆盖，且不同于自然体验式的旅游，城区的景观游憩方式大多为休闲娱乐、观景健身，一般具有较高观赏性的乔灌植被在水文调节方面能力较弱。对于大多数的山地城市河岸绿色空间，其城乡样条分区下的复合功能的协同—权衡关系及其强弱程度如图 4-11 所示。

2. 城乡流域整体空间样条分区复合功能定位

根据山地城市河岸绿色空间的内在特性和外在诉求特征，包括河岸绿色空间内部或相邻的土地利用状况、河岸水位生态特征、社会文化特征、城市建设的诉求、发展导向等，在了解分区复合功能供需差值和生态—社会功能的协同—权衡关系的基础上，确立山地城市普遍的河岸绿色空间分区复合功能定位（主导功能和次要功能）。这样可以实现山地城市城乡整体

雨洪调节				◇ T345	◆ T12345	◆ T12345	
■ / □ T12/345	生境维持			◇ / ◆ T3/45	◆ T23	◆ T12345	
■ T12345	■ T12345	气候调节		◇ T45	◇ T23	◇ T45	
□ T12345	□ T12345	□ T12345	灾害防护	◇ / ◆ T3/45	◇ T23	◇ T12345	
□ T12	□ T12	□ T12	□ T12	景观游憩	◇ T1		
	□ T45	□ T45	□ T45	□ T2345	农林生产	◇ T345	
		□ T123		■ T12345	□ T12	经济增值	◇ T12345
□ T12345	■ T123	□ T12345	□ T345	■ T12345	□ T12345		文化教育

注：T1 自然保护区，T2 农业生产区，T3 城市边缘区，T4 一般城市区，城市核心区 T5

社会功能：雨洪调节 / 生境维持 / 气候调节 / 灾害防护

生态功能：景观游憩 / 农林生产 / 经济增值 / 文化教育

协同程度：强■，弱□

权衡程度：弱◆，弱◇

图 4-11　山地城市城乡样条分区下的复合功能的协同—权衡关系

空间的生态效益和社会效益的整体协调和平衡以及最大化综合效益和可持续发展的目标。以重庆南川为例，城乡整体空间样条分区下的复合功能定位如表 4-10，图 4-12 所示。

4.3.3 分区目标与空间策略制定

1. 山地城市河岸绿色空间的分区复合功能目标

1）复合功能目标总述

（1）以河网绿色空间作为生境维持的生命血脉，支撑流域河网纵向的生态连接，维持和修复城乡河岸空间重要的生物栖息地。保障城乡流域河网生态系统的生态连通性，加强河流网络整体的流动性。形成流域空间内各级自然河流蜿蜒的形态，急流、缓流、弯道及浅滩相间的多样格局，提高河道与河岸生物群落生境的异质性，营造多样性生物生存环境，恢复流域河网绿色空间受损的水生及陆生生态系统结构与功能。

（2）以河网绿色空间为雨洪消纳的生态缓冲屏障，提升山地城市整体灾害防护能力，保障城乡河岸空间的生态安全，形成有利于城乡

南川整体空间样条分区下的河岸绿色空间复合生态功能定位　　表 4-10

整体空间样条分区	河流等级	生态支撑和调节功能				社会供给和文化功能			
		雨洪调节	生境维持	气候调节	灾害防护	景观游憩	农林生产	经济增值	文化教育
U-T1	支流	◎	●	○	◎	●	○	○	◎
M-T1	支流	●	◎	○	◎	●	◎	○	○
M-T2	支流	●	◎	○	○	◎	●	◎	○
M-T3	干流	●	◎	●	◎	●	◎	◎	◎
M-T4	干流	●	○	●	○	●	○	●	●
M-T5	干流	●	○	◎	○	●	○	●	●
D-T4	干 / 支流	●	○	●	○	●	○	●	●
D-T3	干流	●	○	◎	◎	●	◎	◎	◎
D-T2	支流	◎	◎	○	●	◎	●	○	○
D-T1	干 / 支流	◎	●	○	○	●	◎	○	◎

注：●主导功能，◎次要功能，○较少功能。

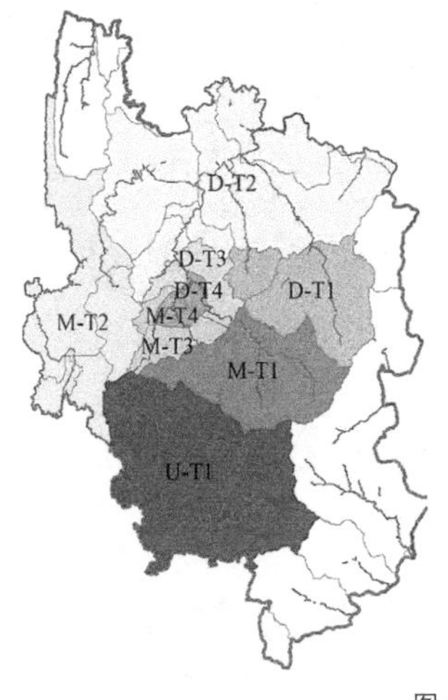

整体空间样条分区	主导整体功能定位
U-T1	以生态维育、水源涵养和保护为主的上游自然生态保护区
M-T1	以生态维育、生态游憩为主的中游自然生态保留区
M-T2	以农业生产及污染防护、水土保持为主的中游农林生态防护区
M-T3	以农业污染防护、生态旅游为主的中游城郊生态防护区
M-T4	以景观游憩、休闲娱乐、雨洪管理为主的中游城市生态利用区
M-T5	以景观游憩、休闲娱乐、雨洪管理为主的中游城市生态建设区
D-T4	以景观游憩、休闲娱乐、雨洪管理为主的下游城市生态利用区
D-T3	以工矿业污染治理、生态修复、排涝滞洪为主的下游城郊生态修复区
D-T2	以农业生产及污染防护、水土保持为主的下游农林生态修复区
D-T1	以生态维育、栖息地修复为主的下游自然生态保留区

图 4-12　南川整体空间样条分区下的河岸绿色空间功能定位

整体空间防灾减灾和城镇建成区排水防涝的河岸绿色空间网络布局。两个方面的目标：一是基于山地河岸地质灾害防控（如山体滑坡、泥石流）的地形地貌保护；二是基于暴雨时期城镇超标雨洪径流防控的排水路径和蓄滞空间规划，规避建设性水灾。

（3）以河网绿色空间为开发污染的绿色净化装置，改善流域整体水环境质量，保障城乡空间的环境健康。通过河岸绿色空间网络的拦截净化作用，减缓或清除关联人类开发区内农业、工矿、居住、商业等用地带来的环境污染（尤其是水环境污染，也包括大气环境污染），提升城乡空间的生态环境质量。

（4）以河网绿色空间为山地城市的景观展示窗口，通过山、水、绿、城等多景观要素的多维空间组合来塑造山地城市的山水景观特色。通过自然要素与人文要素的重新发掘、维护及其网络状互联，构筑山地城市的山水景观与文化空间格局，作为城市—自然之间的绿色生态空间界面彰显山水景观文化内涵。

（5）以河网绿色空间为社会活力的物质空间连接载体，促进绿色休闲游憩活动，提升城乡空间宜居环境与生活品质。依托河流绿道网络及沿线的郊野公园构建连通城市和乡村的绿色游憩服务网络，营造城乡空间宜居环境，鼓励城乡居民的绿色生活方式，提升城市和乡村的内涵品质和社会活力。

（6）以河网绿色空间为山地农林生产的可持续生态实践路径，通过特色农业与旅游观光的结合，促进城乡农业体系的可持续增值。合理利用山地城市河岸肥沃的土地资源，根据河岸农业的发展潜力，鼓励发展都市农业与近郊农业。加强农业与游憩业的融合，延长都市农业产业链。

（7）以河网绿色空间为文化教育的传播与延续媒介，以保存城乡空间历史文脉，通过环境教育提升公众对自然生态环境的认知。构筑山地城市河岸文化与教育廊道网络，传承传统城市河岸的空间特色，满足城乡居民的文化和精神需求。

2）分区主导与次要复合生态功能目标的制定

针对山地城市城乡空间出现的特定生态环境和社会经济的问题，结合复合功能定位，制定城乡区域整体空间样条分区下的主导的和次要的复合功能目标，以更好地明确和引导每个分区的规划设计方向（表 4–11）。

山地城市整体空间样条分区主导与复合生态功能目标制定 表 4–11

整体空间样条	复合生态功能（从主导到次要）	针对问题	复合功能目标
U–T1	生物栖息地→景观游憩→雨洪调节→灾害防护→文化教育	风景名胜区的过度开发、河岸森林砍伐和退化	①保护和维持现有生物多样性；②发展高品质自然生态旅游；③水源涵养，雨洪源头控制；④山体滑坡等地质灾害防护；⑤环境教育，科学实验基地
M–T1	雨洪调节→景观游憩→生物栖息地→灾害防护→农林生产	河岸森林砍伐和退化，闸坝和水库的修建	①水源涵养，雨洪源头控制；②发展自然体验式生态旅游；③保护和维持现有生物多样性；④山体滑坡等地质灾害防护；⑤经营性林地生产
M–T2	雨洪调节→农林生产→景观游憩→生物栖息地→经济增值	农田开垦伴随的农业非点源污染、水土流失	①水土保持、农业非点源污染净化；②规模化粮经蔬菜、林果苗圃生产；③乡村旅游、生态农业观光休闲；④高地山顶林地斑块的保护；⑤土地增值
M–T3	雨洪调节→景观游憩→气候调节→生物栖息地→农林生产→灾害防护→经济增值→文化教育	城郊建设用地与农用地的沿河谷蔓延拓展，多种用地对环境的侵占和污染	①上游雨洪滞留，乡村非点源污染净化；②城郊生态休闲旅游与健身；③通风廊道出口，缓解城市热岛；④ 小型林地斑块的保留；⑤城郊小型农田生产；⑥山体滑坡等地质灾害防护；⑦休闲度假土地增值；⑧环境及历史文化教育

续表

整体空间样条	复合生态功能（从主导到次要）	针对问题	复合功能目标
M-T4	雨洪调节→景观游憩→气候调节→经济增值→文化教育	城市内涝，城市生活污染，环境品质下降	①城市内部雨洪滞留、生活污染净化；②市民日常休闲娱乐与健身游憩；③通风廊道，缓解城市热岛效应；④城市河岸开放公共空间增值；⑤科普教育场所
M-T5	雨洪调节→景观游憩→气候调节→经济增值	城市内涝，老城区污染，开放空间缺失	①城市内部雨洪滞留、生活污染净化；②中心商业景观与公众游憩活动；③通风廊道缓解城市热岛效应；④城市河岸开放公共空间增值
D-T4	雨洪调节→景观游憩→气候调节→经济增值	城市内涝，城市生活工业污染，环境品质下降	①城市内部雨洪滞留、生活工业污染净化；②市民日常休闲健身游憩；③通风廊道，缓解城市热岛效应；④城市河岸开放公共空间增值
D-T3	雨洪调节→景观游憩→气候调节→生物栖息地→农林生产→灾害防护→经济增值	城郊建设与农用地的沿河谷拓展，村庄、工业、基础设施等对环境的侵占和污染	①下游雨洪疏解，点源与非点源污染净化；②城郊休闲游憩；③通风廊道出口，缓解城市热岛效应；④ 小型林地斑块的保留；⑤城郊小型农田生产；⑥山体滑坡等地质灾害防护；⑦休闲度假土地增值
D-T2	灾害防护→农林生产→景观游憩→雨洪调节→生物栖息地	洪水灾害发生频率较大，农业污染物，栖息地破碎	①洪水、山体滑坡等地质灾害防护；②规模化粮经蔬菜、林果苗圃生产；③乡村旅游、生态农业观光休闲；④水土保持、农业非点源污染净化；⑤受损栖息地修复
D-T1	生物栖息地→景观游憩→雨洪调节→灾害防护	高价值栖息地遭受大量农田侵占	①，退耕还林，栖息地修复；②乡村旅游、自然生态旅游；③雨洪源头控制、水土保持；④山体滑坡等地质灾害防护

2. 分区复合功能目标下的总体策略制定

复合功能目标下的几大总体策略包括：雨洪管理，栖息地保护，游憩开放空间建设，景观品质建设，农林生产优化，文化教育策略等。不同策略可以对应多个复合功能。例如雨洪管理策略除了主要贡献于雨洪调节功能目标以外，还贡献于城乡灾害防护功能；栖息地保护策略也同时贡献于雨洪调节、灾害防护和生境维持功能。城乡流域整体空间样条分区下的各个策略的应用会有所差异（表 4–12）。

南川整体空间样条分区下的规划政策与策略制定 表 4–12

策略		U-T1	M-T1	M-T2	M-T3	M-T4	M-T5	D-T4	D-T3	D-T2	D-T1
雨洪管理	保护水文廊道和水文关键节点	√	√	√	√	√	√	√	√	√	√
	控制、降低不透水覆盖比例	√	√	√	√				√	√	√
	改变雨洪排放系统来增加渗透		√	√	√	√	√	√	√	√	
	改变雨洪排放系统来增加滞留		√	√	√	√		√	√		
	改变排放系统来增加污染物处理			√	√	√	√	√	√	√	
	雨水和污水排放分开				√	√	√	√	√		
栖息地保护	提高本地植被覆盖比例			√	√	√	√	√	√	√	
	优化河岸的植被群落结构		√	√	√	√		√	√	√	
	保护有意义的高价值栖息地	√	√	√	√	√		√	√	√	√
	修复滨河 / 湿地 / 高地栖息地功能			√	√	√		√	√	√	
	修复栖息地的连接度和完整度				√	√		√	√	√	

续表

	策略	U-T1	M-T1	M-T2	M-T3	M-T4	M-T5	D-T4	D-T3	D-T2	D-T1
游憩空间建设	建设河岸自行车和步行游憩小径		√	√	√	√	√	√	√	√	√
	提高河流的开放性和可达性				√	√	√	√	√	√	
	完善游憩场地与综合服务设施		√	√	√	√	√	√	√	√	
	提高游径的连接度和可达性			√	√	√	√	√	√	√	
	设置水相关的娱乐活动			√	√				√	√	√
	设置市民偏好的娱乐休闲活动				√	√	√	√	√		
	提高公众游憩的安全性				√	√	√	√	√		
景观品质建设	设置良好的河岸观景点和视廊		√		√	√	√	√	√	√	√
	高质量和多样性的开放空间				√	√		√	√		
	历史文化景观的保护和修复				√	√	√	√	√		
	控制山、水、建筑的天际线					√	√	√			
	观赏与特色植被的种植					√	√	√			
	增加河岸绿色空间界面长度				√	√		√	√		
农业布局优化	控制蔬菜的种植规模	√	√	√							
	优化种植结构，发展有机节水农业				√	√			√	√	
	集中发展水稻粮食种植			√	√				√	√	
	控制猪、牛的养殖规模，引导羊、鸡的养殖，集中规模化养殖		√	√	√				√	√	
	发展竹笋、中药材等特色种植	√	√	√							√
文化教育策略	发展科学实验与环境教育设施	√	√								√
	历史文化的宣传和教育	√				√	√	√			

4.4　河网绿色空间复合功能系统构建

每个流域都包含一些孤立的生态元素，需要在功能性上通过网络系统结构连接起来并提供多重复合功能。河网绿色空间的复合功能系统构建主要包括两大任务：首先应该构筑流域河网内在生态支撑系统。其次，叠加建立城乡河网外在复合服务系统，形成最终的城乡流域河网绿色空间复合功能系统。

4.4.1　构筑河网内在生态支撑系统

连通性是构筑流域河网内在生态支撑系统的本质要求，而城市化的不透水覆盖特征也决定了连续的难度。流域河网内在生态支撑系统的连通性既维持着流域自然生态系统的内在生态联系，又提供了一种连接和传输方式，把自然和人居环境联系起来，把城市和乡村联系起来，在保障人居环境安全的前提下既把自然引入城市又把城市资源和活力渗透到乡村中，使城乡结合成为一个整体。河网内在生态支撑系统可以分解为“点—线—面”网络模式：面状——水源涵养区、线状——水文廊道、点状——水文战略关键点。

1. 山地流域水源涵养区的甄别与保护

山地流域源头区河网发达、植被茂密，是流域河流水系形成的重要涵养区域，保障流域水环境和水生态健康。水源涵养是为了保护水资源水质和水量的一种举措。水源涵养区是生态服务的重要功能区域，一般位于高等级河流的源头，为城市和农村的生活、生产和自然生境的维持提供稳定水源，具有一定持水能力的区域都可以被认作水源涵养区。根据相关科学研究的结论，结合山地城市自身的地理生态特征，甄别流域水源涵养区。如以重庆南川为例，以海拔 1200m 以上作为水源涵养区，此外，还对现状用地的水源持有能力进行分析，根据植被覆盖、土壤条件、坡度等生态因子的综合叠加，得出用地水源涵养能力，将水源涵养等级高的区域划定为水源涵养保护区域。

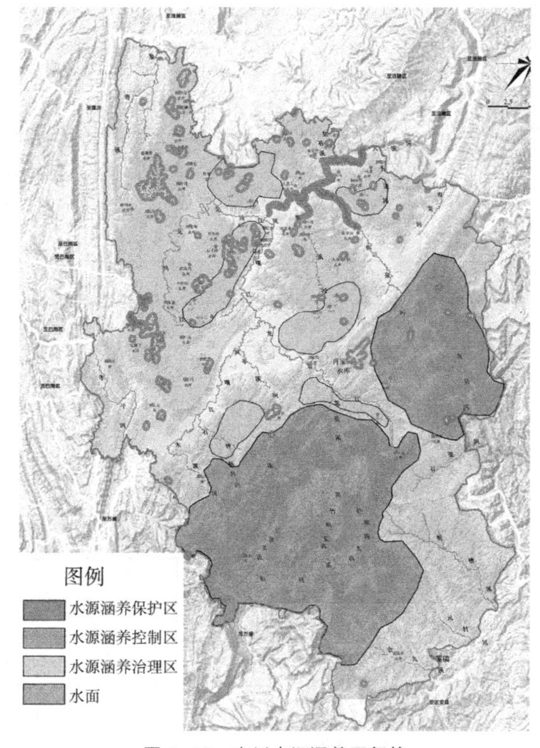

图 4-13　南川水源涵养区保护

山地城市水源涵养区的甄别原则包括：结合地形空间、现状水系分布，划分集水空间单元；界定一级支流源头；界定大型湖泊水库等重要集水空间；根据评估，水源涵养等级高的区域界定为具有优越持水能力的区域。水源涵养区的保护可以实行分区保护管控。南川根据现状供水分布、水源涵养条件，将水源涵养区分为三个保护管控区域（图 4-13）。水源涵养控制区指现状持水能力强的水源涵养区域，区域内应该保护良好的现状自然林地，控制人类的高强度活动。水源涵养保护区指供水水源水面陆域 100m 保护范围，包括水源一、二级保护范围，区域内禁止建设活动。水源涵养治理区指现状持水能力弱的水源涵养区，区域内应该注重水源涵养林的培育，修复区域生态环境条件，控制人类的高强度活动。

2. 山地流域（潜在）水文廊道的甄别与保护

通过模拟山地流域降水后的自然水文过程，来甄别潜在的水文关键廊道。水文廊道可以分为显性、类显性和隐性。“显性”是指在地表上长期有水流汇聚形成的明显的河道，如较高等级河流、支流等。“类显性”是指一定时间（季节性）内有间断性的水流汇聚形成的较明显的河道，如季节性溪流、冲沟以及其他汇水关键点等。“隐性”是指在地表汇水网络末端的水流，或地下潜水层水流[157]。

由于城市建设开发对土地的需求，特别是对“显性”河流河岸高价值空间的偏好，保留整个汇水网络是不现实的，但要严格保护“显性”水文廊道的主干网络骨架，尽量保护“类显性”水文廊道如洼地、冲沟，这对于山地城市敏感脆弱的生态环境非常重要。鼓励保护局部关键汇水网络的“隐性”末梢部分，特别是末梢部分连接着关键生态栖息地斑块的区域。事实上，较低等级的河流通常会占据一个流域内最长的水文通道，对较低等级（一、二、三级）河流的河岸缓冲保护往往比对较高等级河流的更宽的缓冲保护对河流水质具有更积极的影响。较小的源头河流有着更大范围的水—陆相互作用，有更大的潜力接收和传输沉积物，即使是沿着较大河流和溪流的最佳缓冲带也不能显著改善因流域上游不适当的缓冲措施而退化的水质。

水文廊道的“廊道线”为汇水线扩展后的有宽度的线性廊道，是河岸绿色空间规划研究的核心范围，因为生态效益的发挥需要一定的廊道宽度才能产生规模效应。水文廊道的划定应该依据水文过程的特征，与水文廊道紧密联系的景观单元或生态斑块特征以及两者之间的相互依赖程度。山地城市的雨水汇集廊道也是山洪容易泛滥之处，为防止灾害的发生，廊道宽度应该包括洪泛区及水文廊道两侧易滑坡的山体，因此，城乡区域的“廊道线”宽度没有固定统一的标准，但通常山地流域的水文廊道应该比平原流域的更宽，因为更为复杂的地形地貌、更脆弱的水岸生态环境、较高的自然灾害风险等。

3. 山地流域水文关键战略点的甄别与保护

潜在水文关键战略点是指在山地流域内，维持流域和河网生态水文连续性和连接度的有着重要意义的地表水文节点。这些水文关键战略点往往位于“显性”“类显性”和“隐性”河道附近，能够大大减缓高峰径流量和径流污染。通过保护这些水文关键战略点，可以有效控制山地流域地表河网水系的时空演化。

对所在城乡流域进行水文特征解析，根据空间位置、河流形态、径流流量、植被土壤情况及相邻建设空间的影响等因素确立潜在水文关键战略点，主要是指具有调蓄功能、基础脆弱、容易被打断致使系统完整性丧失的节点。根据前面的流域整体空间样条分区的功能定位，在降水径流产生、传输和汇集过程中，在潜在水文关键战略点的位置布局的保护性或缓冲性绿色空间构成了流域整体河网水系的关键组分。每个水环境单元实际上就是一个完整的地表养分产生、转移和传输的单元，根据生境维持、雨洪调节等支撑功能的潜在需求缺口分析，可以确定相应的河岸绿色空间水文战略点的规模、类型和空间结构。这些关键的水文战略点类型包括[158]：

（1）较低等级河流的交汇处（较高等级的汇水点）。这是雨水下渗、收集、排泄、景观化利用的重要场所，交汇的径流越多，其生态敏感性越高。

（2）河流流入和流出水库的位置。对于不同水域面积、水位和容量的水库，河流流入和流出时的水文过程和生态状况有所不同。

（3）河道沿线点源污染物的排放位置。点源污染物排放区位的布置会极大影响河流自身对不同类型污染物的净化功能。

（4）河流廊道与交通和市政基础设施廊道的交汇处。这是自然廊道和人工廊道的交界处，因不同的自然生态特征和人工建设需求而有着复杂的处理形式。

（5）流域河网末梢低等级河流生态退化处，各级河流沿线水文生物因人为干扰断裂或不连续的河段。

（6）河岸潜在灾害风险发生地。山地河岸因独特的气候和粗暴的人工建设极易导致河岸地形坍塌、山体滑坡，危害生态安全。

（7）河流廊道网络上的具有防洪、泄洪功能的湖泊、水库等水体。

4. 构筑契合整体空间样条分区的河网内在生态支撑系统

构筑流域河网内在生态支撑系统主要有三个原则：与自然斑块的连接度；与城市肌理的衔接关系；网络结构和内容[159]。在自然生态功能方面，自然斑块区域物种丰富，应该通过河流廊道连接起来，从而促进物种的迁徙，由于城市化区域的本地生物物种受到限制，与自然斑块的连接对维持野生动物植物多样性十分关键[160]。同时，在城市化的景观基质中，河岸绿色空间的“边缘效应”对河流及斑块的质量有显著影响，周围的建设开发对较小的自然斑块和较小的河流有较大影响，因此水文廊道、水文战略关键点与建设单元的空间布局关系十分重要。

通过山地流域水源涵养区、潜在水文关键廊道、关键水文战略点的甄别和保护，形成了“点、线、面”多层次空间结构的山地流域河网内在生态支撑系统（图 4–14）。河网内在生态支撑系统中的水源涵养区、水文廊道和水文战略点在城乡流域整体空间样条分区上的布局位置和构成类型有所不同，发挥着各自重要的生态支撑功能（表4-13）。例如上、中、下游的自然保护区主要为水源涵养保护区，特别需要保留“隐性”水文廊道来保障生态支撑系统的健康运行，而中下游城市区则由于开发建设需求，只能强化类显性水文廊道的保留。在上游和下游的城市边缘区，需要布局最多的水文战略点，如河流退化不连续点、河流与交通交汇点。

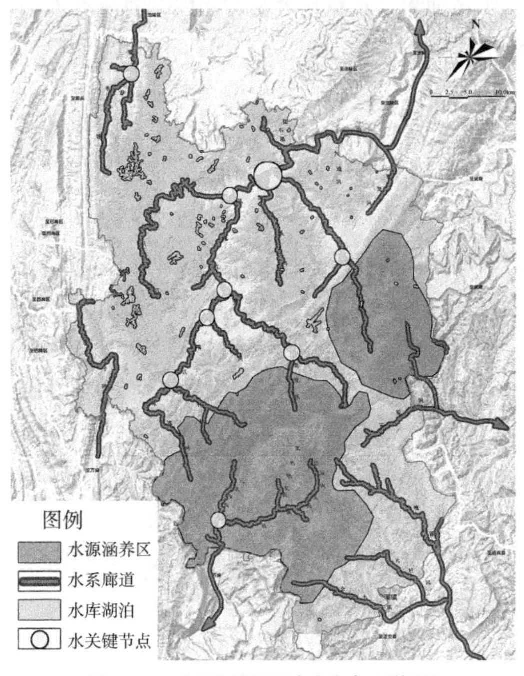

图4-14　南川流域河网内在生态支撑系统

4.4.2　叠加河网外在复合服务系统

1. 以游憩服务为核心的河网绿色空间外在复合服务系统

对于山水资源丰富的山地城市，游憩作为主动介入的保护和利用措施之一对河岸空间主要景观资源的保护和城市社会经济效益的提升具有重要意义。在构筑流域河网内在生态支撑系统的基础上，叠加以游憩服务系统为核心的河网绿色空间复合服务系统：农林生产服务系统、污染灾害防护系统、绿道绿街服务系统。

游憩服务之所以成为河岸绿色空间的外在

山地城市整体空间样条分区下的水文要素构成　　表4-13

整体空间样条	水源涵养区	水文廊道	水文战略点
U-T1	水源涵养保护区 / 控制区	隐性 / 类显性 / 显性水文廊道	生态安全高危点
M-T1	水源涵养保护区 / 控制区	类显性 / 显性水文廊道	径流进出水库的位置，河流退化不连续点
M-T2	水源涵养控制区 / 治理区	类显性 / 显性水文廊道	地表径流与其他交通廊道的交汇处，径流进出水库的位置
M-T3	水源涵养控制区 / 治理区	类显性 / 显性水文廊道	河流交汇处，河流与交通交汇处，进出水库的位置，河流退化不连续点
M-T4	水源涵养治理区	显性水文廊道	河流交汇处，河流与交通交汇处，河流退化不连续点
M-T5	——	显性水文廊道	河流与交通交汇处
D-T4	水源涵养治理区	显性水文廊道	河流交汇处，河流与交通交汇处，点源污染物排放口，河流退化不连续点
D-T3	水源涵养控制区 / 治理区	类显性 / 显性水文廊道	河流交汇处，河流与交通交汇处，点源污染物排放口，径流进出水库的位置，河流退化不连续点
D-T2	水源涵养控制区 / 治理区	类显性 / 显性水文廊道	河流交汇处，径流进出水库的位置，点源污染物排放口，河流退化不连续点
D-T1	水源涵养保护区 / 控制区	类显性 / 显性水文廊道	径流进出水库的位置，河流退化不连续点

核心复合服务系统，是因为其自身具备的高度复合性和多样性。在河岸区域，农业不具备规模生产的条件，少量而有特色的农林产品使休闲游憩服务能发挥更多的综合效益。绿道绿街系统能提高游客的可达性和包容性，提升游憩服务供给的价值。游憩服务的产生势必会加剧河岸环境的污染与灾害问题，而生态防护设施会减缓游憩服务的消极影响，使其变得更加可持续。

2. 构建山地城市河网绿色空间游憩服务核心系统

1）河岸游憩服务系统的格局与分区

山地城市河岸游憩服务系统的格局受山水地理环境特征和城乡空间发展形态影响。分散式的（如组团、条带状）城乡空间结构大大延长了城镇人工建设空间与绿色空间的接触边界，依托大型山体和河流水系的绿色空间慢慢地楔入城镇建设区内部，把自然保护区、森林公园、风景名胜区、农田、果园等游憩资源引入城市中心区或组团中心区。通常来说，在远离城市中心区的外围的大型山体及其汇水支流旁，适于发展以自然生态体验、养生度假为主的游憩服务项目，服务范围较大。在较远的乡村腹地及其灌溉溪流旁，适于发展以乡村旅游、田园休闲体验为主的游憩服务项目，服务范围也较大。在城镇建成区内部的河流沿岸，适于发展以日常休闲娱乐为主的游憩服务项目，服务范围较小。在靠近城市的河流进出口区域，适于发展以休闲健身、郊野娱乐为主的游憩服务项目，项目类型多元，服务范围灵活。最终形成多种游憩方式共存的城乡河岸游憩服务系统格局。

河岸绿色空间游憩服务分区主要依赖山地城市的山水景观资源与不同河流水系的自然生态与历史人文特征而形成。以南川为例，根据其独特的地理环境和山水资源特征，河岸景观游憩服务发展分区为“北部乡村溪谷区、中部城市河谷区、南部高山峡谷区”。北部乡村溪谷区：地方性旅游目的地，依托于环绕丘陵的溪流景观，以“乡”为基调，发展溪谷乡村旅游。中部城市河谷区：区域性旅游目的地，依托于穿越平坝建成区的城市河流景观，以“城”为集散，凝练城市滨河旅游主题，凸显城市文化特色。南部高山峡谷区：国际性旅游目的地，依托于高山之间的峡谷，以“山”为主题，发展高地森林体验、峡谷度假养生（图 4–15）。

2）依托河流网络的多元化游憩服务廊道

山地城市城乡空间的主干河流或次级河流沿线的自然地理资源和人文资源类型丰富多样，应发展多元化的河岸游憩服务廊道，主要有三

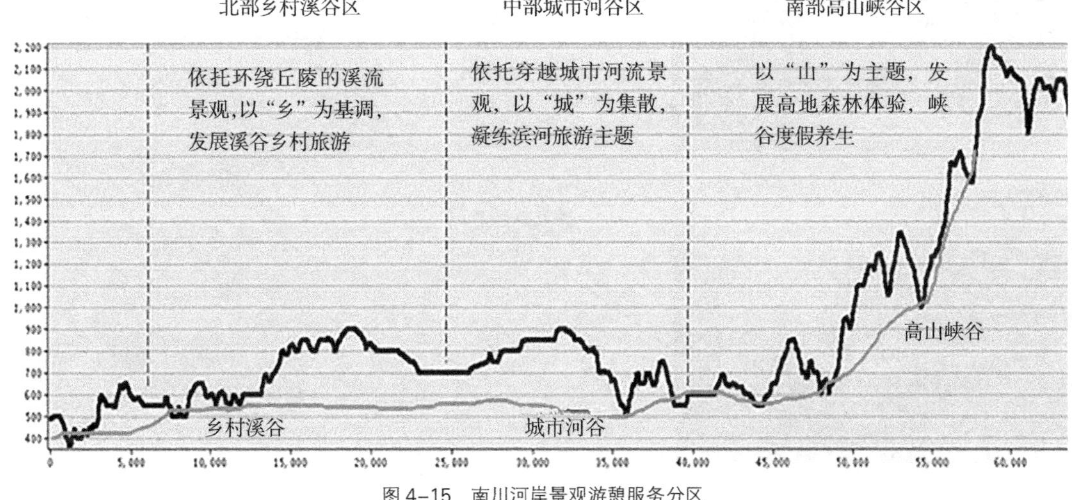

图 4–15 南川河岸景观游憩服务分区

类：生态体验型、城镇休闲型和农旅融合型。南部山区以生态体验型廊道为主，中部城区以城镇休闲型廊道为主，北部农区以农旅融合型廊道为主。

（1）生态体验型河岸游憩服务廊道

生态体验型游憩服务廊道主要是指在人类干扰极少的自然保护区，往往是低等级汇水支流或高山峡谷沿线，以原始自然地貌（如湿地、湖库、森林等）或地形（如崖壁、石林、沟壑地等）为景观游憩资源，以养生度假、亲近自然为游憩目的，以露营、徒步、野趣等为主要游憩活动类型的游憩服务廊道。以“保护性开发、利用性保护”为规划指导思想，此游憩服务廊道应严格控制开发建设强度，鼓励生态化的游憩服务设施，让游客全身心置于大自然的环境体验之中。例如在南川金佛山风景名胜与旅游度假区内，由金佛山的汇水支流形成的神龙峡、碧潭奇峡等景区把峡谷生态旅游资源作为主体，整合地域特色景点文化，形成了典型的河岸生态体验型游憩服务廊道（图 4–16）。

（2）城镇休闲型河岸游憩服务廊道

城镇休闲型游憩服务廊道主要是指在人类聚居的城市、乡镇和村庄的建设区，往往是不同等级河流河岸沿线，以遗留自然斑块、人工或半人工自然和文化要素（如郊野公园、滨水公园、滨水绿化带等）为景观游憩资源，以日常休闲娱乐为游憩目的，以健身、观赏、节日文化庆典等为主要游憩活动类型的游憩服务廊道。以“低影响开发、高价值保护”为规划指导思想，此游憩服务廊道应保护城镇建成区中遗留的具有高价值的河岸生态斑块，并采用低环境影响的开发方式，提升城镇的宜居品质。例如穿越南川中心城区的三条河流以及河岸公园、绿化带和街道构成了山地城市河岸城镇休闲型游憩服务廊道（图 4–17）。

（3）农旅融合型河岸游憩服务廊道

农旅融合型游憩服务廊道主要是指在乡村农业生产区域，把特色农业生产与乡村旅游融合在一起发展，以乡村度假休闲为目的，以采摘、观光、原乡体验为主要游憩活动类型的游憩服务廊道。由于地形条件的限制，农田大多沿山谷、沟壑以及河岸缓坡分布。河谷地带降水条件较好，河水又可作为灌溉水源，土壤较肥沃，是山地适宜耕作的区域。

图 4–16　南川金佛山的生态体验型游憩服务廊道

图 4–17 南川中心城区三条河岸带作为生态体验型游憩服务廊道

南川河谷地带土质肥沃，有独特的气候资源和重要的中药材、笋竹、茶叶等农业资源，四季宜耕。根据整体河岸农业空间梯度和河岸地形地貌特征可分为四个类型：都市河谷、近郊河谷、丘陵溪谷、山坡梯田。每个类型的空间分布特征、关联城市的复合功能和布局模式如表 4–14 所示。农旅融合型游憩服务廊道应该以特色种植为农业基础，依托农村居民点修建类型多样的农家乐、体验园、观光园。在丘陵溪谷类型中，南川北部丘陵地区的龙川江贯穿大观园乡村度假区，规划形成了乡村滨水景观观光带，串联起周边特色乡村旅游项目，将农业生产过程本身发展为可供游客参与体验的农旅融合型游憩模式（图 4–18）。

3. 复合功能系统融合构建原则与程序

流域河网内在生态支撑系统与城乡河网外在复合服务系统都依托于同一个河流网络及其河岸的土地空间。融合构建原则主要有四点：

南川农旅融合型游憩服务廊道的分类特征与布局导向 表 4–14

分类	空间分布特征	关联城市的复合功能	农旅融合布局
都市河谷	在城市被山体、江河分割时，大量农田分布沿城市山体，或在城市向外延伸的交通干线、河流两侧，形成放射状调带	调节和改善城市环境，为市民提供回归自然和体验农业的场所	该区域适合发展精品水果带、园艺化农业带、风景林带，重点发展设施农业、园艺农业和观赏农业
近郊河谷	位于城市建成区出入口的区域，被各类城乡建设用地、区域交通市政廊道划分得十分破碎	对建成区具有生态环境效益，城市门户经过展示，一定程度上限制城市的蔓延拓展	该区域适宜发展农业观光园、体验农业、教育农业，拓展农业的旅游、文化、教育等社会功能
丘陵溪谷	在山区的乡村，与中心城市有一定距离，丘陵溪谷农业占据 50% 以上的农业生产面积	支撑山地城镇的主要粮食供给，同时提供城市居民农业观光旅游功能	该区域适宜发展技术水平较高、附加值较高的设施农业、精品农业等，发展精品乡村田园旅游
岸坡梯田	位于距离中心城市较远、海拔更高的山林河谷区域，农田比例比林地少	支撑山地城镇的次要粮食供给，同时提供城市居民生态旅游功能	该区域适宜发展适宜海拔与土壤的特色农产品，发展养生度假功能

一是生态优先，当两个功能系统产生严重的矛盾冲突时，要确定流域河网内在生态支撑系统具有绝对的优先权，谨慎考虑外在复合服务系统的发挥。二是协调性，这两者都是复合功能系统的子系统，两个子系统之间相互作用，结合成一个完整的体系。三是差异性，在保障河岸基本生态红线的前提下，发展复合功能系统内部的差异性，可以考虑三种情况的模拟：生态主导型、复合服务主导型和完全平均型。四是流动性，河流作为景观系统中的一种“流”形式①，自然具备流动性，而河岸空间的社会过程和人类活动（聚居、生产、游憩等）也具有流动性，融合构建过程也是生态流和社会流的协调适应过程。

融合构建程序总共有三个步骤：一是自然要素的保护。保护河岸现存的高价值的自然要素如原始地形、林地植被、土壤、水塘等，形成河岸复合功能系统的“自然基底”。二是人工要素的介入，修建搭载外在复合服务功能的基础公共服务设施系统，如河岸护坡、道路、市政、公共场地、建筑及人工绿化或修复植被，形成河岸复合功能系统的“人工支架”。三是自然要素与人工要素的整合，从协调性、差异性和流动性这三个层面对这两个复合功能系统进行整合优化，使其在空间上呈网络状分布。通过系统空间耦合分析和评价，找出功能冲突区域和关键区域，对这些区域提出规划管控要求，进而形成河网绿色空间复合功能系统。

图 4–18　南川龙川江的丘陵溪谷游憩服务廊道

① 景观系统中具有各种形式的流，包括能量流、物质流（比如水）、物种流以及人口与信息流，横跨各种空间尺度，是景观过程的具体体现（肖笃宁，2003）。

5 中心城镇区——河区绿色空间纵向功能组织与用地布局

在中心城镇区层面，河区自然地理特征及生态过程与其邻近的城镇用地开发模式密切相关。这个层面的问题包括城镇河岸开放空间缺失，居住及工农业造成的水环境污染和水生态破坏，河岸生态资源“低供给与高需求”下保护与利用矛盾突出等。这个层面的任务是河区绿色空间纵向功能组织与用地布局：采用河区纵向空间样条分区、分区功能组织、复合空间体系建设、关联用地整合布局与控制等规划措施，旨在维护城镇河区生态系统的完整性，协调河区各类绿地及建设用地之间的矛盾，挖掘河岸绿色空间的潜在复合功能，提升河区生态环境品质与公共服务能力。

5.1 河区地貌特征与城镇空间关联分析

5.1.1 河区地貌特征界定城镇开发模式

1. 河岸关联环境区界定城镇建设开发单元

山地河岸空间，因具有天然的环境、资源、地理、交通等优势，是城镇形成和空间发展的基础。山地城镇受地貌特征限制，通常不能像平原城市那样由中心向外拓展，多是沿着山形水岸展开。河岸垂直方向上的地形高差特征决定了其所在的自然环境系统结构呈三维立体分布的特性，分布于河岸关联的不同高程带的生态敏感区。这些敏感区也是维持山地城镇生态系统平衡的河岸重要关联环境区，穿插于城镇建设用地的分隔区，或环绕在城镇外围，形成山地城镇建设单元的“三维集约生态界定”[161]。它不是自然界定（河流）与客观上人工界定（河岸建设）的简单叠加，是自然要素和人工要素的有机融合。为寻求自然生态系统与城市生态系统的协调平衡，应该通过河岸关联环境区合理地界定城镇建设开发空间，并使建设单元的土地使用与环境区的生态元素之间产生良性循环的互动，在生态环境得到保护的基础上实现关联环境区的外部增值效益。通过优化组合河岸关联环境区的自然生态要素，使其发挥生态、生产、景观、防灾等复合生态效益。在巫山新县城详细规划中，由于可建设用地匮乏，需要集约优化建设单元的界定，保护滨河绿地、背缘陡坡林地、大小型冲沟等，建立连续的自然生态廊道，为野生动物提供栖息地。建设单元边界尽量避免跨越分水岭与山体轮廓线，在规避自然灾害的同时发挥环境区复合功能。（图 5–1）

山地城镇建设单元界定的一个最重要因素就是河岸关联环境区的地貌单元特征。地貌单元是生态规划中最好的研究单位，因为同一地

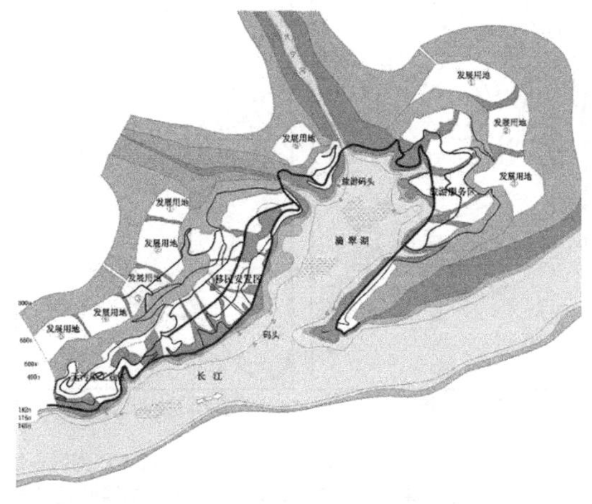

图 5–1 巫山河岸关联环境区和建设用地单元
资料来源：重庆大学规划设计研究院《重庆巫山新县城详细规划》（设计文本）

貌单元有着显著的一致性，而不同的地貌单元之间有着显著的差异性[①]。地貌要素包括相对高差、坡度、坡向、起伏度等，通过改变光、热、水、土等生态因子而对环境区的物质和能量流动产生影响。地貌单元是可以被识别和操作的“硬”边界，具有明显的分界线，主要有分水岭、斜坡和谷地三个大类。

山地河区城镇建设单元占据的地貌类型通常包括单独的坡地、谷地，或者高地、斜坡和谷地全部占有，形成不同类型组合的城镇建设空间。总体可以分为4种类型：河岸高地、河岸斜坡、河谷平坝和组合地形（图5-2）。

2. 山地河流形态限定城镇用地开发模式

山地河流在漫长的演化过程中，形成了与平原河流有着较大差异的形态结构。山地河流形态十分复杂，道路曲折多变，宽窄不一，弯卡口众多，岸线和床面极不规则。在次级流域，河流纵向空间有多种形态类型，包括：V形峡谷、U形河谷、丘陵溪谷、平坝河谷等。不同的河谷空间形态限定了城镇用地建设开发的模式，形成了多样化的城镇用地构成组合特征（表5-1）。

（1）V形峡谷，两侧为陡峭的山峰、山脉、高原边缘，流水下切而形成。河槽狭窄，断面宽深比一般在10以下。由于河岸斜坡坡度较大，用地开发通常为自然保护区或风景名胜区，分布小型旅游服务用地，95%以上为自然林地。

（2）U形河谷，两侧为山脉或大山、中间为河流的地形。横剖面宽阔，地势较平坦，中间的河道水流较平缓。河段常有河漫滩和低阶台地露出，通常河漫滩处于洪水位以下位置，不适宜城镇建设（可开发为农田）。适宜建设的阶地往往被河流切割为多段，零散地分布在河流的两侧，因此开发模式通常为零散工业、城镇村庄与城郊服务设施用地沿河谷相间开发。

（3）丘陵溪谷，指两侧低矮的山丘之间有小型蜿蜒溪流流淌的地形，常常出现在低山丘陵地区，起伏不大，山坡坡度较缓。通常适于乡村农业开发，林地、农田、村庄用地组合镶嵌在一起，林地位于山丘，农田村庄分布在河谷，农田形态沿等高线弯曲。

（4）平坝河谷，指宽广平坦的山前平原处的河谷，一般为多条河流的交汇处，地势较低且平坦。往往适于城市规划建设开发，多种建

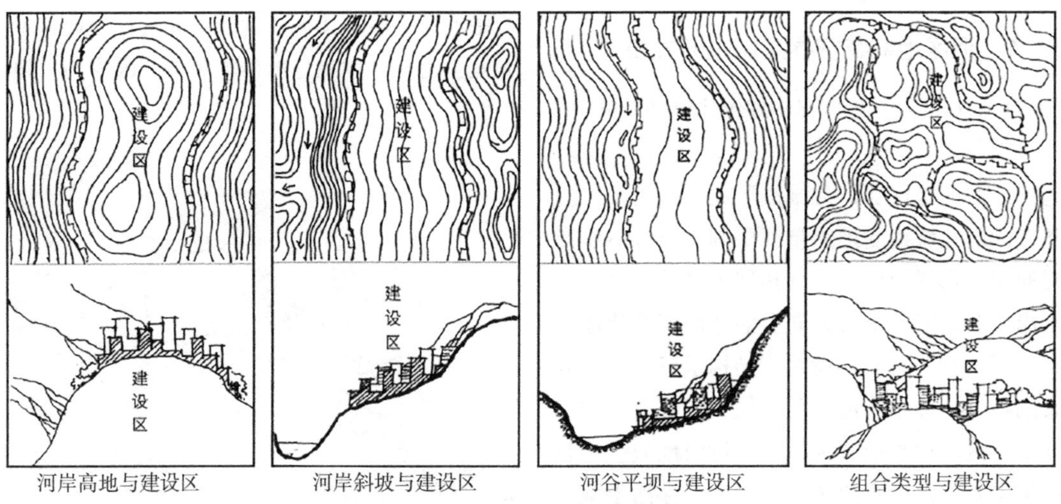

图5-2 不同河岸地貌类型与城镇建设区

资料来源：吴勇．山地城镇空间结构演变研究——以西南地区山地城镇为主[D]. 重庆大学，2012.

① 麦克哈格．设计遵从自然[M]. 北京：中国建筑工业出版社，2012.

不同河流形态特征限定城镇用地开发模式 表 5–1

河谷类型	地貌特征	山地城乡用地开发模式		
V 形峡谷	两侧为陡峭的山峰、山脉、高原边缘，由流水下切而形成。水流将高地向下切形成 V 形峡谷。		例如南川神龙峡	为自然保护核心区和风景名胜核心区，有极少的小型旅游设施服务用地，95% 以上为自然生态林地。
U 形河谷	两侧为山脉或大山、中间为河流的地形。横剖面宽阔，地势较平坦，中间河道水流较平缓。		例如南川文凤区	位于城市边缘区，工业、城镇村庄与城郊服务设施用地沿河谷相间开发，农田用地在河谷平坝呈方格网状分布。
丘陵溪谷	指两侧低矮的山丘之间有小型蜿蜒溪流流淌的地形，起伏不大，山坡坡度较缓。		例如南川近郊乡村	位于城郊农业生产区，林地、农田、村庄镶嵌在一起。林地位于山丘，农田村庄分布在河谷，农田沿等高线弯曲。
平坝河谷	指宽广平坦的山前平原处的河谷，一般为多条河流交汇处，地势较低且平坦。		例如南川凤嘴江交汇	位于中心城区，多种建设用地类型综合开发，包括商业、居住、公共服务、工业等。

设用地类型综合开发，包括商业、居住、公共服务、工业等。

5.1.2 城镇用地构成及其河区环境影响

1. 河岸城镇功能区和用地构成特征

中心城镇区主要为城镇居民提供四种功能：工作、居住、游憩与交通。这四种功能活动在空间上集聚形成了中心城镇功能区。河岸关联的城镇综合功能空间主要由居住区、工业区、商业区、城郊农业区等功能区构成（图 5–3）。山地中心城镇的功能区分布在空间结构上没有统一的规律，并且通常各个功能区是以一种功能为主导，多种功能复合而成的。一般城镇区往往是商住功能混合，不同城镇功能区对河岸绿色空间的功能诉求和环境污染有显著差异。

河岸城镇功能区具有一定的分布规律性，河流作为城镇中重要的自然环境要素，影响并约束城镇功能区的构成。通常河流自然化程度越高，河流及周边地貌特征越复杂，对城镇功能的约束性越强。例如河流弯曲度大、纵向坡降大的区域不适宜作为较大型工业区及仓储、区域交通等功能区。在城市上游河区，也不适宜布局容易造成水环境污染的工业区。通常来说，城市主中心的河区主要是商业、商务及文化为主的服务型功能区，而在城市次中心的河区，主要是商住混合区，城郊的河区则主要为工业、农业或科研功能区。河岸各城镇功能区特征如下：

（1）居住区是山地城镇河岸最普遍的功能开发类型，存在于一般城市区，减去城市中心商务商业区、工业或特殊建设区域，居住是中心城镇内占比最高的相同性质城市建设用地基

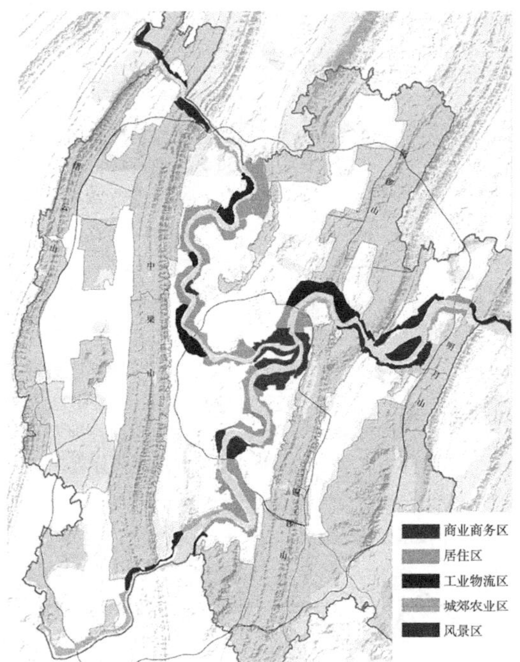

图 5-3　重庆主城两江沿岸的功能区

质类型。作为城市四大功能之首的居住功能，就要求其功能区的河岸绿色空间为市民的居住生活服务，最常见的就是成为市民日常休闲娱乐和健身的公共活动空间，如街区广场、公园、小区林地等。居住区会在中高等级河流的一侧或低等级河流的两侧分地块开发。对于高等级河流（如重庆长江、嘉陵江）的河区，往往滨河居住区的土地价格高，建筑的高度和密度也很高。对于中低等级河流的河区，其河岸绿色空间多从属于居住地块的开发。

（2）商业区（含老城区、历史文化区）的建设强度和密度相比于其他区域要大很多，中大型城市的河岸商业区还可能与商务办公等其他功能混合。河岸商业区往往还是老城区和历史文化区。老城区由于用水、生产运输的需求，是一个城市早期发展起来的区域，留存了城市的历史文化。在城市空间不断拓展后，河岸老城区又经历了衰退和更新，以前的生产运输功能被文化商业功能所置换。山地城市河岸因为有较好的山水景观环境资源而具有较高的商业价值，吸引着大量的商业开发和商业活动。河岸商业区通常沿着河流呈带状分布，从水边向陆地延伸往往不会超过 1000m，因为距离超过 1000m 后人们可能会感到行走疲惫。

（3）工业区的土地利用多为工业厂矿、物流运输及配套居住服务设施等，此区域具有较强的功能针对性和特殊性，如工厂装卸地、运输码头、防护林地等。不同等级河流的河岸工业区的土地利用状况不同，高等级河流沿岸的工业区由于依赖河流运输而有着成熟的服务于工业生产、运输的功能用地布局，如重庆的寸滩、经开区、果园岗工业区等。低等级河流沿岸的工业区往往在下游平坦地区分布，同时也有着便利的交通和适宜的用地条件，如南川北固工业片区。

（4）城郊农业区由于位于城市外围边缘和内部组团隔离带，其功能用地最为复杂，除了有大量的小规模农业用地、零散的林地和坑塘水库等农业水利设施以外，还有各类居住用地（少量城市住宅、大量农村住宅）、工矿地及区域基础设施用地。城市、乡镇、村庄各类用地混杂，工业、农业、基础设施等各类环境污染并存，生态系统服务功能相对低下。

2. 河岸绿色空间关联城镇用地特征

河区城镇用地是最直接影响河流的空间。山地城市，由于用地条件紧张，在相对较为平坦的河区的用地开发强度比平原城市更大。河区的地形地貌高地起伏、变化丰富（冲沟、崖线、山丘等），城镇开发用地被这些地形敏感区域分割得支离破碎，不利于用地功能的集约布局。自下而上发展起来的建设用地类型多样，分布无规则。由于山地地形的限制，中心城镇功能区往往沿着较为平坦的河谷地带分布。河流与更大范围内的森林、农田、草原等存在内部生态联系，与城镇功能区之间形成相互制约、协同发展的关系。例如重庆开州这个典型的河谷带状型城市，不同河段的城镇功能分区明显，建设用地被山脉、支流、冲沟等分割，呈有机分布、分片集中的布局模式。商业与居住用地在主要河段混合均质分布，公园绿地（主要由滨河绿地、支流绿地和城内绿地构成）沿澎溪河串联分布，工业用地则主要分布在平行的另一条河谷地带。呈组团式分布。

3. 河岸城镇功能用地的环境影响

作为城市建设和人类活动的载体，土地利用的变化（结构和功能）势必会对自然生态环境造成一定的影响，反过来又作用于人类社会、经济方面的功能效益。在山地城市河岸用地开发中，经济利益驱动下的城市建设大肆改造了山地河谷地貌，加速了纵向空间上河流系统的演变，引起了河流地貌形态、水文、水质、生物等的变迁并进而造成了社会经济发展与生态系统可持续之间的矛盾。

河岸地表空间受城镇开发影响，遭受来自不同功能区（工矿业、农业、商业及居住区等）的地表径流污染，涵盖点源、非点源和内源污染三种类型。点源和内源污染容易识别，比如排水系统和灌溉出口。非点源污染比较不容易被识别，比如农业、工矿业产生的地表径流污染。污染源可能是连续的或者间断的。分散的非点源污染意味着土地利用和水质之间的关系比城市的更难认知。土地利用类型、面积、形态结构等与河流水质存在相关性[162]。不同的关联用地类型产生不同程度和不同种类的环境污染[163]。建设用地普遍污染较重，特别是重工业和道路，农业用地根据不同的农业活动也有不同程度的环境污染，污染类型通常包括物理、生物和化学类（表 5–2、表 5–3）。例如重庆两江新区用地对水环境的影响强度由高到低依次为：交通用地、工业用地、公共用地、居住用地，建设用地的聚集度、连通度越高，水环境越容易恶化[164]。

通过认知河岸关联用地类型与河流水质之间的关系，可以明确造成城市非点源污染的主要用地类型。通过对不同用地单元的非点源污染进行分类控制，可以提高非点源污染控制的效率。相关研究发现，农村居民地、城市居民地、商业用地对河区水环境影响较大[165]。农村居民地是总氮、总磷、硝酸盐、氨氮和氯化物的重要污染来源。商业用地因其高强度人类活动和交通流量而成了非点源污染的显著污染源，其产生的总氮和氨氮污染比例高于农村居民地，还贡献了大量的化学需氧量。城市居民地，主要产生硝酸盐和氯化物，但其污染影响程度低于农村居民地。可能是由于城市居民地大多为居住住宅，使用雨污分流式排水管道，虽然城市人口密度远大于农村人口密度，但城市居民地产生的非点源污染反而相对较弱。

河岸关联用地对环境的污染贡献程度　表 5–2

关联用地类型	污染贡献程度
乡村非农业	低
农业—耕地	中到高，根据活动和季节
农业—牧场	低到高，根据放牧压力
森林和林地	低
公园用地	低，根据管理实践（可能含有杀虫剂残留）
低密度居住用地	低到中
中密度居住用地	中
中密度居住用地	中到高
停车场	中到高
商业	中到高
轻工业	中到高
重工业	高
道路	高

资料来源：HEATHCOTE I W. Integrated watershed management：principles and practice[M]. John Wiley & Sons，Inc，1998.

5.1.3　河区绿色空间支撑城镇环境品质

在中心城镇区层面，主干河流的河岸绿色带状空间通过串联关联的建设用地和非建设用地的绿色空间节点，能改善城镇建成区的环境品质，促进城市内部与城市外围的生态联系，降低建成环境对河流生态系统的影响，提升山

不同土地利用类型的典型污染负荷　　表 5-3

土地利用	不透水覆盖比例（%）	固体悬浮物（kg/hm²/y）	总氮（kg/hm²/y）	总磷（kg/hm²/y）	排泄物大肠杆菌（billions/hm²/y）
商业	50~70	825	10~15	0.2~2.1	550~650
工业	40~50	475~1100	10~15	0.1~1.6	450~500
中密度居住	35~45	370~450	8~9	1.2~1.5	300~500
低密度居住	25~35	280~320	3.5~4	1~1.2	250~400
农村宅基地	10~15	110~150	3~4	0.42~0.45	100~200
乡村	<2	120~500	5.8~16	0.9~1	20~50
林地	<2	40~120	5.15	0.1~0.25	10~15

资料来源：HEATHCOTE I W. Integrated watershed management：principles and practice[M]. John Wiley & Sons，Inc，1998.（y：每年）

水城市景观风貌，保证城市的水安全等。

山地城镇的河区绿色空间往往由山、水、林、田、城构成，形成一个完整的生态共同体。以重庆开州中心城区为例，开州城是在南河、澎溪河及汉丰湖两岸发展起来的。城市建成区周边的山体（如大慈山、盛山、脑顶山、南山）是这个河区城市空间更广阔的生态背景。河区城市空间内部也有多个相对高差在 50m 以上的山体，如迎仙山、冒壳顶、飞鹰包等。这些山体具有一定规模（山体面积不低于 20hm²），对城市形态控制、城市景观游憩具有重要影响，获得了市民的广泛认同，是河区绿色空间的重要组成要素，具有显著的山体生态景观功能，成了城市生态屏障（图 5-4）。南河及汉丰湖两岸的小型支流（如平桥河沟、观音桥河沟、箐林溪等）、湿地、坑塘、沟渠等水生态敏感区也是极为重要的绿色空间资源、水文过程通道和生物栖息载体。迎仙山、南山、盛山等由于具有丰富的林地植被，可以作为城市近郊的森林公园，能提供近郊游憩健身场地，优化生活品质，提升城市生态环境质量。开州中心城区外围农田资源丰富，城市建设区外围存在大量的坡地空间和梯田，建设时可以充分利用现状坡地，形成局部陂塘湿地，可有效地减缓水流速度，调蓄雨洪径流，提高山体的水源涵养功能，净化雨水。

河区绿色空间也包括城市建成区内部的建设性绿地，包括郊野公园及城市公园、附属绿地、街旁绿地、基础设施绿化防护带等，提供综合防灾、日常休闲使用、景观美化等功能。由此，

图 5-4　开州澎溪河（含汉丰湖）构成河区绿色空间的城中山体和周边山体
资料来源：重庆博建建筑规划设计有限公司《开州区美丽山水城市规划》（设计文本）

图 5-5 开州澎溪河（含汉丰湖）河区绿色空间支撑城镇环境品质
资料来源：重庆博建建筑规划设计有限公司《开州区美丽山水城市规划》（设计文本）

通过“山—水—林—田—城”生命共同体的构建，以河流廊道、河岸绿化缓冲带、交通绿化带以及其他线性蓝、绿廊道为基础，形成了自然环境与城市环境相互作用的纵横交错、蓝绿交织的生态网络（图 5-5）。

5.2 河区纵向空间样条分区

沿着穿越中心城镇区的河流纵向空间方向，通常会经历城市近郊—城市—城市中心的城镇功能区的变更。外部关联功能区与河流河岸的物质和能量交换也沿着河流纵向改变。外部关联环境影响、功能诉求与河流内在自然生态特性相互作用，形成纵向空间分异的河岸绿色空间景观。河区纵向空间样条分区基于关联城镇用地现状、功能发展趋势与诉求、河流的现状生态特征及可能采用的干预方式，为河区绿色空间规划管理提供依据。

5.2.1 纵向空间样条的双级分区方法

由于中心城镇区的河岸用地具有显著的城市社会服务诉求，同时受人类干扰强度较高（大多为永久性工程建设，如建筑、水利设施、路桥），干扰类型较多（工业、农业及生活污染等），其外在社会诉求相对于内在生态特性，为河岸绿色空间规划研究的主导因素。对河区纵向空间样条采取双级分区方法，一级分区主要依据河区外在社会诉求来划分，二级分区主要参考河岸的现状生态特征按保护和利用的程度细分。通常情况下，简单的一级分区就能基本满足中心城镇区层面的河区纵向空间样条分区的目的和意义。

1. 双级分区的属性指标选取

基于外在社会诉求指标的一级分区主要依据功能利用的类型（商业用地、居住用地、工业用地、农业用地、风景区用地等），不仅考虑现状土地利用情况，还要考虑城市总规等相关规划中对该类型用地的使用需求或发展态势。基于内在生态特性的二级分区主要参考指标包括河道水域的水位、流速、水质和形态，河漫滩的面积和植被状况，斜坡或高地的地形与植被状况，反映了河区现有的生态本底条件，为人类的应对方式（保护、防护、建设、治理）提供参考（表 5-4）。

2. 一级分区方法（依据河区功能用地）

参照一级分区的功能用地指标，综合依据现状和规划的各类用地所占主导比例，划分纵向空间样条的一级分区。对于低等级河流的山地城市，由于河流宽度相比城市建设区规模较窄，河流对两岸的用地发展阻碍不大，因此，纵向空间样条的一级分区按河区两岸进行整体统一划分。根据主干河流凤嘴江的宽度（50m 左右）和中心城市规模（约 25 万人），将南川

中心城镇区河岸纵向空间样条分区的双级指标　　表 5–4

	大类指标	小类指标	评估范围
一级分区参考（功能用地）	商业用地	现状商业用地比例	山地城市河岸 500m
		商业服务发展需求	
	居住用地	现状居住用地比例	
		人口发展居住需求	
	工业用地	现状工业用地比例	
		未来工业发展态势	
	农业用地	现状农业用地比例	
		未来农业发展态势	
	风景区用地	已有景区数量	
		已有景区类型	
		未来规划	
二级分区参考（生态特征）	河道水域	水位变异值	河道控制断面
		断面平槽流速	
		水质评价现状	
	河漫滩（湿地）	河岸漫滩面积比例	河漫滩
		湿地植被状况	
	斜坡或高地	岸坡稳定性	河岸 100~500m
		原生植被面积比例	河岸 500m
		植被结构完整性	
		生物多样性	

中心城镇区的河岸一侧横向研究范围设定为 500m，包括实际规划范围与整体考虑关联建设用地影响的研究范围。南川的城市空间发展属于低等级河流与小型山地城市之间的关系，根据城市总体规划中的土地利用规划，现状和规划的商业用地大于 30%~40% 的河段可划为商业区；居住用地大于 60% 的可划为居住区；有聚集工业用地的可划为工业区；农业用地大于 60% 的可划为农业区；自然林地大于 60% 的可划为风景区。南川中心城镇区河区纵向空间样条一级分区结果如图 5–6 所示。

3. 二级分区指标评估方法（依据河区生态特征）

二级分区主要参考河区现状生态特征，采用加权综合评分法进行量化评分。建立河区生态特征的指标体系，然后对各指标体系进行赋分[166]。对于可以定量统计的指标（如水质现状评价结果、河漫滩面积比例等），根据河区生态

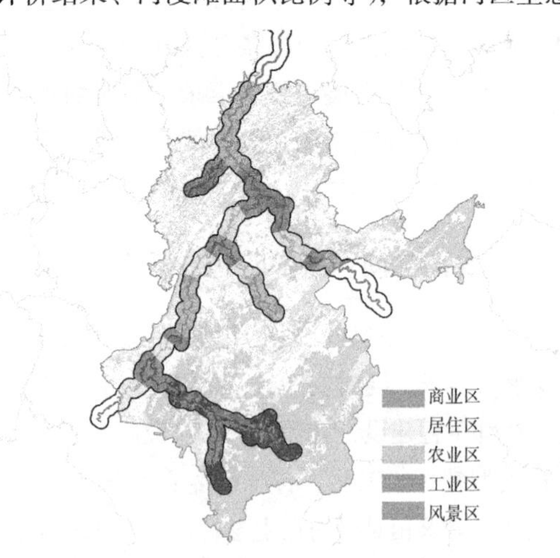

图 5–6　南川中心城镇区的河岸纵向空间样条一级分区

特征状况及其对生态功能的作用，将各生态特征指标量化为五个等级。如果是难以量化的生态特征指标（如湿地植被状况、岸坡稳定性等），可以通过实地走访、田野调查等方式对各指标进行统计评估，也定性分为五个等级。河区生态特征的各指标分级量化过程说明如下：

（1）水文变异值。对研究区水文资料进行分析，根据工程影响后（上游大坝的修建）的常水位与工程影响前的常水位的比值评价水位变异情况，分为五个等级，比值越高，评分越高。

（2）断面流速。河流流速对鱼类等水生生物系统有重要影响。本地特定的水生生物需要适于其生存的流速。可以根据研究地域的指标物种鱼类，将流速划分为五个适宜鱼类栖息的等级。

（3）水质情况。根据各水质监测断面的TN、TP、COD、PH等监测结果和相关水质标准规范，对水质进行全年现状综合评价，将评价结果分为五个等级，水质越好，评分越高。

（4）河漫滩面积比。河漫滩指洪水时期被淹没，枯水时期露出来的滩涂地，是维持河岸水陆生态系统健康的关键区域。按照河区河漫滩面积比划分为五个等级，比例越大，评分越高。

（5）湿地植被状况。湿地植被是指生长在过度潮湿环境中的植物①，根据湿地植被面积和生长状况划分为五个等级，面积越大，生长状况越好，评分越高。

（6）原生植被覆盖面积比例。原生（本地）植物在当地经历了漫长的演化过程，其生物特征与当地的气候、土壤及水文条件相适应。根据其面积比例，划分为五个等级，面积越大，评分越高。

（7）岸坡稳定性。岸坡稳定性根据河岸是否遭受河流冲刷侵蚀及侵蚀程度，划分为五个等级，侵蚀程度越小，评分越高。

（8）植被结构完整性。包括植被群落的垂直结构体系（乔木、灌木、草地）②和水平过渡体系（自然林地边缘区三个分区）③，根据植被群落结构的完整性，划分为五个等级，完整性程度越高，评分越高。

（9）生物多样性。它是指一定地域范围内动植物群落的多样性程度，既包括多样的生命形式，又包括复杂的生态环境系统。根据资料与现场调研，把河岸生物种类的丰富程度划分为五个等级，丰富程度越高，评分越高。

（10）土壤环境质量。对土壤污染物浓度的监测和评价，根据《土壤环境质量　农用地土壤污染风险管控标准》GB 15618—2018，分为三级，一级评分最高，三级最低④。

最后，对河区生态特征各指标赋分加权重求内积，求得综合评价结果。以重庆南川为例，对南川中心城镇区的河区生态特征指标进行综合评分，其生态特征指标分级量化如表5-5所示，综合评价结果如图5-7所示。

5.2.2 纵向空间样条分区的普适类型

Pedroli等提出了针对河岸生态状况的五个干预层级：保护、控制、减缓、修复、废弃[167]。“保护”是在遗留的河岸植被和水文过程还完好

---

① 湿地植被具体指水陆交汇处，土壤潮湿或者有浅层积水环境中的植物。湿地植物种类繁多，主要包括水生、沼生、盐生以及一些中生的草本植物，在自然界中具有特殊的生态价值。

② 植被群落的垂直结构体系：森林里的自然植被是由若干个垂直方向的层级构成的，每个层级都被某些代表性的生物种类占据。这样的结构创造出了多样的生物栖息地和微气候，保护土壤，服务其他生态功能。但是单一冠层和地被植物组成的林地结构更利于休闲活动。

③ 森林边缘区的水平过渡植被体系，逐步过渡的交错区的生境条件具有异质性和多样性，有助于野生动物的繁衍。自然林地边缘区三个层次的分区；在内部区以成熟的自然演替完成的乔木为主；在中部区以矮林地、幼林和灌木丛为主；在外部区大多是灌木丛、沼泽、水体和草本植物构成的无林地开放生境空间。

④ 根据《土壤环境质量　农用地土壤污染风险管控标准》GB 15618—2018，一级标准为保护区域自然生态、维持自然背景的土壤质量的限制值。

南川中心城镇区的河区生态特征指标分级量化　　表 5–5

指标		赋分					权重
		4	3	2	1	0	
河道水域	水位变异值	>1.1	1.06~1.1	1.02~1.06	1.02~1.0	<1.0	0.1
	断面流速（m/s）	1.0~1.2	0.8~1.0	0.5~0.8	0.2~0.5	<0.2/>1.2	0.1
	水质评价现状	Ⅰ类	Ⅱ类	Ⅲ类	Ⅳ类	Ⅴ / 劣Ⅴ类	0.1
河漫滩（湿地）	河岸漫滩面积比例	>50%	30%~50%	10%~30%	1%~10%	<1%	0.1
	湿地植被状况	很好	好	中	差	很差	0.1
斜坡或高地	岸坡稳定性	稳定	轻微冲蚀	中度冲蚀	严重冲蚀	极不稳定	0.1
	土壤环境质量	一级	一 / 二级	二级	二级 / 三级	三级	0.1
	原生植被面积比例	>70%	50%~70%	20%~50%	20%~5%	<5%	0.1
	植被结构完整性	乔灌草多层次覆盖	灌木草本自然覆盖	草本覆盖	农田	裸地	0.1
	生物多样性	高	较高	中	较低	低	0.1

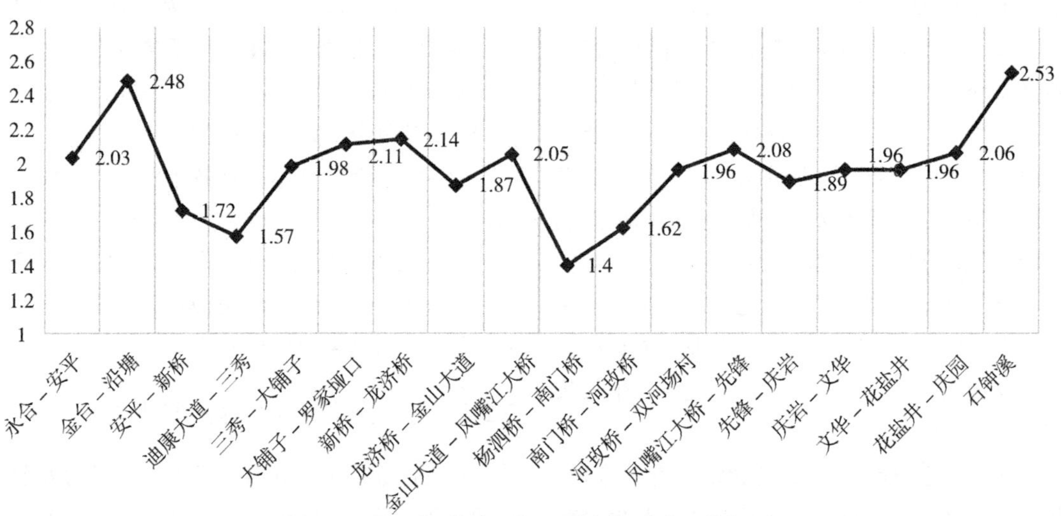

图 5–7　南川中心城镇区的河区生态特征指标评估结果

无损时进行。“控制”是在生态系统高质量和生态关键要素的发挥没有主要阻碍时采用。“减缓”是要求在经济或娱乐活动的地方，保障栖息地和有机物也能生存。“修复”是在自然水文动态已经被严重损害时采用。“废弃”是最糟糕的情景，那里没有任何项目投资的价值[168]。参考这五个干预层级，结合山地城市河岸绿色空间的特殊性，将山地河岸绿色空间的规划应对方式分为四类：保护、防护、建设、治理。对于河岸生态状况非常好的河段给予保护，然后，根据生态状况的降低依次给予防护、建设和治理，当然，还需结合纵向空间样条的一级分区（风景区、商业区、居住区、工业区、农业区）进行调整。

在河区纵向空间样条一级分区的基础上，叠加河区生态特征指标评估结果，以这四类规划应对方式（保护、防护、建设、治理）确立10个常见的山地城市中心城镇河区纵向空间样条的二级分区类型（表 5–6，图 5–8）。

山地城市中心城镇区的河区纵向空间样条分区常见类型 表 5-6

一级分区	二级分区	划分原则	在整体空间样条分区中的位置
风景区（L）	河岸风景保护区	生态属性评分相对较高的为保护区，较低的为建设区	U-T1/M-T2/M-T3
	河岸风景建设区		
农业区（A）	河岸农业防护区	生态属性评分相对较高的为防护区，较低的为治理区	M-T2/M-T3
	河岸农业治理区		
商业区（B）	河岸商业建设区	生态属性评分相对较高的为建设区，较低的为治理区	M-T5
	河岸商业治理区		
居住区（R）	河岸居住建设区	生态属性评分相对较高的为建设区，较低的为治理区	M-T2/M-T3/M-T4
	河岸居住治理区		
工业区（M）	河岸工业防护区	生态属性评分相对较高的为防护区，较低的为治理区	M-T4/D-T4
	河岸工业治理区		

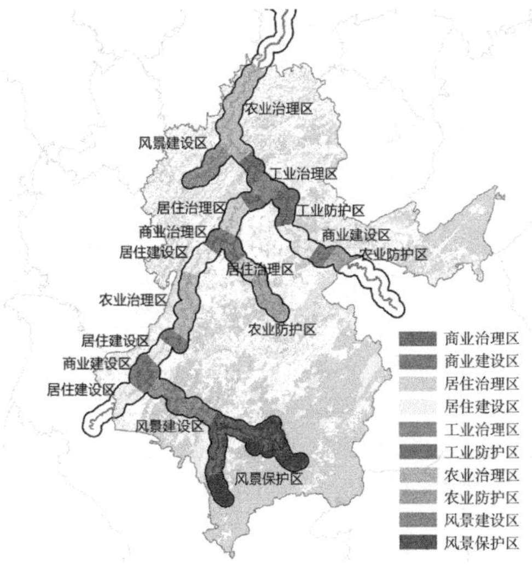

图 5-8 南川中心城镇区的河岸纵向空间样条二级分区

5.3 纵向功能组织与空间体系建设

5.3.1 基于用地的复合功能供需评估

选择河岸绿色空间的两大典型复合功能（雨洪调节和景观游憩）进行供需评估（原因同第四章）。Joachim Maes 认为，代表生态服务功能的最清晰和最有信息价值的指标就是土地利用，因为土地利用整合了植被、土壤、污染情况等 [169]。因此，在中心城镇区层面，采用河区关联土地利用的评分来进行复合功能的供给与需求评估。

1. 中心城镇区的河区雨洪调节和景观游憩功能的供需指标体系

1）雨洪调节功能的供需指标评分

综合参考 Niclola，Benjamin Burkhard，Romain 等人的研究成果 [170-172]，未开发的土地利用类型如森林、湿地、沼泽、灌木等可以扮演相邻高地区域污染过滤器角色的用地应该被给予高供给评分和低需求评分。开发用地类型如居住、工业、商业、城市公园、行政、市政和农业等，会产生不同规模和类型的污染物，应该分别给予不同低程度的供给评分和不同高程度的需求评分（表 5-7）。

2）景观游憩功能的供需指标评分

同样地，不同类型的河岸绿色空间和游憩公园，例如森林公园、农业观光园、城市公园、街道绿地、居住绿地被认为是游憩功能的供给指标，其评分主要参考居民游憩偏好，通常自然化程度越高的绿色空间越受欢迎。社区的人口密度和社区中心到河流的距离可以作为游憩功能的需求指标，社区中心到河流的距离越近，景观游憩的需求越高（表 5-8）。

2. 中心城镇区的河区雨洪调节与景观游憩功能供需差值评估

同样地，中心城镇区雨洪调节功能供给值与需求评估结果根据前面供需指标评分系统的

中心城镇的河区雨洪调节功能供给与需求指标评分　　表 5-7

贡献指标			供给与需求评分	
			供给	需求
土地利用类型	未开发用地	林地（>10hm²）	5	0
		林地（area<10hm²）	4	0
		湿地 / 沼泽	5	0
		灌木林地	4	0
		草地	3	0
		水体	2	0
		其他	2	0
	开发用地	耕地	2	3
		城市公园	3	1
		低密度居住用地	2	2
		中密度居住用地	1	3
		高密度居住用地	0	4
		行政用地	0	4
		商业用地	0	5
		交通和市政用地	0	5
		工业用地	0	5

注：供给：0 没有供给，1 低供给，2 较低供给，3 中供给，4 较高供给，5 高供给；
需求：0 没有需求，1 低需求，2 较低需求，3 中需求，4 较高需求，5 高需求。

中心城镇区的河区景观游憩功能供给与需求指标评分　　表 5-8

贡献指标			供给与需求评分	
			供给	需求
河岸绿色空间和游憩公园类型	城镇建成区外部	森林	5	N/A
		湖泊坑塘	4	N/A
		耕地 / 园地	3	N/A
		湿地	2	N/A
		其他	1	N/A
	城镇建成区内部	森林公园	5	N/A
		城市公园绿地	4	
		绿化广场	3	N/A
		街旁绿地	2	N/A
		防护绿地	1	N/A
		其他	1	N/A
社会需求	社区中心到河流的距离	长	N/A	5
		较长	N/A	4
		中	N/A	3
		较短	N/A	2
		短	N/A	1
	社区人口密度	高	N/A	5
		较高	N/A	4
		中	N/A	3
		较低	N/A	2
		低	N/A	1

注：供给：0 没有供给，1 低供给，2 较低供给，3 中供给，4 较高供给，5 高供给；
需求：0 没有需求，1 低需求，2 较低需求，3 中需求，4 较高需求，5 高需求。

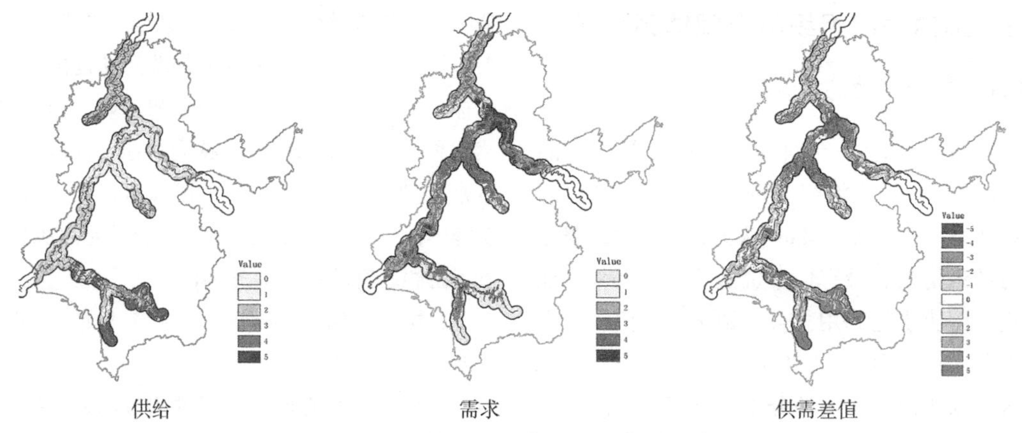

图 5-9　南川中心城镇区的雨洪调节功能供给与需求评估

分区评分直接得出。景观游憩功能供给值也根据供给指标评分得出，而需求值则是依据经验，对社区人口密度与社区中心到河流的距离给予同等的权重得出。两个功能的供需估值等级、供需差值计算及最后分级与城乡区域层面的供需评估方式相同（见第 4.3.1 节）。

1）雨洪调节功能供需评估

约 60% 以上的河岸区域有着高或较高的超出需求，约 15% 有中等超出需求，约 18% 的基本供需平衡或有较少需求，只有约 7% 的河岸区域有着超出的供给。城市化较高的区域（如高密度居住区、商业区）必然有着较高的需求估值和较低的供给估值，整体雨洪调节功能超出需求的空间分布也基本与城市化土地利用程度一致。凤嘴江沿岸的南川老城区、新城区、文凤片区等多点组团有着大小不一的高超出需求（图 5–9）。

2）景观游憩功能供需评估

约 48% 的河岸区域有着高或较高的超出需求，这些地方主要分布在南川的老城区（凤嘴江和半溪河交汇区域）以及城市南部下游边缘的工业区；约 25% 有着中等的超出需求；约 12% 的基本供需平衡或有较少需求；约 15% 有着超出的供给。城镇建成区外部的河岸森林区域通常有较高的景观游憩供给估值，特别是在河流上游区域，例如木渡河与石钟溪河岸，但是这两条次级支流的部分河段仍有着一定的需求缺口，可能是因为休闲度假住宅或项目的开发造成的日益增长的人口密度和规划的社区中心紧邻河岸（图 5–10）。

3）中心城镇区的河区典型复合功能供需差值评估

对这两大典型的复合功能的供需差值结果作对比，发现雨洪调节功能与景观游憩功能的供需差值在中心城镇区层面大致空间分布模式相似，都是中部中心城区的需求缺口最大，南部供给充足，北部有一定的需求缺口。对这两大复合功能的供需差值赋予一定比例的权重，叠加得到复合生态服务功能的供给差值。在南川案例研究中，对这两个功能赋予同等权重，得到如图 5–11 所示的结果，有些区域供需差值加强，有些区域则得到中和减弱，如石钟溪次级流域的雨洪调节超供给，景观游憩超需求，而复合功能供给略大于需求。

5.3.2 河区纵向功能组织与目标设置

功能组织是土地利用布局的基础前提，体现规划的目标导向。复合功能之间既有权衡关系也有协同关系，大部分情况下它们是耦合交织在一起的，难以分割（因为都承载在河岸有限的土地空间上）。山地城市河区纵向功能组织与功能设置应统筹考虑和协调上下游、左右

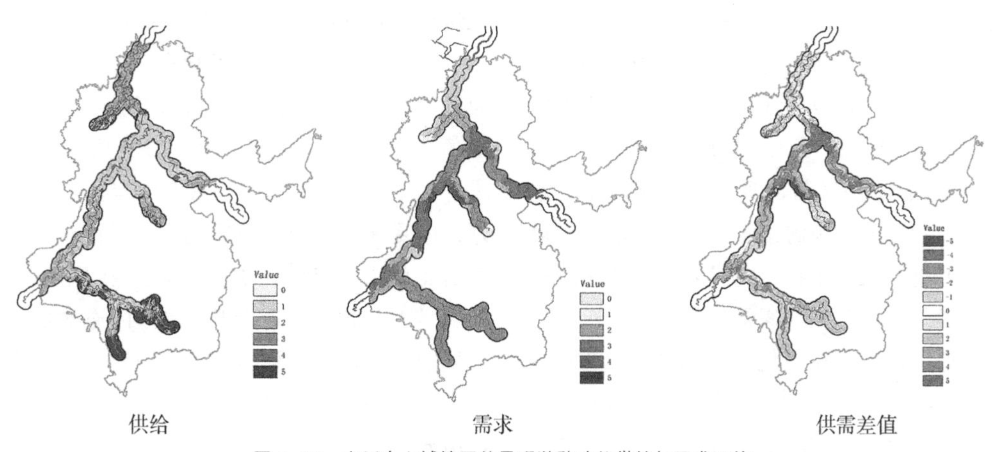

图 5–10 南川中心城镇区的景观游憩功能供给与需求评估

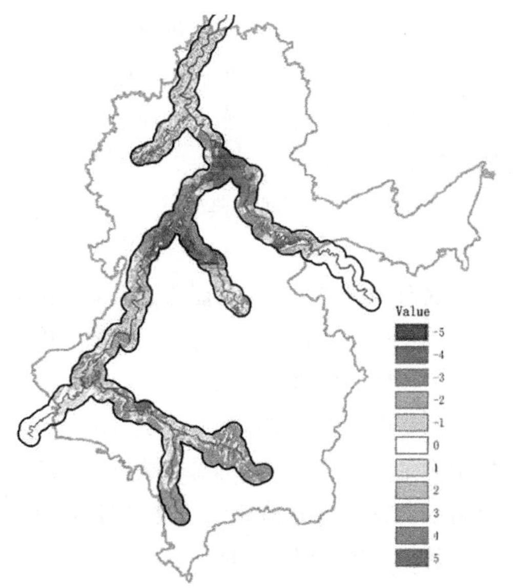

图 5-11 南川中心城镇区河区绿色空间典型复合功能的供需差值评估

岸之间的关系以及开发利用可能带来的环境影响。

1. 河区纵向功能组织与用地构成

1）风景保护区与建设区：针对水资源保护、防洪安全、水生态、生物多样性保护和满足自然景观游憩需求而需要严格控制开发利用的河岸区段。风景保护区通常是自然保护区、风景名胜区及重要水源地等空间管制区的核心区所在的河段，绿色空间用地构成主要为自然生态林地、水体、湿地等。风景建设区通常是空间管制区的缓冲区或实验区所在的河段。该区段注重河岸的旅游、游憩功能的发挥和景观品质建设，还有游憩服务设施的设置，用地构成除了保护性生态绿地以外还有部分恢复性生态绿地（如恢复性林地、半人工湿地等）。

2）农业防护区与治理区：面对洪水、水土流失、农业非点源污染等农业生产区的环境问题需要进行人类干预，同时兼顾农业生产的河岸区段。农业防护区通常是指现有河岸生态状况良好，但有潜在恶化趋势（如未来的农业开发），需要预防和控制的区域。绿色空间用地构成，除了农业生产绿地以外，还应保留残存自然生态林地，并增加恢复性林地形成缓冲带。农业治理区则是河岸生态系统已经遭受破坏的区段，需要人工治理和修复，用地应减少农业生产绿地的比重，增加恢复性绿地的比重。

3）商业建设区与治理区：针对河岸高强度商业开发造成的环境污染影响和商业价值资源利用需求而需要合理开发利用的河岸区段。商业建设区通常是指未来规划的商业新区，受未来建设影响，有潜在生态恶化趋势，但可以通过生态规划和建设避免和减缓的河岸生态环境与社会服务建设区，绿色空间用地构成主要是小型公园广场绿地、生态绿化建筑与设施用地及商业附属（防护）用地组合。商业治理区通常是城市老城区，河岸生态状况和公共服务较差，应置换衰退的用地类型，增加生态绿化建筑与设施用地和小型公园广场绿地。

4）居住建设区与治理区：针对河岸居住开发造成的环境污染和宜居景观资源利用诉求而需要合理开发利用的河岸区段。居住建设区通常是指未来规划的居住新区，受未来建设影响，有潜在生态恶化趋势，但可以通过生态规划和建设避免和减缓的河岸生态环境与社会服务建设区，绿色空间用地构成主要是社区公园绿地、生态绿化建筑与设施用地及居住附属（防护）用地组合。居住治理区通常是老居住区（包括农村居民区），河岸生态状况和公共服务较差，急需改善和提升的区段，应增加生态绿化建筑与设施用地和居住防护绿地。

5）工业防护区与治理区：针对工业、矿业开发造成的环境污染影响和工业生产和运输价值利用诉求而需要合理开发利用的河岸区段。工业防护区通常是指现有河岸生态状况良好，但受未来工业开发影响，有潜在恶化趋势而需要预防和控制的区域，绿色空间用地构成主要是工业防护绿地。工业治理区通常是已经受到现有工矿业污染的区段，用地构成需要增加工业防护绿地，并在水文关键位置减少工矿业用地。

2. 河岸绿色空间复合生态功能三级细化

在第四章对整体空间样条分区下的河岸绿色空间八大复合功能进行了协同—权衡分析与分区主导和复合功能定位。由于河岸土地利用布局的需要，要求在上一层级功能定位的基础上对河岸绿色空间的复合用地功能再一次细化明确，一共设置出 24 个小类的三级细化复合功能，详见表 5–9。

3. 纵向空间样条分区的细化复合功能设置

中心城镇区的纵向空间样条分区与上一个层级城乡区域的整体空间样条分区在空间上和功能性质上没有严格的包含与被包含关系，它们的差异在于空间尺度和空间焦点上的不同。例如风景区有可能在自然保护区，也有可能在城市边缘区，因此随具体城市的差异而不同。根据河岸绿色空间复合功能三级分类，对中心

河岸绿色空间复合功能三级细化分类及功能说明 表 5–9

大类	中类	小类	功能说明
生态的支撑和调节功能（E）	E1 雨洪调节	E11 水源涵养	以改善水文状况，调节区域水分循环，防止河流、湖泊、水库淤塞，保护可饮水水源为主要目的的森林、林木和灌木林。
		E12 水土保持	预防和治理由自然因素和人为活动造成的水土流失，特别是在山区、丘陵区。
		E13 雨洪径流量调节	调节地表径流的流量、流速，通过拦截和渗透延长径流到达接受水体的时间。
		E14 农业非点源污染防治	预防和治理因在降水或灌溉过程中农田种植或养殖业造成的地表径流、地下渗透污染，主要包括氮、磷等。
		E15 工业非点源污染防治	预防和治理城镇工矿业用地上产生的径流污染，包括悬浮物、金属类、氮磷等。
		E16 生活非点源污染防治	预防和治理商业和居住用地上产生的径流污染，包括硝酸盐、氯化物、COD 等。
	E2 气候调节	E21 温度调节	通过植被树冠遮阴和蒸腾作用降低河流水域的温度和河岸地表的温度。
		E22 通风廊道	作为生态冷源把风引入城区内部，促进冷热空气交换，改善风环境和热环境。
	E3 生物栖息	E31 陆生生物栖息	河岸的自然植被群落为陆生生物提供觅食、筑巢、栖息和迁徙的关键区域。
		E32 水生生物栖息	河道与漫滩为水生生物（鱼类）提供健康的栖息环境。
	E4 灾害防护	E41 洪涝灾害防护	河流洪泛区提供行洪、滞洪空间，通过控制开发利用，预防、减少洪灾造成的损失。
		E42 地质灾害防护	河岸植物根系增强河岸亚表层的强度以提高河岸的稳定性，预防山体滑坡等。
社会的供给和文化功能（S）	S1 景观游憩	S11 自然生态体验	亲近自然的游憩活动，包括自然地形地貌和动植物观赏，徒步，露营等。
		S12 农旅融合观光	将农业与旅游业结合，发展农业观光园、体验农业、教育农业，拓展农业的旅游。
		S13 城镇休闲游憩	提供城镇居民日常娱乐休闲、健身活动等功能，有助于居民的身心健康。
		S14 山水景观展示	作为山地城市的景观阳台、山水景观格局与城市天际线的展示窗口。
	S2 农林生产	S21 农田生产	由于山区河岸较为平坦、土壤肥沃，提供河岸农田生产的优质土地。
		S22 林果生产	在斜坡或高地生产具有一定经济效益的乔木林、灌木林。
		S23 畜牧养殖	提供畜牧养殖的天然或人工牧草地。
	S3 经济增值	S31 居住区增值	因良好的景观和环境品质而增加居住区土地的经济价值。
		S32 商业区增值	因良好的景观和公共开放空间而增加商业区土地的经济价值。
		S33 度假区增值	因良好的自然生态环境而增加度假区土地的经济价值。
	S4 文化教育	S41 历史文化保存	城市河岸地区往往分布大量历史建筑、景观、场所、遗迹或非物质文化活动。
		S42 环境科普教育	通过设置信息展示和实验基地提高人们对环境的了解和对环境问题的认识。

城镇区的纵向空间样条分区进行细化的主导和复合功能设置，详见表5-10。

4. 河岸纵向空间样条分区的目标设定

不同的河岸绿色空间用地类型以及不同用地类型比例的组合所贡献的复合功能的类型和程度不同，需要根据相关科学研究成果尽量精确掌握它们能发挥的社会和生态效益的程度。例如林地（尤其是自然生态林地）具有最大的生态效益如生境维持、水源涵养等，公园绿地生态效益相对较低，但其提供休闲游憩带来的社会效益却较高，耕地的生态效益较低。在明确各个样条分区的主导和复合功能的基础上，设定纵向空间样条分区的用地构成比例目标，尽可能通过用地满足复合生态功能需要，实现河岸内在生态维持与外在社会服务的平衡（表5-11）。

河岸绿色空间纵向空间样条分区的细化复合功能设置　　表5-10

一级分区	二级分区	主导功能（少于4个）	复合功能（不限）
风景区	河岸风景保护区	E11、S11	E31、E32、E32、E42、S11
	河岸风景建设区	S11、S22、S33	E12、E31、E32、S11、S33、S42、E42
农业区	河岸农业防护区	E12、E14、S21	E31、E32、S14、S22、S42 E41、E42、S14、S21、S42
	河岸农业治理区	E12、E14、S12、S22	
商业区	河岸商业建设区	E13、E16、S13、S32	E21、E22、E41、S32、S41、S42 E21、E22、E41、S32、S41、S42
	河岸商业治理区	E13、E16、S13、S32	
居住区	河岸居住建设区	E13、E16、S13	E21、E22、E31、E32、E41、S14、S31 E21、E22、E31、E32、E41、S31、
	河岸居住治理区	E13、E16、S13	
工业区	河岸工业防护区	E13、E15	E21、E41、S13
	河岸工业治理区	E13、E15	E21、E41

注：E1雨洪调节：E11水源涵养、E12水土保持、E13雨洪径流量调节、E14农业非点源污染防治、E15工业非点源污染防治、E16生活非点源污染防治；E2气候调节：E21温度调节、E22通风廊道；E3生物栖息：E31陆生生物栖息、E32水生生物栖息；E4灾害防护：E41洪涝灾害防护、E42地质灾害防护；S1景观游憩：S11自然生态体验、S12农旅融合观光、S13城镇休闲游憩、S14山水景观展示；S2农林生产：S21农田生产、S22林果生产；S3经济增值：S31居住区增值、S32商业区增值、S33度假区增值；S4文化教育：S41历史文化保存、S42环境科普教育。

河岸绿色空间纵向空间样条分区的规划目标设置　　表5-11

一级分区	二级分区	主要用地构成	规划目标量化（各类用地占总用地比例，%）
风景区	河岸风景保护区	GSE1、GSE2、GSH53	GSE1 > 90%，GSH53 < 2%
	河岸风景建设区	GSE1、GSE2、GSA1、GSA2、GSA3、GSH1、GSH53、GSH5	GSE1 > 70%，GSH5 < 10%
农业区	河岸农业防护区	GSE1、GSE2、GSA1、GSA2、GSA3、GSH1、GSH5	GSE1+ GSE2+GSA1 > 20%
	河岸农业治理区	GSE1、GSE2、GSA1、GSA2、GSA3、GSH1、GSH5	GSE1+ GSE2+GSA1 > 10%
商业区	河岸商业建设区	GSH2、GSH3、GSH41、GSH5	GSH2+ GSH3+ GSH5 > 30%，GSH24+ GSH25 > 10%
	河岸商业治理区	GSH2、GSH3、GSH41、GSH5	GSH2+ GSH3+ GSH5 > 20% GSH23+GSH24+ GSH25 > 10%

续表

一级分区	二级分区	主要用地构成	规划目标量化（各类用地占总用地比例，%）
居住区	河岸居住建设区	GSH2、GSH3、GSH42、GSH52	GSH2+ GSH3+ GSH5 > 40%，GSH21+ GSH25 > 10%
	河岸居住治理区	GSH2、GSH3、GSH42、GSH52	GSH2+ GSH3+ GSH5 > 30%，GSH21+ GSH25 > 10%
工业区	河岸工业防护区	GSH3、GSH44、GSH52	GSH3 > 30%
	河岸工业治理区	GSH3、GSH44、GSH52	GSH3 > 20%

注：河岸绿色空间用地分类及其字母缩写（如 GSE1）详见第 5.4.3 节。

5.3.3 河区内在生态空间体系的保护

河区内在生态空间体系保护首先是蓝绿生态廊道的规划和蓝绿生态斑块的布局，保障河区绿色空间生态骨架的完整性。其次是河岸“山、水、林”这些重要的关联蓝绿生态要素空间的保护。

1. 河区蓝绿生态廊道与蓝绿生态斑块布局

每个次级流域都包含某些孤立的生态元素，具有静态和动态的特征，让它们在功能性上通过线性结构连接起来，形成“蓝绿廊道”（图 5–12 左）。其重要作用就是发挥野生动物廊道的作用，削弱廊道空间的环境影响。山地城市的蓝绿生态廊道通常由 E 类用地构成，包括设施廊道（道路和市政基础设施的绿化带状通廊空间）与生态廊道两类（以河流廊道、连续林地生境廊道为主的生态廊道指具有生态功能的带状绿色空间）[173]。

蓝绿生态廊道应该兼具生产、生态功能，彰显复合功能。其空间布局旨在尽可能提高自然、半自然区域之间以及城市建成区与自然区域之间的连接度，提高廊道空间功能的复合性。需要考量关联土地利用情况、环境影响特征，通过不同等级的蓝绿生态廊道规划管控来维持生态空间体系的连续性和整体性。蓝绿廊道空间结构的搭建通过鉴定优先保护生态区，创建生态枢纽，以最佳的生态路径来区别廊道空间，叠加不同廊道类型，经调整优化形成生态网络。蓝绿廊道规划的预期结果是在次级汇水单元之间提高其连接性，提高自然绿色区域的可达性，形成多种生态系统服务的供给。例如眉山岷东丘陵地区的蓝绿生态廊道，增强了各次级流域单元的水文生态联系，降低了各个建设单元组团的环境影响（图 5–12 右）。

生态斑块是指对保护自然生态功能或生物多样性及廊道连通性、资源生产力有特别价值的关键区域或者最脆弱的地区[174]。蓝绿生态斑块是在蓝绿廊道结构中发挥重要连接作用的关键区域。在眉山岷江东岸，规划选取生态敏感度高、生物迁徙阻力小的绿色空间作为蓝绿生态关键斑块，主要包括：①湿地生态斑块，指主要次级河流交汇处，以湿地、滩涂为主，是鱼类、鸟类主要栖息地；②鸟类生态斑块，指岷江东岸的白鹤林区域；③林地生态斑块，指主要林地分布区；④湖库生态斑块，包括穆家沟水库保护区和水源涵养区；⑤城乡连接生态斑块，指城镇建设组团与周边乡村绿色空间连接的区域，如快速路旁都市农园和植物园。对不同类型的蓝绿斑块设定复合功能（表 5–12）。

2. “山、水、林”关联蓝绿生态要素空间的保护

1）关联汇水山体的保护

山地城市最显著的自然地理特征就是山水相融，有山必有水。山和水的关系密不可分，山体是水系最重要的源头。山体的保护有益于上游水资源的涵养、源头洪水的控制和地质灾害的防控。例如开州区内的几座重要山体是水系形成和维系的重要空间载体，水系的空间形

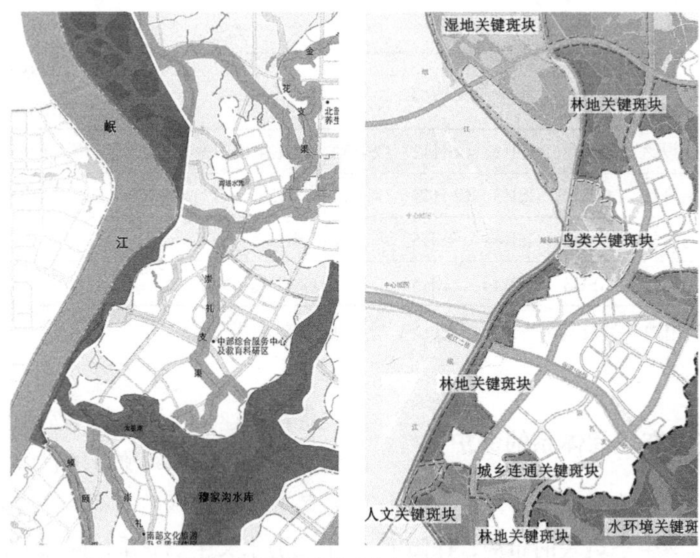

图 5-12　眉山岷东的蓝绿廊道（左）；蓝绿生态斑块布局（右）
资料来源：重庆大学规划设计研究院《眉山市岷东新区水系专项规划》（设计文本）

眉山市岷东蓝绿生态斑块的复合功能设定　　表 5-12

名称	复合功能设定							
	雨洪调节	生境维持	气候调节	灾害防护	景观游憩	农林生产	经济增值	文化教育
岷江湿地生态斑块	●	●	○	●	○	◎	◎	●
北端林地生态斑块	○	●	◎	●	○	○	○	●
滨江森林公园林地生态斑块	●	●	○	●	●	○	●	◎
白鹤林鸟类栖息生态斑块	●	●	○	●	○	○	◎	●
穆家沟水环境生态斑块	●	●	●	◎	○	◎	◎	○
北部城乡连通生态斑块	○	●	●	○	○	●	○	○
植物园城乡连通生态斑块	◎	◎	●	○	○	●	●	○
太极湖城乡连通生态斑块	●	●	●	◎	○	●	○	◎
南部城乡连通生态斑块	○	●	●	○	○	●	○	○

注：●主导功能，◎次要功能，○较少功能。

态、水质、水量等都和山体的空间特征、生态环境密切相关。南河位于南山山脉北侧的槽谷地带，其河流水主要发源于南山、大慈山、九龙山等（图 5-13）。

作为典型的河谷带形城市，开州中心城区涉及两种类型的山体，即周边山地和城中山体。周边山体（如盛山、南山等）为地质灾害中高易发区，生态条件脆弱，极易因为城市空间拓展而遭受破坏，威胁整个城区的生态安全。城中山体（如迎仙山、冒壳顶等）分布在中心城区内部，紧邻城市建设用地，极容易受到城市开发的侵占和破坏。根据地形条件、现状用地分析、相关规划要求、控规编制情况，综合考虑，划定周边山体和城中山体的山体保护线，以确保汇水山体水源涵养、动植物栖息等重要的生态维育功能，控制临山地区开发建设的有序进行，对于山体保护线范围的区域实行分级管控（图 5-14）。

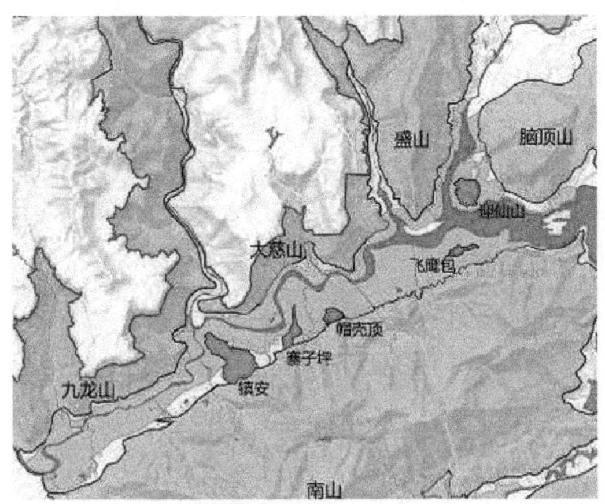

一二级支流	主要汇水山体
澎溪河	大慈山、盛山、脑顶山、南山、铁峰山、渠口、九龙山
浦里河	南山、铁峰山
南河	大慈山、盛山、南山、九龙山
东河	盛山、脑顶山
桃溪河	九龙山、大慈山
头道河	大慈善、盛山
谭家沟、平桥河沟等	南山

图 5-13 重庆开州区澎溪河汇水山体及其支流

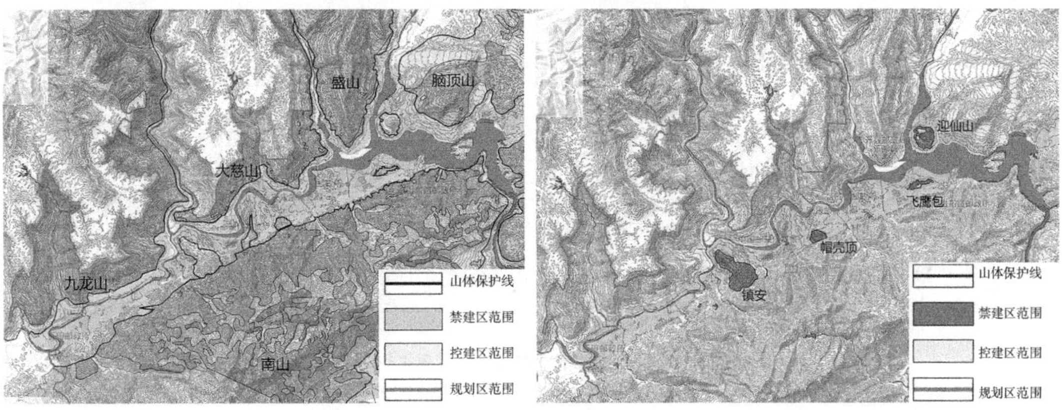

图 5-14 开州区周边山体（左）与城中山体（右）的保护与管控

2）关联水体空间（湿地、沟渠、水库与坑塘）的保护

山地城市除了主干河流以外，常有的支流、湖泊、沟渠、水库等是关联河区的水体空间，对于支撑河区内在生态系统的健康运行具有重要意义。河区内关联水空间还涉及大大小小的坑塘、凹地、洼地、蓄水池等自然或半自然的小型季节性水体空间。这些水体广泛分布在河岸近部、中部或远部，具有显著的雨洪调节、气候调节和生境维持等服务价值，因此，在河区内在生态空间体系构建中对关联水体空间的识别和保护十分重要。保护的首要原则是注意它们与外围水系统的连通性。在水文关键战略点可以适当扩大湿地、坑塘的蓄水规模，建设区外围自然保留或人工修筑湿地尤为重要，可以处理和净化河区地表径流和生活污水。建设区结合城市景观营造建设众多植草洼地、坑塘、渗透池，对山地城市的源头径流做到初级控制。在建设区外围，各种水体要素分布在次级流域的关键位置，尽可能地削弱和净化建设区内的地表径流，减少洪涝灾害风险。

3）关联林地空间的保护

河流水系与林地空间有一种相伴相生、互维互助的关系。水文条件可决定植被生长的高度和质量，同时，森林植被群落的过滤、渗透、储存等功能也对水环境的维护起重要作用，是水文循环过程的重要调节器。森林树冠能提供物理保护，减少河道沉积，促使雨水进入土壤，延迟水排进溪流，减少径流和侵蚀。从对生态水文过程的认知中掌握植被与水文的关系，尊重河岸植被的自然形式、植被风貌以及空间结构演替过程，保护传统乡土植物，构建功能健全、种类丰富、种群稳定的植物群落。眉山岷江东岸的林地空间由于浅丘陡坡的地形呈链状分布，其河流、支流、沟渠等水系串联了大部分高价值的林地空间。根据林地的生态现状、区位和城镇建设功能诉求将林地空间分为6个类型：公园绿化林地、生态防护林地、风景游憩林地、经济生产林地、生态恢复林地和生态维育林地。针对这些不同类型的林地制定相应的空间布局措施（表5-13，图5-15）。

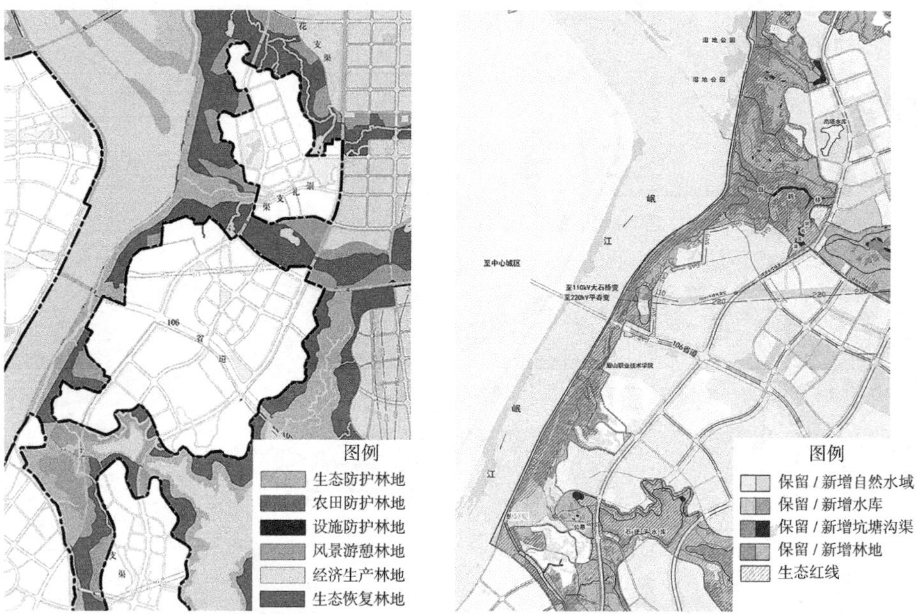

图5-15　眉山市岷江东岸林地空间保护规划

资料来源：重庆大学规划设计研究院《眉山岷东新区非建设用地专项规划》（设计文本）

眉山岷江东岸不同林地类型的保护与布局措施　　表5-13

林地类型	规划导向	空间布局措施
公园绿化林地	维护建成区集水单元内的林木健康，提高绿地空间利用效率，增强市民环境教育	发展乔灌草垂直植被群落结构，补给生态踏脚石； 提高建成区林木覆盖率和高大乔木数量； 调配高大和开放性绿地，提升绿地服务半径和密度； 绿道配置具有遮阳性的树木和观赏性植被群落
生态防护林地	维护道路、农田、河流两侧林带，防风降尘，保护水环境，预防水土流失	严格控制河流及道路防护林带宽度； 鼓励种植碳储量较高的常绿阔叶林； 农田林带设置应垂直于主要风向，沿农田较长边布局，林带设置间距一般为500~1000m
经济生产林地	引导经济生产林地规模化、标准化、产业化发展，进行林木全生命周期可持续管理	发展多样树种培植，避免物种单一； 在林下或林窗中补植幼龄树以提高群落固碳率； 鼓励市场认识长久木制品的碳汇意义； 重点发展林果苗圃类生产绿地，以经营的可持续发展为目标，以发挥生态效益为主，兼顾经济效益
风景游憩林地	在保护林地植被群落健康的基础上，关注审美性、可达性、可视性和安全性，并控制林地的人口容量	规划廊道结构和宽度及林地生境斑块的大小； 维护受较大干扰、缺养护的树木，增加其碳密度； 设计分散、小规模、近自然的游憩场地； 建设大型郊野公园，亲近自然的休闲游憩项目

续表

林地类型	规划导向	空间布局措施
生态恢复林地	鼓励基于景观自组织模式和自然过程的植被恢复	由自然稳定植物群落组成，有较高抗干扰性和适应力； 鼓励种植碳储量较高的常绿阔叶林； 结合荒地或棕地再生公园设置科研教育基地
生态维育林地	遵循流域内自然环境变化节律性和自然演进过程，优化自然林地景观格局	维护林地边缘结构、宽度和形态，更高的生物多样性； 维护森林流域生态过程和水源涵养功能； 维护森林成熟树木，预防气候变暖易产生的火灾

5.3.4 河区外在复合空间体系的建设

1. 河区外在复合空间体系分类布局

山地城市河区外在复合空间体系主要有三大类：非建设区的郊野公园和都市农业园，建设区的城市公共空间。

城市上游和下游的近郊非建设区往往是河流流进和流出城市关键生态环境区，也是市民最容易接近自然的绿色开放空间。特别是高低起伏的山地城市，众多支流及冲沟区域也是布局郊野公园的最佳位置。岷江东岸的郊野公园体系中具体包括五种公园类型：主题公园、门户景观类公园、郊野游憩类公园、康体运动类公园、历史文化类公园。这五种公园全部是岷江、崇礼支渠、蟆颐堰和金花支渠沿岸的绿色空间，共同形成了岷江东岸河流郊野公园体系（图 5-16）。

城市近郊非建设区的农业空间所承载的功能在不断发生变化，不仅可以满足农业生产的需求，还可以发展特色农业和农产品加工业、农业休闲产业以贴近城市消费市场。传统的粮经蔬菜生产的功能组织与布局模式已不能与城市空间协同发展，而绿色生态产业、农旅融合产业等逐渐兴起。眉山岷江东岸都市农业重点项目依托于郊野河流廊道布置，配合以现状都市农业可发展条件，分为东部，中部、西部三个片区。都市农业重点项目包括各类果园、花圃、苗圃、茶坪、蔬菜园以及湿地作物基地等

类型	项目名称
康体运动型	户外拓展公园
	运动健身公园
	山地运动公园
主题公园型	东湖公园（穆家沟水库）
	岷东植物园
	岷东创新智慧公园
	太极湖文化公园
	岷东休闲养生公园
	白鹤林野趣公园
门户景观型	岷东郊野森林公园
	岷江北部生态廊道湿地公园
郊野游憩型	岷东城市滨江公园
	岷东樱花观赏园
	鲜果采摘休闲公园
历史文化型	苏坟山文化旅游与郊野公园
	蟆颐观城市专类公园

图 5-16 眉山岷江东岸郊野公园体系

资料来源：重庆大学规划设计研究院《眉山岷东新区非建设用地专项规划》（设计文本）

（图 5–17），在发挥一定的近郊农业生产和食品供给功能的同时，还更多地发挥着景观游憩功能。

城市建成区内部的公园、广场及绿地是最常见的城市公共空间形式。对于山地城市来说，主干河流和次级支流旁的公园、广场及绿地则是城市整体开放空间的骨架和重要组分。特别是重庆开州，城市内部的公共空间基本上都是沿着南河、澎溪河河岸及两侧的汇水支流布局的，是城市居民日常游憩、休闲娱乐、景观欣赏、公共交流的场所，承载着开州的城市记忆，如移民历史、禅修宗教、柑橘种植文化等。依托于河流廊道空间，内在蓝绿生态空间体系与外在公共空间体系在城市空间内高度重合，协同发挥着生态社会效益，这也是山地城市的普遍特征。“山、水、林”是构建河区内在生态空间体系的关键生态要素，而建设区的城市公共空间则因具有历史场所感和搭载文化活动而成为构建河区复合空间体系的关键社会要素。

2. 河区游憩绿道网络及服务设施系统建设

1）纵向上连接城市中心和城郊风景区

在波士顿公园系统规划中，设计了各种休闲功能的小径，连接了上游和下游的风景区以及河流沿线的开放空间（图 5–18 左）。主干河流纵向沿线的绿道连接了城市与城市、城市和自然保护区，有利于城镇周边的生态资源保护、生物多样性保存以及生物能量的流动。次级河流沿线的绿道连接了中心城镇的各类功能区或居住区，串联了城市内部各类公园、绿地和历史保护区，对引导形成合理的城市空间结构，提供休闲游憩和慢行空间具有重要意义。

2）横向上连接城市内部居住区和外部河流

垂直于主干河流及其支流横向上延伸的次一级绿道连接了城市内部的居住区，增加了市民到达河流亲近水岸的机会和可达性，为市民提供了日常休闲游憩的路径和场所（图 5–18 右）。

3）保障绿道网络的内部连接完整性

河流资源是如今绿道规划选线和布局中考虑的重要因素。在美国教堂山城市绿道系统规划中，游径（trail）和潜在的游径由地理特征来分类，规划目标主要是最终实现完全的内部连接，为教堂山的居民提供可以选择的游憩交通。规划的绿道系统基于地理单元，以八条溪流作为主要绿道选线，设置了八条溪流游径，串联了重要的公园、开放空间、公共场所和居住区（表 5–14）。绿道规划还需综合考虑资源保护、游径开发潜力、潜在游径开发的限制等因素。

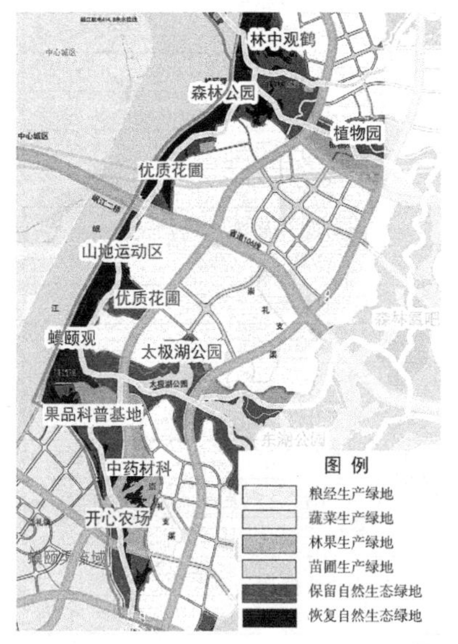

重点项目分区	都市农业重点项目
岷江近部片区	苏坟山桃花山
	河东春桔园
	樱花苗圃
	岷江湿地作物基地
	桐坡竹林
岷江中部片区	长虹茶坪
	长虹荷塘
	广拂桑园
	广拂桃花山
	樱花苗圃
	曾庙蔬菜园
	中桂橘园
	关盛茶山
岷江远部片区	桐坡药圃
	樱花苗圃
	相东苗圃
	万坝蔬菜园

图 5–17　眉山市岷江东岸都市农业体系

资料来源：重庆大学规划设计研究院《眉山岷东新区非建设用地专项规划》（设计文本）

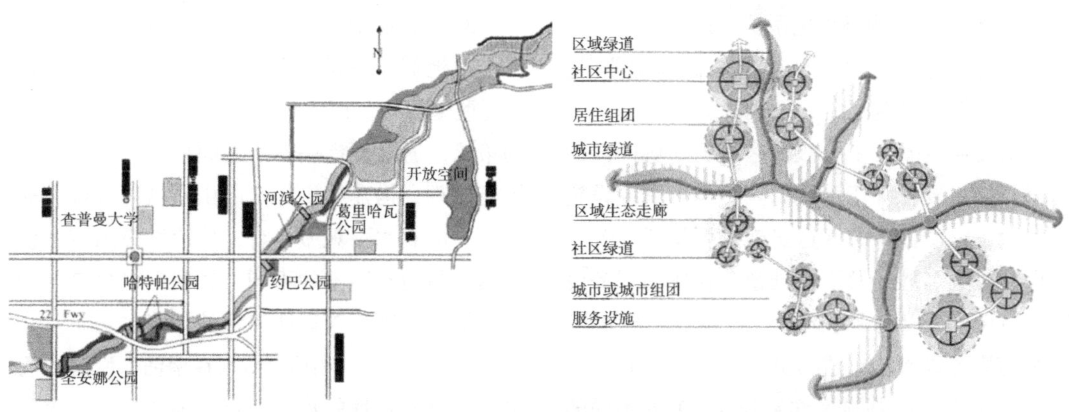

图 5-18 波士顿公园系统绿道规划（左）和主次级河流与居住区横向绿道连接（右）
资料来源：蔡云楠等 . 绿道标准：理念、标准和实践 [M]. 北京：科学出版社，2013。

美国教堂山城市绿道系统规划中的溪流游径系统 **表 5-14**

地理单元	溪流游径名称	沿线公园	游径特征	长度（1 英里≈1.61 千米）（英里）	连接	图片示意
北部干涸小溪游径系统	干涸小溪游径	雪松瀑布公园	穿过岩石、树林高地和洪泛区，有些地势崎岖险峻	1.2	连接东教堂山高中与银溪和春峰社区	
	上游布克小溪游径	农庄公园	宽的柏油路穿过草地和长满树木的洪泛区	0.4	连接农庄公园和贺拉斯威廉小径	
博林小溪游径系统	下游布克小溪游径	开放空间	宽的柏油路穿过开阔草地和长满树木的洪泛区	0.8	连接邻近的街区到东门购物中心和直线公园	
	博林小溪游径	社区公园	宽的柏油路穿过草地和长满树木的洪泛区	1.5	连接社区中心公园和战役支流游径	
	战役支流游径	战役公园	通过高地森林区域。适度的斜坡的自然地表	1.5	连接社区中心公园、博林游径和 UNC 校园	
	制革厂支流游径	乌姆斯特德公园	通过树木繁茂的洪泛区，一些陡峭的斜坡	0.4	连接北区和乌姆斯特德公园	
摩根小溪和泛支流游径系统	摩根小溪游径	梅里特牧场	铺装较宽的林地游径，一处陡坡设置木板人行道	0.85	连接到城市所有的梅里特牧场开放空间区域	
	泛支流游径	南部社区公园	宽铺装的林地游径，一些陡峭的斜坡，提供健身场地	1.62	连接南部村庄，南部社区公园，摩根溪步道	

资料来源：笔者美国留学期间调研整理。

4）绿道游憩服务设施系统建设

绿道游憩服务设施应根据城乡梯度位置、沿线游憩资源情况、游憩活动类型，在尽量利用现有设施的基础上分级分区设置。城区内的绿道设施主要依托于沿线公园、广场服务设施进行设置，城区外的绿道实施主要依托于郊野公园、风景名胜区及沿线城镇、村庄的服务设施进行设置，以提高绿道设施的多重服务功能。对绿道服务设施站点进行分级设置，主要分为两级（或三级），在城乡样条分区上有着不同的服务范围、服务内容和建设标准（表 5–15）。

3. 山地城市河区绿色空间特色景观塑造

山地城市的河区复合空间既是展示窗口，又是眺望窗口。以开州为例，按照“山水互望”的策略，通过城市—自然之间界面与廊道的组织与梳理，构建显山露水的山水城市环境，提供优质的观水、观城平台，展示城市风貌。根据两岸与河流距离的不同，景观山水窗口分为两大类，分别为邻近澎溪河的“滨水之窗”和远离澎溪河的“半山阳台”。在南河、澎溪河两岸应设置开敞性的窗口节点，即“滨水之窗”，以达到亲水观山、南北视线连通的目的。“滨水

绿道游憩服务设施分区和分级设置 表 5–15

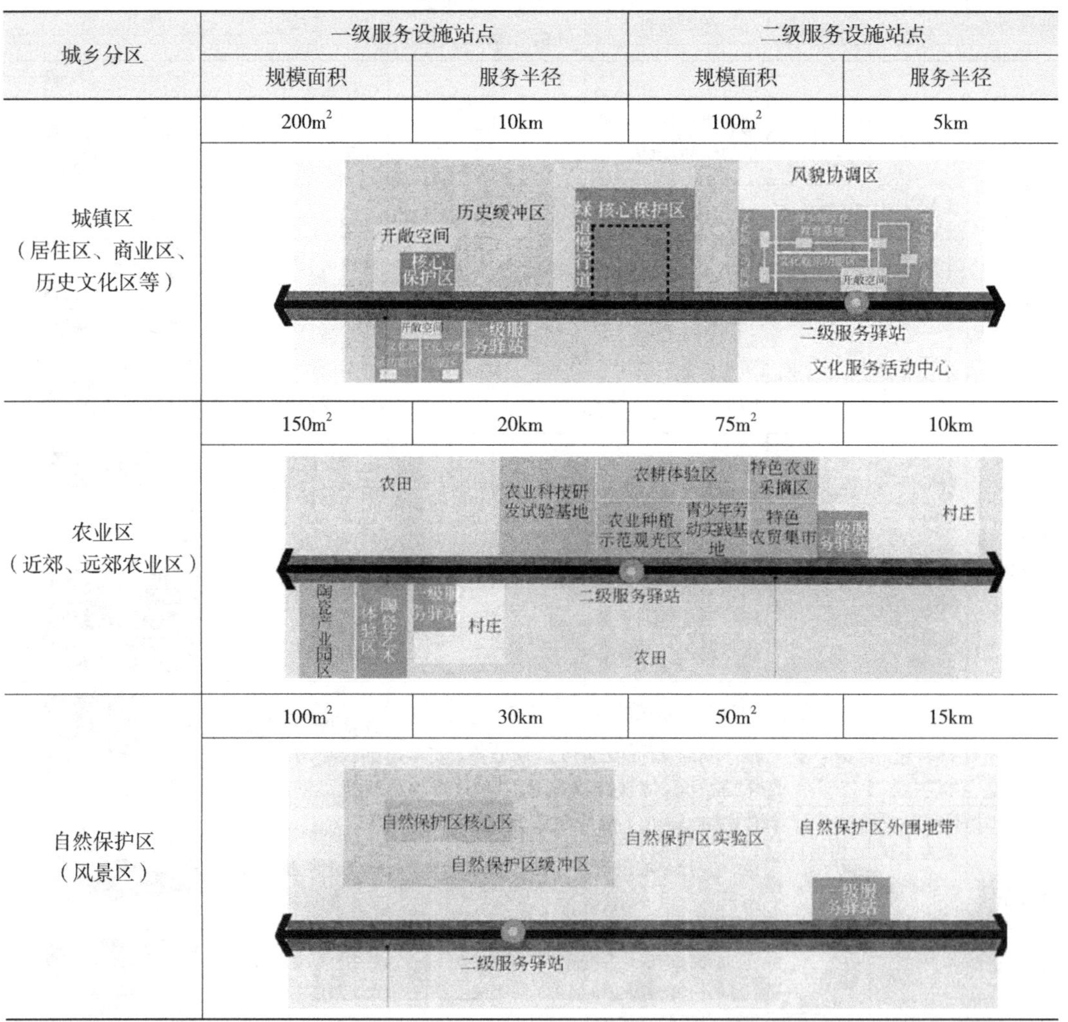

城乡分区	一级服务设施站点		二级服务设施站点	
	规模面积	服务半径	规模面积	服务半径
城镇区（居住区、商业区、历史文化区等）	200m²	10km	100m²	5km
农业区（近郊、远郊农业区）	150m²	20km	75m²	10km
自然保护区（风景区）	100m²	30km	50m²	15km

资料来源：改绘自：蔡云楠等 . 绿道标准：理念、标准和实践 [M]. 北京：科学出版社，2013.

之窗”应切实形成近水观山的开放性广场空间，可供公众在此聚集、观赏自然风光、拍照。控制措施包括：广场内不得修建建筑及大体量的构筑物，植物以高大乔木为主并相对集中布置，以不影响空间使用和不阻碍景观视线为目的；合理控制广场标高，确保高于澎溪河四季最高水位，不影响常年观景。

在开州城区两侧山体上打造各具特色的“半山阳台”，与环山步道串联，再通过对城市天际线、山脊线和重点区域建筑高度的控制，达到山与城连通、城市与自然和谐发展的目的。控制措施包括：半山阳台应分布均匀，各片区平衡，保证每个片区有1~2处；半山阳台应设置在视线开阔处，避开主城区内的高层区域，保证视线通达；半山阳台的占地面积原则上控制在1000~2000m^2；半山阳台应配备适量的服务设施，如公共卫生间、休憩点等；半山阳台的体量、材质、色彩及构筑方式应朴素低调，与自然山体相协调，局部可因地制宜地修建风雨廊道、亭子、木栈道等设施。

5.4 河区关联土地利用布局

土地利用（简称“用地”）是功能的载体，是一个把土地的自然生态系统变为人工生态系统的过程①。河岸绿色空间（关联）土地利用的研究不仅指河岸绿色空间的土地利用类型，由于它与周边用地的相互作用，还包括关联区的土地利用（如商业、居住及行政用地），因此，本书把河岸一定宽度空间的关联用地也纳入研究范围。而河岸绿色空间（关联）土地利用布局是在综合研究河岸土地的生态和社会要素的基础上，考虑现状土地利用特征及其历史演变，从最大化发挥土地生产潜力及改善土地生态系统的功能结构出发，对非建设用地及关联建设用地的耦合适应性布局，包括用地规划分配、空间布局形式等。

5.4.1 土地利用适应性布局策略

河岸绿色空间的土地利用的最终目的是在保护山地城市脆弱的山水环境的同时满足城市公众对河岸绿色空间资源的利用需求，在优化河流河岸资源利用的基础上集约化地、高效地使用土地，形成顺从自然生态过程和人类社会发展规律的土地利用适应性布局。它包括两个方面的内涵：一是针对河流河岸资源自身内部生态环境特征，把它分配给那些可提供最大可持续效益的用途；二是针对河岸关联区的外部社会环境特征，建立内部生态环境与外部社会环境的良性关联互补关系。根据河区纵向功能组织和空间体系建设，整体考虑河岸关联用地特征，形成河岸关联土地利用的适应性总体布局导向，包括用地开发政策、用地布局模式、用地空间形态。

1. 匹配城乡样条分区的河区用地开发政策

自然保护区、乡村农业区、城市边缘区、一般城市区和城市核心区的河岸绿色空间自然特征、服务效能、建设诉求等迥异，应针对其“异质性”（性质、功能及空间特征）制定匹配城乡样条分区的用地开发政策。在衔接主体功能区划、土地利用规划、环境总体规划等相关规划确定的用地开发管控政策的基础上，对城乡空间的重点区域（如自然保护区、地质灾害风险区、集中开发与利用地等）进行细致管控，以指导城乡建设开发活动。

（1）对于自然保护区的河区用地开发，应以保护为根本任务，适当安排管理与服务设施，尽量减少人类活动空间，原则上禁止新增城镇

① 人类对土地自然属性的利用方式和目的意图，是一种动态过程，是自然、经济、社会诸因素综合作用的复杂过程，土地利用的方式、程度、结构及地域分布和效益，既受自然条件影响，更受到各种社会、经济、技术条件的约束，而且社会生产方式往往起决定性的作用。参考文献：左大康．现代地理学辞典 [M]. 北京：商务印书馆，1990.

建设用地，自然保护区内鼓励、引导农村居民点远离、退后。

（2）对于乡村农业区的河区用地开发，应保护基本农田和公益林地，禁止大规模的城镇建设用地，限制建设一定规模的农林生产设施、道路设施与公共设施。

（3）对于城市边缘区的河区用地开发，应保护高价值的林地和小规模农地资源，在非敏感地带适度集约和混合使用土地，保障土地利用的效率和可持续性，平衡近期和远期的利用矛盾。

（4）对于一般城市区的河区用地开发，应挖掘城市内部遗留的生态和文化用地资源予以保护，并加以活化利用，以提升河岸绿色空间的生态和社会效益。

（5）对于城市中心区的河岸用地开发，应改变现有负面效益的用地权属和用地空间形态，提升那些社会生态效益不明显的土地作为新的河岸绿色空间，同时将不能提升综合效益的用地向内陆置换。

2. 匹配纵向空间样条分区的河区用地布局模式

针对河区纵向空间样条分区特点，结合河岸关联建设用地的复合功能诉求，采用与河区生态特征和关联用地诉求相匹配的用地布局模式。

（1）风景区用地布局。风景区对林地、湿地等自然或恢复性生态绿地的完整度要求较高，应确保生态绿地足够大的用地规模以及适宜物种栖息的用地形态，对于产生环境影响的建设用地应分散布局。

（2）农业区用地布局。农业区对耕地、园地等生产性绿地的地形坡度及土壤特质的要求较高，应选择在优质农业土地上布局，并选择适应当地气候的作物种类。此外还需与生活用地和生态用地进行协调，在防控城镇建设用地侵占优质农田的同时也需要降低自身农业生产对生态绿地造成的影响。

（3）居住区用地布局。居住区有大量住宅用地，对亲水的要求较高，应保留现有支流及湿地，并适度增加水域面积作为居住用地的附属绿地，提高河岸公共空间用地的连续性和可达性，来满足城镇居民的亲水游憩和宜居需求。

（4）商业区用地布局。商业区对河岸用地的混合度和包容性要求较高，不仅有平面上的混合，还有垂直方向的用地混合。应遵循“疏密有致、重点突出”的用地布局原则，结合山地城市河岸垂直方向的地形特征，营造多层次的商业与公共开发空间。

（5）工业区用地布局。与居住区相比，工业区用地对地块形态的方正性要求较高。对于河流与河岸工业用地的空间关系，应尽量选址于较直、较平坦的河段，在确保地块规整的同时，设置足够宽度的防护绿化带。

3. 耦合河流与河岸地貌形态的河区用地空间形态

河岸土地利用布局还需要耦合适应河流及其河岸地形地貌特征，强调河岸绿色空间及其相邻用地的围合界定，使其沿河岸纵向空间合理分布，包括绿色空间用地类型、规模及其组合形态、密度等。应尊重并顺应河区自然地貌，严禁为了降低建设成本或增加可用建设用地面积而对蜿蜒河道裁弯取直，或填埋自然汇水冲沟。建设用地单元边界应该尽量与次级汇水单元边界耦合，使自然生态水文过程与社会人文过程能够协调演进。山地城市的河岸地形地貌复杂，给土地利用开发带来了挑战，它作为重要的河流外围环境要素必须优先进入用地划分的限定标准之中。例如把建设强度大、环境影响大的用地类型布局在河岸远离河流靠后的位置或防护用地之后。

5.4.2　绿色空间用地资源识别

1. 内在生态空间用地资源识别与评估

1）潜在生态空间用地资源识别

识别潜在蓝绿生态空间用地。生态支撑过程比如水文流动、水的支流和渗透、地形特征、土壤类型、地下水位，这是蓝绿生态空间识别及发挥其水文绩效的关键考虑要素。关注其内在连通性，储存和渗透组分可以通过线性的水转换组分连接起来，如果一些蓝绿生态空间组分的容量达到极限，其他组分可以接管过来支撑这些组分的集水功能。通过相关数据资料搜集与 GIS 等工具来识别潜在的蓝绿生态空间用地。城乡空间的蓝绿生态空间用地资源可能包括水文通道旁的大型水源涵养区域、河流河谷廊道、河岸林带、滨河湿地、开放水体、湿地、街旁绿地、道路绿地、农田林网等。

2）生态空间用地的适宜性与可行性评估

蓝绿生态空间用地的适宜性与可行性评估内容主要分为两部分：实用可行性评估和场地可行性评估（图 5-19）。实用可行性评估需要收集流域生态数据，包括决定土壤渗透和滞留程度的地形地貌条件（比如坡度、地下水位、土壤类型等）及影响蒸发和冷却过程的气候条件（如太阳辐射和温度），蓝绿生态空间用地的绩效受这些流域生态特征的影响[175]。在判读河岸绿色空间建设的条件和实用可行性的时候，需要考虑河岸绿色空间是怎样影响区域和当地地下水位的，例如土壤水分浸润和浅地下水位的下水道排水只发生在该地区的地下水位高于排水管道系统深度的时候。还需要评估蓝绿生态空间在流域中的区位，例如上游的河岸绿色空间会影响下游的水文过程。而对于场地可行性评估，则需要大量基础田野调查数据来了解场地生态地理要素特征，如现状土地利用特征（强度 / 权属）、土壤和水污染、地下构造特征[176]，通过综合评估生态服务特征、水文连通网络等来评估河岸绿色空间的综合效益并管理系统不同部分之间的数据交换[177]。

2. 外在复合空间用地资源的识别

除了内在生态空间用地资源的识别以外，还需要识别外在复合空间用地资源，这里主要是指景观文化游憩资源。其类型包括地文景观、水域风光，遗址遗迹、生物景观、建筑与设施等。景观文化游憩资源具有的特征应该包括美丽、新的体验、连通性、压力释放、安静、自我更新、有灵感和挑战。城市居民更喜欢与自然区域连接的景观，特别是河岸森林区域。不同的植被会提供兴趣、多样性和变化。较高树冠给人的封闭感，森林通过风和温度调节的微气候，河岸森林植被群落里不同高度活动的不同野生动物等，都可贡献更多的景观游憩吸引力。

山地城市的河岸线更是有着丰富变化的景

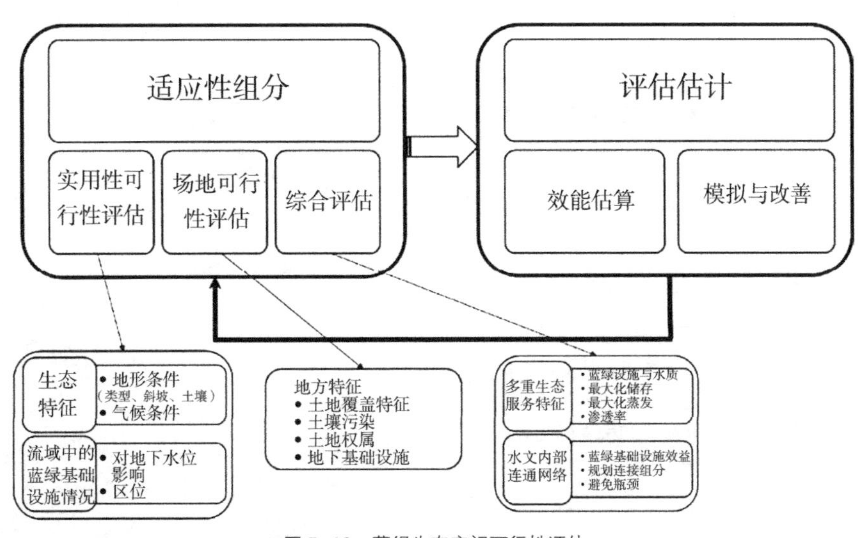

图 5-19　蓝绿生态空间可行性评估

资料来源：GHOFRANI Z，FAGGIAN R，SPOSITO V. Infrastructure for development：blue green Infrastructure [J]. Planning News，2016，42（7）：14-15.

观资源类型，根据地形地貌分类，包括峡、滩、沱、碛石等，这些构成了山地城市河岸区域重要的游憩开放空间，承载着景观展示、游憩休闲、文化传承等重要的城市社会功能。例如重庆主城所在的长江和嘉陵江，长江沿线是主城区重要的水文通廊及城市水际展示面，沿线景观资源类型丰富，包括山体夹峙产生的峡口、泥沙卵石沉积产生的浅滩、深入江心的裸露岩石。重庆主城内长江和嘉陵江沿线重要特色景观分布如表 5-16 所示。

5.4.3 土地利用分类体系建议

土地利用分类（简称“用地分类”）是各种同质土地的组合单位，是人类对土地改造和使用的结果，内含土地使用形式、强度和功能等信息。用地分类的方式和原则隐含了规划的技术方法里对城乡空间协调发展的考虑，对兼顾生态效益和社会效益的追求以及对河岸绿色空间复合功能如何融合到规划技术方法中的思考。

1. 已有用地分类标准

在已有的用地分类标准中，与河岸绿色空间土地利用紧密联系的三个主要分类标准，分别是国土自然资源部的《土地利用现状分类》、城市规划部门的《城市用地分类与规划建设用地标准》和园林部门的《城市绿地分类标准》。

1）《土地利用现状分类》GB/T 21010—2017

最新版标准秉持满足生态用地保护需求的原则，规定了土地利用的类型、含义，将土地利用类型分为耕地、园地、林地、草地、商服用地、工矿仓储用地、住宅用地、交通运输用地、水域及水利设施用地等 12 个一级类、72 个二级类，还增加了湿地归类。这个分类标准重点在于控制乡村地区的非建设用地和区域性建设用地。

2）《城市用地分类与规划建设用地标准》GB 50137—2011

标准中规定，E 类非建设用地分为：水域（E1）、农林用地（E2）和其他非建设用地（E9），没有《土地利用现状分类》中对农林用地或荒

重庆主城内两江沿岸重要特质景观资源 表 5-16

<table>
<tr><th>河流</th><th>典型河岸景观类型</th><th>重点特色景观名称</th><th>示意图</th></tr>
<tr><td rowspan="3">长江</td><td>峡</td><td>猫儿峡、铜锣峡、明月峡</td><td rowspan="3">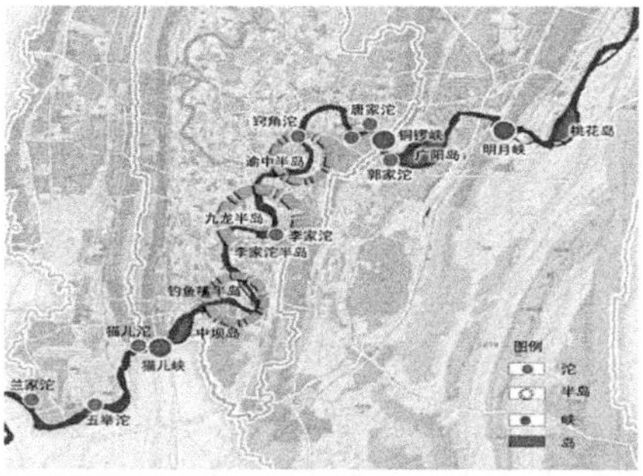
</td></tr>
<tr><td>滩</td><td>珊瑚坝、南滨路赵家坝段外滩、九龙半岛码头外滩、巴滨路黄家其坝外滩、钓鱼嘴码头外滩等</td></tr>
<tr><td>碛石</td><td>江北城外梁、南岸龙门浩月</td></tr>
<tr><td rowspan="3">嘉陵江</td><td>峡</td><td>沥鼻峡、温塘峡、观音峡</td><td rowspan="3">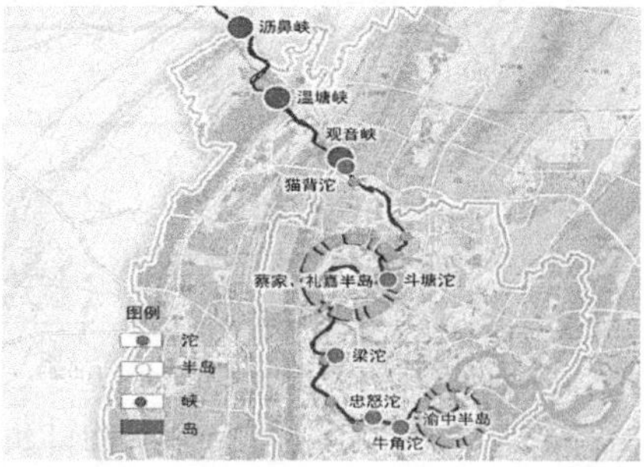
</td></tr>
<tr><td>滩</td><td>水土镇码头外滩、悦来老码头外滩、大竹林、磁器口、北滨路忠恕沱段外滩、相国寺码头外滩、江北城城墙公园外滩</td></tr>
<tr><td>碛石</td><td>北碚庙嘴碚石</td></tr>
</table>

资料来源：重庆市规划设计研究院《重庆主城美丽山水规划》（设计文本）

野地的分类那么细致。可以看出这个分类标准的重点在于控制中心城区的建设用地。

3）《城市绿地分类标准》CJJT 85—2017

按照大类分类标准，建设用地范围内的分别是：G1 公园绿地、G2 生产绿地、G3 防护绿地、G4 附属绿地，非建设用地归为 G5 其他绿地。对其他绿地（G5）的内涵也是大概描述，包括风景名胜区、水源保护区、郊野公园、森林公园、自然保护区、风景林地、城市绿化隔离带等。它与原建设部的《城市用地分类与规划建设用地标准》相对应，因此，分类主要针对建成区内的绿地，将建成区外的绿地统一划分为“其他绿地”。这是最接近绿色空间的分类方式。

综合比较来看，不同的用地分类标准的服务对象和侧重点各有不同。《土地利用现状分类》适用于更广阔的乡村区域，它对非建设用地的分类较为细致。而《城市用地分类与规划建设用地标准》和《城市绿地分类标准》更适用于城镇建设区域，它对建设用地（包括公园绿地）的分类较为细致。它们都偏重于指标控制与管理，是一种静态的、描述式的分类。

2. 河岸绿色空间的三级用地分类体系建议

在城乡全域自然资源管理和区域空间规划的背景下，现有的分类标准由于地域空间覆盖不全，分类的广度和深度不够，不能满足河岸绿色空间规划和设计的需求。因此，在综合参考《土地利用现状分类》《城市用地分类与规划建设用地标准》《城市绿地分类标准》的基础上，依据河岸绿色空间适应性规划的内涵，将其土地利用类型进行三级分类：3 个一级用地分类——自然生态绿地、农业生产绿地、城镇生活绿地；10 个二级分类；35 个三级分类（表 5-17）。

河岸绿色空间土地利用分类　　表 5-17

一级分类	二级分类	三级分类	含义	编号	参考分类标准
自然生态绿地 GSE	保护性生态绿地 GSE1	自然生态林地	指树木郁闭度≥ 0.5，连续面积≥ $10hm^2$ 的天然乔木林地	GSE11	主要参考《土地利用现状分类》和美国湿地分类标准
		灌木林地	指灌木覆盖≥ 40% 的林地	GSE12	
		自然草地	指树木郁闭度＜ 0.1，表层为土质，生长草本植物为主	GSE13	
		自然湿地	河岸区域水文通道上低洼处的天然湿地	GSE14	
		自然水体	天然湖泊、水塘	GSE15	
	恢复性生态绿地 GSE2	恢复性林地	指树木郁闭度≥ 0.2 的人工或半人工乔木或灌木林地	GSE21	
		人工或半人工湿地	受损后修复的湿地	GSE22	
		其他恢复性绿地	工矿、垃圾填埋等废弃的生态恢复性绿地	GSE23	
农业生产绿地 GSA	生产性林地 GSA1	经营性林地	可以开展生产经营活动的半人工或人工林地	GSA1	主要参考《土地利用现状分类》
	生产性农地 GSA2	园地	指种植以采集果、叶、根、茎、汁等为主的集约经营的多年生木本和草本作物	GSA21	
		耕地	指种植农作物的土地，包括熟地、新开发地、复垦地、整理地或休闲地	GSA22	
		牧草地	以草本植物为主，用于放牧或割草	GSA23	
	水体、湿地或水利设施用地 GSA3	人工水体	包括坑塘、沟渠、水库等水体	GSA31	
		水利设施用地	闸坝、堤坝等	GSA32	
		人工湿地	用于滞洪、污染处理等	GSA33	

续表

<table>
<tr><th>一级分类</th><th>二级分类</th><th>三级分类</th><th>含义</th><th>编号</th><th>参考分类标准</th></tr>
<tr><td rowspan="7">城镇生活绿地 GSH</td><td rowspan="2">城郊公园绿地 GSH1</td><td>郊野自然公园</td><td>包括城郊森林公园、湿地公园</td><td>GSH11</td><td rowspan="7">主要参考《城市绿地分类标准》，有小部分修改</td></tr>
<tr><td>农业观光园</td><td>以旅游、休闲、娱乐为主的农业观光园</td><td>GSH12</td></tr>
<tr><td rowspan="5">城市公园绿地 GSH2</td><td>综合公园</td><td>城市内部，设施完善，适于开展公众活动的规模较大的绿地</td><td>GSH21</td></tr>
<tr><td>社区公园</td><td>主要为居住用地服务，具有一定活动设施的集中绿地</td><td>GSH22</td></tr>
<tr><td>专类公园</td><td>具有特定内容形式和一定游憩设施的绿地</td><td>GSH23</td></tr>
<tr><td>带状公园</td><td>河岸的带状狭长形绿地</td><td>GSH24</td></tr>
<tr><td>绿地广场</td><td>相对独立成片的沿街小型绿化用地、广场</td><td>GSH25</td></tr>
<tr><td rowspan="13">城镇生活绿地 GSH</td><td rowspan="4">防护绿地 GSH3</td><td>市政防护绿地</td><td>包括卫生隔离带、城市高压走廊绿带</td><td>GSH31</td><td rowspan="13">参考结合《城市用地分类与规划建设用地标准》和《城市绿地分类标准》</td></tr>
<tr><td>道路防护绿地</td><td>道路两旁的绿化走廊</td><td>GSH32</td></tr>
<tr><td>灾害防护绿地</td><td>防洪河岸消落带，山地防护绿化带</td><td>GSH33</td></tr>
<tr><td>污染防护绿地</td><td>河岸植被缓冲林带</td><td>GSH34</td></tr>
<tr><td rowspan="5">附属绿地 GSH4</td><td>商业商务绿地</td><td>商务商业用地的景观游憩绿地</td><td>GSH41</td></tr>
<tr><td>居住用地绿地</td><td>居住用地的景观游憩绿地</td><td>GSH42</td></tr>
<tr><td>公共设施绿地</td><td>公共设施用地的景观游憩绿地</td><td>GSH43</td></tr>
<tr><td>工业仓储绿地</td><td>工业仓储用地的景观绿地</td><td>GSH44</td></tr>
<tr><td>其他附属绿地</td><td>如市政、交通、特殊用地等的附属绿地</td><td>GSH45</td></tr>
<tr><td rowspan="4">生态绿化建筑与设施用地 GSH5</td><td>生态建筑用地</td><td>含垂直绿化、生态屋顶等的公共建筑用地</td><td>GSH51</td></tr>
<tr><td>绿色基础设施用地</td><td>包括街边沼泽池、生态停车场、生物滞留池等</td><td>GSH52</td></tr>
<tr><td>游憩服务设施用地</td><td>包括风景名胜区、郊野公园、绿道的游憩服务设施用地</td><td>GSH53</td></tr>
<tr><td>其他用地</td><td>如文物古迹、宗教设施、都市农业等其他用地</td><td>GSH54</td></tr>
</table>

5.4.4 关联土地利用整合布局

1. 河岸绿色空间土地利用整合布局分区导向

内在生态空间与外在复合空间在一定程度上是物质空间重合的或是镶嵌融合在一起的。例如城郊公园绿地，既是供生物栖息的蓝绿生态空间，也是有益于市民游憩和文化活动的重要的公共开放空间。从生态和社会这两个目标层面来看，这两大类河岸绿色空间需要分开来思考其空间体系规划。从空间落地层面来看，这两大类绿色空间又需要统一的绿色空间用地分类标准来思考其整合落地布局。山地城市河岸绿色空间土地利用整合布局原则有以下几点：

（1）根据河流宽度，在近岸足够宽度范围内需要维持自然森林状态。特别是在风景保护区，禁止布置农业生产性绿地，包括经营性林地、耕地、园地等，在城市建设区应尽量保留残存林地斑块，并布置恢复性林地。

（2）河岸地形坡度大于 25% 的区域应该禁止布置建设用地，也不要改造成农业生产绿地，若现状是耕地，应退耕还林，应该维持现状植被覆盖，或根据其他功能诉求补给恢复性林地。

（3）在水文关键战略点或生态受损点保留自然乔灌林地、湿地，布局连续的恢复性林地，在有需求的位置布置坑塘、水库、污水处理湿地等。

（4）在城市建设区，结合河岸区域的保护性和恢复性绿地，主要布局城市公园、社区公园、绿化广场和街旁公园，结合城市道路、市政设施、生活污染等需求布置防护绿地和绿色基础设施用地。

（5）自然生态绿地、农业生产绿地和城镇生活绿地在城乡空间梯度上保持合适的比例关系，在保证足够的自然生态绿地来支撑内在生态系统健康的基础上，耦合布置适当的农业生产绿地和城镇生活绿地。

在河区纵向空间样条分区（风景区、农业区、居住区、商业区、工业区）的复合功能目标设定的基础上，制定匹配分区目标的各类河岸绿色空间用地在布局规模、布局位置、布局形态、布局组合等方面的用地布局导向（表 5–18）。

2. 河岸绿色空间土地利用整合布局案例——宝鸡

以宝鸡市渭河南部台塬区的河谷规划为例，宝鸡市城区建设沿渭河两岸呈带状展开，发源于自然保护区的次级河流把宝鸡中心城区切割成渭河阶地、台塬、川道沟谷和浅山四种地貌单元，形成了相对封闭的山谷系统。随着城区带状格局的延伸与城市用地的进一步拓展，城区建设向其腹地空间扩展已成为必然趋势，然

山地城市河岸绿色空间用地布局导向 表 5–18

		风景区	农业区	居住区	商业区	工业区
自然生态绿地	保护性生态绿地	识别和保留高价值的保护性乔灌林地、湿地、草地等	在水文关键节点和河岸近河流区保留自然乔灌林地、湿地	保留遗留的少数自然林地斑块	—	—
	恢复性生态绿地	在河流水文通道和关键节点布局恢复性林地、湿地等	在水文关键节点和河岸近河流区布局连续的恢复性林地	在河岸近河流区布局连续的恢复性乔灌林地	如有水文关键节点则布局适量恢复性乔灌林地	在环境敏感或受损节点布局复性乔灌林地
农业生产绿地	生产性林地	保留或减少现状生产性林地	在河岸中部和外部区布局经营性生产林地	—	—	—
	生产性农地	鼓励减少现状生产性农地	在河岸外部区布局经营性生产农地	—	—	—
	水体、湿地或水利设施用地	鼓励减少现状水体、湿地或水利设施用地	在有需求的位置布置坑塘、水库、污水处理湿地等	—	—	—
城镇生活绿地	城郊公园绿地	—	结合地形地貌在河岸中部和外部区布局	—	—	—
	城市公园绿地	—	—	结合保护性和恢复性绿地，主要布局综合公园和社区公园	结合恢复性绿地，主要布局绿化广场和街旁公园	结合恢复性绿地，主要布局城市公园
	防护绿地	结合乡村公路、市政设施及地灾等特定需求布局较宽绿地	结合乡村公路、市政设施及农业污染等特定需求布局	结合城市道路、市政设施、生活污染等需求布局	结合城市道路、市政设施等需求布局	结合城市道路、市政设施、工业污染等需求布局
	附属绿地	—	—	普通布局方式	普通布局方式	普通布局方式
	生态绿化建筑与设施用地	结合风景区设施布局以减少开发建设对自然环境的影响	结合农用地设施布局，以减少开发建设对自然环境的影响	结合居住和公共建筑布局，以减少环境影响，节水节能	主要结合城市商业及公共服务设施建筑地面和屋顶布局	结合工业建筑布局，以减少工业生产的环境影响

而，渭河南部台塬区大部分用地属城郊范围，且用地的生态敏感性较高。渭河南部台塬区依托于以耕地和经济林为主的生产绿地、防护绿地、生态林地等景观绿地、城市公共绿地，结合次级河流水系形成开放性河岸绿色空间网络结构，促使城市外围秦岭生态源与市区和渭河主廊道形成了良好的生态联系。从宝鸡近郊的风景区、农业区到渭河旁城市建设的居住区、商业区和工业区，规划形成了依托于不同主干和次级河流的河谷生态廊道单元以及由建设用地和非建设用地耦合而成的河岸绿色空间土地利用整合布局。

以下是宝鸡渭河台塬区河岸绿色空间用地整合布局示例（部分）：

1）风景保护区

风景保护区的河岸绿色空间用地布局强调对现有河流、河谷、坡地等的保护，结合生态廊道建设，积极种植恢复性林地，涵养水源，防止水土流失（图 5-20）。靠近城市建设区的地段，是生态网络的关键点。结合郊野公园的设置，布置景观林地，为城市创造多样的自然景观，为人提供愉悦的视觉体验；局部拓宽河流，形成较大水面，既能起到蓄水和调节洪峰的作用，又能与城市郊野公园的功能属性融合，形成特色水景观。沟谷西侧台塬区域，结合现有农村居民点，布置经营性林地和园地，满足生产需求。沿规划道路、电力高压线及地质断裂带两侧设置一定宽度的防护林，并与周边生态林地结合，形成较为完整的生态防护体系。沟谷内严格控制开发建设，仅在沟谷入口处布置小面积的旅游服务用地、广场和停车场，作为郊野公园的配套服务，以满足相应活动的需要。

2）风景建设区

风景建设区的河岸绿色空间用地布局强调将生态保护与旅游资源开发相结合，保护并合理利用河道及滩涂，严格控制城镇建设对河流的破坏和影响（图 5-21）。规划采取避开危险地质区、适当集中居住点、统一配套设施、整

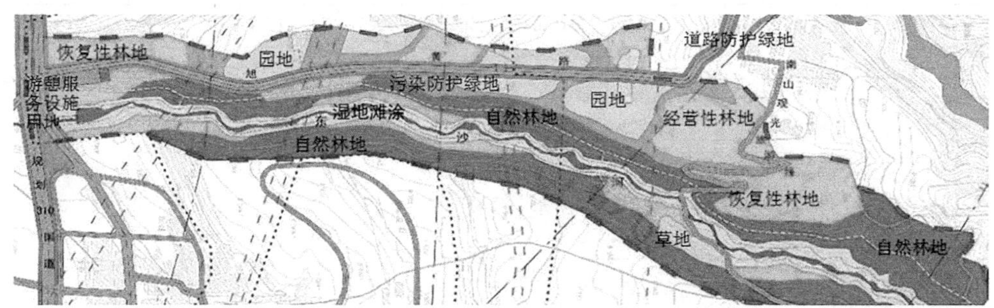

图 5-20　风景保护区河岸绿色空间土地利用布局
资料来源：参考重庆大学规划设计研究院《宝鸡市南部台塬区生态建设规划》改绘。

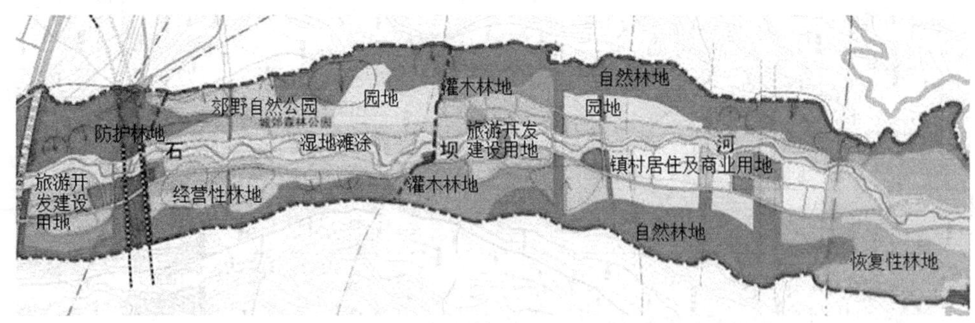

图 5-21　风景建设区河岸绿色空间土地利用布局
资料来源：参考重庆大学规划设计研究院《宝鸡市南部台塬区生态建设规划》改绘。

合可建设用地的方针，将现状散乱的农村居民点集中到沟谷北部统一规划建设。沿河最大流量宽度两侧结合景观林和生态林等林地设置护岸林地，局部结合郊野公园开辟滨河游憩绿地。沿铁路、国道、电力设施两侧控制一定宽度的防护林地，在保护基础设施的同时，减少设施对周边环境的不利影响。利用河流及其两岸滩涂、两侧坡地的特色自然资源，在北部和中部新型农村居民点之间形成城郊森林公园，设置特色景观林地、参与性园地、灌木林地及草地，打造沟谷的旅游特色，促使沟谷由单纯的旅游通道向旅游基地转型，在河谷较平坦的位置布局两处旅游开发建设用地，设置滨河休闲绿地、带状公园。沟谷廊道两侧坡地坡度较大地段，结合退耕还林政策布置具有水土保持和生物栖息功能的恢复性林地，坡度较缓地段布置经济林地及林果园地，在保护自然生态环境的同时促进农业产业转型。

3）农业区

农业区建设将执行限定区域和限定条件的开发模式，对现有受损的自然生态环境进行恢复，对地形条件不好和生态敏感的农地进行退耕还林，经营性林地、耕地、园地相间布局（图 5–22）。结合地形高程变化，在规划区中部形成两片集中的农田，其间穿插果园地和蔬菜地。利用规划区中部东西向的塬边陡坡地和两条河流两侧建设生态廊道，种植具有水土保持功能的恢复性林地。根据农业产业规划，规划区内农业除了种粮外，另积极发展蔬菜种植、果园种植。结合旱地分布现状，规划两片集中的旱地农田，旱地围绕农村居民点布置，方便农民耕作。在农村居民点周边，利用小块的平坦地种植高产果树和蔬菜。在河流和水库两侧严格保护原有自然林地，主要功能是水源涵养、污染灾害防护。在边缘地带及其他陡坡地段建设林地，结合地形高差变化形成多条林带，构成河区内的主要生态廊道。在地质灾害地段建设灾害防护林。在农田中利用田间道路建设农田污染防护林。

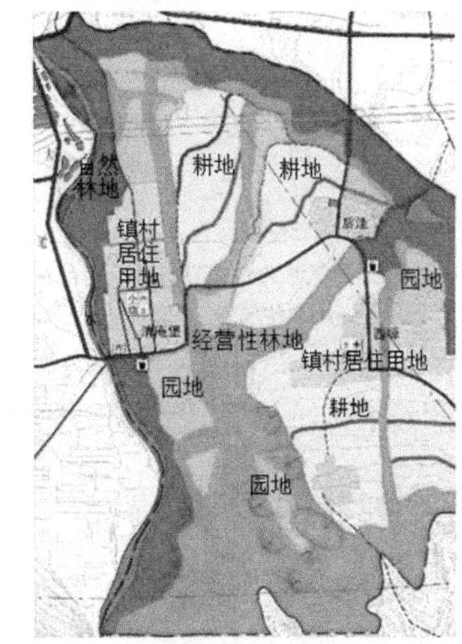

图 5–22　农业区河岸绿色空间土地利用布局
资料来源：参考重庆大学规划设计研究院《宝鸡市南部台塬区生态建设规划》改绘。

4）居住区

该居住区位于次级河流汇入主干河流的位置，在交汇处规划一处综合公园，在保护河口地段脆弱的生态环境的同时，公园还可以服务于沟谷内和周边的市民。沟谷两侧的黄土地坡度较陡，植被稀少，生态功能脆弱，因此，沟谷两侧坡地的用地类型以恢复性林地为主，以起到涵养水土、防止水土流失的作用。将沟谷两侧台塬地上的三块现状农业耕地作为重要的生态斑块予以保护。结合社区公园绿地，将局部河道拓宽形成较大水面，在雨季水量暴涨时起到储蓄洪水、调节洪峰的作用。在沟谷北部国道两侧、电力高压线和地质断裂带两侧设置防护林带，并与周边防护林带形成生态防护林体系。严格控制沟谷内部的居住用地规模，在居住地块之间布置社区公园绿地，外围布置郊野公园，为居民提供充足的休闲娱乐场所。在居住用地与沟谷坡地之间设置截洪沟等防灾设施。结合产业结构的调整及第三产业的发展，对现有分散的农村居民点采取适当集中的办法，扩大规模，提高配套服务设施的水平（图 5–23）。

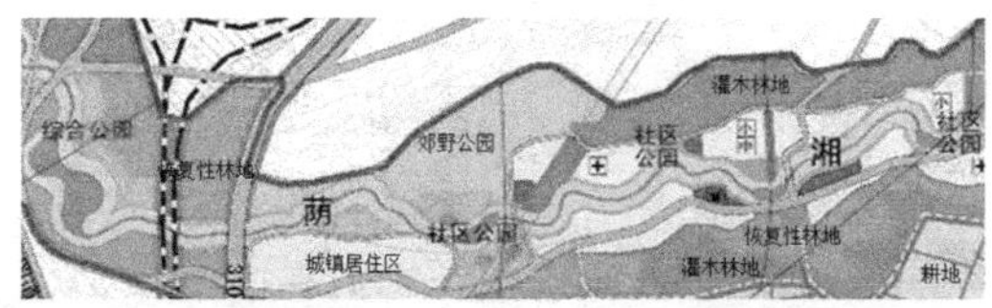

图 5-23　居住区河岸绿色空间土地利用布局
资料来源：参考重庆大学规划设计研究院《宝鸡市南部台塬区生态建设规划》改绘。

5.5　河区绿色空间功能宽度与用地控制

5.5.1　河区绿色空间功能宽度控制

1. 河岸绿色空间的宽度范围决定了其生态和社会复合功能

1）以绿化缓冲带（buffer）为贡献主体的生态功能宽度

在第三章中已讨论到“河流连续体”理论，主要用于解释纵向空间上河流生态系统过程的连接性。河岸绿色空间要发挥纵向上的连接功能和横向上的过滤、源、汇等功能（详见第 2.1 节），都需要足够的绿化植被宽度。例如上游山上下来的湿润空气产生的“树冠效应”可促进植被生长。依靠河流植被廊道的宽度和连接性，物质可以被传输、过滤。进入河流植被廊道的可溶性物质如氮、磷和营养物质被限制进入河流。通常来说，最宽和连接性最好的河流植被廊道是栖息地、传导、过滤和其他生态功能发挥的理想目标。每种生态功能目标都需要不同的绿化缓冲带最小宽度（表 5-19）。在作为生境通廊维持动植物栖息地方面，河岸植被的最小宽度约为 27.5m[178]。此外，根据土壤类型和河岸斜坡坡度的不同，最小功能宽度也会变化。

Forman 和 Godron 认为河流廊道的功能宽度应该包括河岸、洪泛区、斜坡和一部分高地以维持生态功能的完整性。河岸功能宽度的控制不能以某一种单一生态功能为目标，应该考虑综合生态功能的发挥[179]。不同等级的河流由于其生态属性特征的差异以及所在流域梯度的生态功能诉求的差异，应该拥有不同主导功能宽度的绿化缓冲带。对于一级支流及其更小的隐性支流的植被缓冲带，应该通过海绵效应减少下游的洪水。对于二级到四级的绿化缓冲带，应该传输高地内部的物种并让河流两旁的容易跨越洪泛区的物种有选择路径，控制溶解性物质通过基质输入河流（表 5-20）。

当然，河岸绿色空间生态功能的发挥不仅依赖于河岸绿化缓冲带的宽度，还需要内陆空间的各类绿色空间用地（如公园、绿地广场）一起参与，共同发挥作用。对于山地城市，由于其明显的地形地貌特征（地形高差大，平缓与陡峭共存）和河流水文的季节性特征（涨水期与枯水期），相比于平原城市，它应该有更大的生态功能宽度。而生态功能宽度的控制还与面临的环境问题和生态功能目标有关。由于不同城镇功能区（商业、居住、工业、农业）所

每种生态功能的建议绿化缓冲带宽度　　表 5-19

功能	特征	建议宽度
水质保护	斜坡上密集的草本植被，拦截径流和沉积物，清除污染物，提升地下水回补。对于由缓至陡的斜坡，过滤最常发生在最开始的 10m，更陡的区域需要更宽。灌木和乔木、低渗透性土壤和污染严重的地方需要更宽。	5~30m
河岸栖息地	多样灌木和乔木，为大量野生动物提供食物和遮蔽。	10~20m
河岸稳固	河岸植被减缓土壤湿度状况，根系可以促进土壤基质的拉伸强度，增强岸坡稳定性。太严重的土壤侵蚀可能还需要额外的生物工程技术。	30~500m
洪水减弱	植被缓冲带通过回水效应提升洪泛区的储存，拦截地面径流，延长水流时间，从而减小洪峰。	20~150m
碎屑输入	从河岸树上落下的树叶、细枝进入河流，成为重要的营养物和栖息地来源。	3~10m

不同等级支流所需的生态功能诉求和对应的绿化缓冲带最小宽度 表 5–20

河流等级	生态特征	主导生态功能诉求	最小宽度	示意图
一级支流及以下隐性支流	河道狭窄，流速快，沉积物颗粒大，所在海拔最高	•减少下游的洪水 •控制溶解物输入河流	20~150m	
二级到四级支流	河道变宽，流速减慢，沉积物颗粒缩小，所在海拔降低	•传输高地内部物种 •控制溶解物输入河流 •减缓斜坡侵蚀 •减少下游的洪水和沉积 •保护栖息地多样性	30~500m	
五级以上河流	河道较宽，流速较慢，沉积物颗粒较小，所在海拔相对较低，地势往往平坦	•纵向和横向空间传输高地内部物种 •控制溶解物输入河流 •减缓斜坡侵蚀 •减少下游的洪水和沉积 •保护栖息地多样性 •河流食物链有机物来源 •依靠河道传输半水生和其他有机物 •有益于高地物种栖息地连续性	50~1000m	

资料来源：改绘自：FISRWG.Stream corridor restoration，1998[R/OL].[2020–5–25]. http：//www.nrcs.usda. gov/Internet/FSE_DOCUMENTS/stelprdb1044574.pdf.

产生的污染类型不同（氮、磷、沉积物、金属污染等），污染程度也不同，因此控制山地城市河岸绿色空间的最小功能宽度应该具有差异性。

2）以河岸公共空间为贡献主体的社会功能宽度

研究河岸绿色空间的社会功能宽度时，应关注另一个相似的概念，即“滨水区”，滨水区富有更多的社会功能的含义。它的横向宽度比河岸缓冲带更宽，包括景观风貌、用地、建筑、公共空间等物质形态建设，更多地关注社会过程。杨保军等认为滨水地区是指在城镇地区与河流、湖泊等水域相邻的区域，空间范围包括200~300m的水域空间及与之相邻的城市陆域空间，其对人的吸引距离为1000~2000m，相当于步行15~30分钟的距离范围[160]。河岸公共空间作为贡献主体的社会功能宽度的确立不仅依据河岸横向垂直直线距离，还需要依据人们接近河流的可达性（如绿道布局长度、绿色街道尺度）、景观视线以及心理上的距离。山地城市的河岸地貌复杂，可达性较差，但景观特色多样且景观视线较好，因此，其山地城市河岸绿色空间具有更大的社会功能宽度。

2. 基于纵向空间样条分区的河区绿色空间“三带”宽度控制

在中心城镇区，对于河岸绿色空间功能宽度的控制依赖于“三带”的控制模式，“三带”是指：水域及滩涂带、绿化缓冲带、协调带。但一个山地城市的“三带”的宽度划定并不是统一不变的，应该具有差异性，应该根据河流等级和河区纵向空间样条分区来划定相应的宽度（图5–24）。

1）水域及滩涂带

水域及滩涂带主要是指城市河道蓝线范围的区域，防洪标准水位线或者防洪护岸工程，由市水利局统一划定。按照《城市蓝线管理办法》中具体的管控要求进行控制，如：禁止擅自填

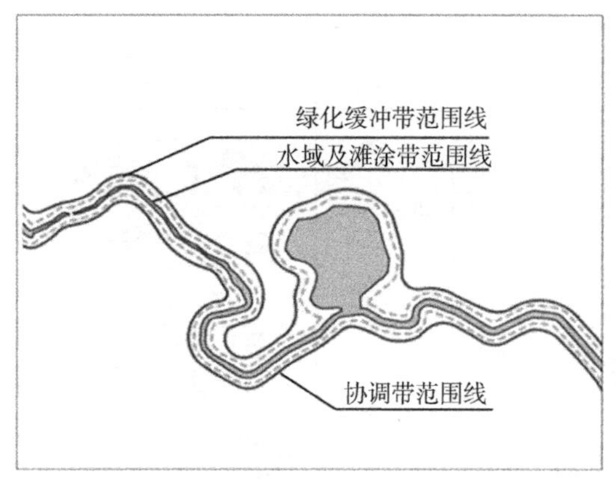

图 5-24 “三带”控制模式图
资料来源：重庆市规划设计研究院《重庆市主城区美丽山水城市规划》（设计文本）

埋、占用城市蓝线内水域；禁止擅自建设各类排污设施；禁止违反控制要求的建设活动等。

2）绿化缓冲带

绿化缓冲带是河流生态系统与陆地生态系统的过渡植被地带，主要发挥生境维持、雨洪调节、灾害防护等功能，兼顾景观游憩、文化教育等功能，根据河流支流等级和纵向空间样条分区（详见第 5.2.1 节）进行划分。具体来说，应该根据河流河岸的现状生态特征（污染类型、指标物种、地形地貌等）和社会需求（居民人口数量、偏好等）进行具体评估，再进行绿化缓冲带宽度的分区和分级控制。山地城市由于河岸坡度较陡且易发生地质灾害，往往绿化缓冲带控制宽度显著大于平原城市。按照山地城市的相关规划经验，绿化缓冲带的宽度至少为河道宽度 1 倍以上（高等级河流如长江除外）。以南川为例，按纵向空间样条分区（10 个分区）和河流等级（高、中、低等级），控制各级河流的绿化缓冲带宽度（表 5-21）。在第六章街区场地的规划层面，还会再进行绿化缓冲带的精细化调整设计（详见 6.4.1）。绿化缓冲带内禁止进行高强度的建设活动；禁止进行伐木、采石、取土等影响生态功能的行为；建议种植持水能力强、适应当地气候的树木；可以结合城市公

南川不同等级河流的分区绿化缓冲带最小宽度控制　　表 5-21

纵向功能空间分区	高级支流（>5）	中级支流（2~4）	低级支流（1）
风景保护区	100m	80m	60m
风景建设区	50m	30m	15m
农业防护区	40m	25m	10m
农业治理区	35m	20m	5m
商业建设区	30m	15m	7.5m
商业治理区	15m	7.5m	5m
居住建设区	30m	15m	7.5m
居住治理区	20m	10m	5m
工业防护区	40m	25m	10m
工业治理区	35m	20m	5m

共空间设置不影响生态服务的亲水步道。

3）协调带

协调带是指河岸绿色空间最外围的控制线，也是河岸绿色空间的规划管控范围（注意不是研究范围）。在城镇建设区，协调带主要控制河岸区域建筑的高度、密度、开敞率和景观视线通廊等。协调带主要针对河道两侧的建设区域进行划定，同样根据不同的河流等级、纵向空间样条分区以及城市内部的相关需求来进行划分。按公共道路红线外侧一定宽度划定，原则上不跨越城市快速路、主干道划定协调区范围。在非建设区，根据实际需要设置协调带并制定管控措施。协调带的宽度至少为绿化缓冲带宽度的 2 倍以上，在第六章街区场地的规划层面，还会再根据生态（污染类型、地形地貌等）和社会需求（居民人口数量、建筑高度、密度等）具体调整设置。

以南川为例，各级支流的 10 个分区协调带最小控制宽度如表 5-22 所示。协调带沿河界面必须留出面向建设区内部公共空间的开口或开敞空间。沿河岸建设用地朝河流方向的一侧应该留出大于 30% 的绿色开敞空间。开敞空间应符合以下要求：宽度和进深不得小于 20m；地面上不得布置建筑；场地标高应当与城市道路标高自然衔接；视线景观通廊应结合对景点和城市干道设置，其宽度不小于 30m①。协调区的建筑应根据景观视廊分析而设置相应合理的限高，建筑高度应该沿滨水空间向外围递增，必须保障河流两侧视野开阔，避免高楼围筑的现象。

5.5.2　边缘效应与关联用地相容性

1. 河岸绿色空间的边缘效应

河流是一个显著的自然生态单元，其相邻的森林、农田或建设区则是另一种自然或社会生态单元，而河岸绿色空间就位于两个生态单元的过渡区。河岸绿色空间由于生态因子的互补性会聚，或地域属性的非线性相互协同作用，会产生超过各地域组分单独功能叠加之和的增值效益，即边缘效应 [94]。河岸绿色空间的综合效益发挥依赖于生态空间界面的属性特征，关联土地利用情况对河岸绿色空间的空间形式和利用方式有着重要影响。因此，河岸绿色空间不能只关注自身土地利利用的优劣问题，还需要分析与关联用地的相互影响和作用，这样才能使绿色空间与周边土地产生良好的功能互动关系，如生态服务、生产生态活动的物质信息流的相互输入和输出及由此产生的促进与制约关系。

2. 河岸绿色空间关联用地的相容性

相容性是指不同事物之间共处或互换的程度或能力，或同时容纳多种土地使用功能的程度 [180]。城镇不同土地利用之间存在差异性，这种差异性与它们的功能用途、空间形态等要素有关。但这种差异性可以在特定的条件下因为各个要素的重合而相容。河岸绿色空间关联用

南川不同等级河流的分区协调带最小宽度控制　　**表 5-22**

纵向功能空间分区	高级支流（>3 级）	中级支流（2~3 级）	低级支流（1 级）
河岸风景区	200m	150m	100m
河岸农业区	100m	80m	60m
河岸商业区	50m	30m	20m
河岸居住区	60m	40m	30m
河岸工业区	80m	60m	40m

① 来自《南川中心城区美丽山水城市规划》中的水系河道的相关控制要求。

地之间的相容性分析，主要是为了最大化综合效益，提高可持续性（表5-23）。对作为典型边缘区的河岸绿色空间进行合理布局，使河岸建设空间凭借环境的外部效益创造最大价值且不会对环境造成影响。不同分区的河岸绿色空间对关联用地的服务价值不同，反过来，关联用地对于河流河岸的环境影响也不同。相容性分析是对关联用地的功能诉求和环境影响进行分析评估，以求最大化地挖掘河岸绿色空间的外在价值功用和正向边缘效应。

河岸关联用地的相容性分析包括两个范围：一是在中心城镇区以内（一般城市区、城市中心区），河岸“三带”绿地与建设用地的相容性分析，如表5-24所示；二是在中心城镇区以外（自然保护区、乡村农业区和城市边缘区）的河岸未开发和开发用地之间，用地相容性分析如表5-24所示。

5.5.3 河区绿色空间土地利用控制

河岸绿色空间土地资源利用问题要通过土地利用的控制引导才能落实到后续土地使用管理中，它应该具有与建设用地控规类似的法律效力，能保证后续规划有效实施。河岸绿色空间土地利用控制包括刚性控制和弹性引导两部分，不仅仅需要划定河流水域和绿化缓冲带的刚性线，控制人类对自然环境的涉入程

中心城镇区以内的河岸关联用地相容性分析　　表5-23

河岸关联用地	一般城市区（T4）			城市中心区（T5）		
	水域及滩涂带绿地	绿化缓冲带绿地	协调带绿地	水域及滩涂带绿地	绿化缓冲带绿地	协调带绿地
公用事业设施	×	◎	●	×	◎	●
公务机关	×	○	●	×	○	●
一般事业单位	×	○	◎	×	○	◎
特殊国家机关	×	○	◎	×	○	◎
文教设施	×	●	●	×	●	●
高级住宅区	×	◎	●	×	◎	●
普通住宅区	×	○	◎	×	○	◎
社区游憩设施	×	◎	●	×	◎	●
卫生及医疗设施	×	○	●	×	○	●
大型文娱设施	×	×	●	×	×	●
大中型商场	×	×	◎	×	○	◎
一般零售业	×	○	●	×	○	●
日常服务业	×	○	●	×	○	●
餐饮业	×	○	●	×	○	●
金融主要机构	×	○	◎	×	○	●
金融分支机构	×	○	●	×	○	◎
修理服务业	×	×	◎	×	×	◎

注：●充分相容，无损害，高效益；◎中度相容，轻度损害，有效益；○低度相容，中度损害，低效益；× 不相容，重度损害，无效益。

资料来源：改绘自：邢忠．边缘区与边缘效应——一个广阔的城乡生态规划视域[M].北京：科学出版社，2007.

中心城镇区以外的河岸关联用地相容性分析 **表 5–24**

	自然保护区（T1）、乡村农业区（T2）、城市边缘区（T3）												
	林地	湿地	水域	草地	荒地	集中接待站	分散度假村	旷野设施	游憩设施	耕地	畜牧	竖井开采	露天开采
林地	●												
湿地	●	●											
水域	●	●	●										
草地	●	●	●	●									
荒地	●	◎	●	●	●								
集中接待	◎	×	○	○	◎	●							
分散度假	●	○	◎	◎		●	●						
旷野设施	●	○	◎	●	●	●	◎	●					
游憩设施	●	○	◎	●	●	●	●	●	●				
耕地	●	×	×	◎	●	○	○	◎	◎	●			
畜牧	●	○	◎	●	●	◎	◎	●	●	◎	●		
竖井开采	○	○	×	◎	●	×	○	○	○	◎	◎	●	
露天开采	×	×	×	○	●	×	×	×	×	○	○	●	●

资料来源：改绘自：邢忠．边缘区与边缘效应——一个广阔的城乡生态规划视域 [M]. 北京：科学出版社，2007.

度，还应该对河岸绿色空间的细化功能、规模、形态、设施等进行弹性引导。它既包括规划设计中的规划控制部分（如用地大小、绿地种类、建筑限高等），还应包括规划建设后的管理部分（如开发建设方式、用地权属变更、环境维护等）。

1. 河岸绿色空间土地利用控制因子及内容

河岸绿色空间作为自然环境区与人工建设区相交的边缘区，应注重保护与开发利用相结合，本书根据参考文献和规划实践经验，提出了河岸绿色空间土地利用控制的因子或内容，详见表 5–25。

2. 河岸绿色空间土地利用控制方式

河岸绿色空间土地利用控制不是单纯的生态保护，需要在保护自然资源的基础上保障社会的公共服务诉求，寻求城镇空间高品质发展。保护是简单的，土地利用开发控制更难，因此，控制方式应该是传统刚性控制（蓝线、绿线和生态红线）与系统性、差异性和适应性导向的弹性控制相结合。刚性控制的主要目标是生态底线的绝对保护，而弹性控制的主要目标则是人居环境的可持续发展。

1）刚性控制：蓝线、绿线和生态红线

（1）蓝线控制。主要是针对显性河流的水域及滩涂带，同前文所述，按照《城市蓝线管理办法》中的管控要求进行控制。

（2）绿线控制。主要是针对城市建设区的河岸绿色空间用地，是指城市各类绿地范围的控制线。城市绿线控制的土地利用类型主要为城镇生活类绿地，主要包括城郊公园绿地、城市公园绿地、防护绿地。

（3）生态红线。主要是针对城外非建设区的河岸绿色空间用地，是指重要生态功能区、生态敏感区以及生物多样性保护区域[①]。在本书

① 根据《国家生态保护红线——生态功能基线划定技术指南》，“生态红线”包括重要生态功能（水源涵养、保持水土、防风固沙、调蓄洪水等）、陆地和海洋生态环境敏感区或脆弱区、生物多样性保育区。

河岸绿色空间土地利用控制因子及内容　　表 5-25

控制因子	内容描述	备注
用地类型	详见本书的绿色空间用地分类以及关联城市建设用地分类	刚性 + 弹性
用地面积	尤其指自然生态绿地的面积，保护其与建设开发范围吻合	刚性
用地边缘	边缘界限、边缘长度、形态及走向	弹性
用地边缘宽度	尤其指缓冲带宽度，根据分区位置、开发强度等因素确立	刚性
用地性质	根据分区位置、城乡综合发展诉求确定土地性质用途，注重发挥边缘效应，分析土地利用之间的相容性	刚性 + 弹性
控制区域	上游的水源区（含地表水，地表水回灌区）；保护区上风向地区；高渗透性土壤区；与保护区内生态脆弱地带毗邻区；重要景观边缘区；防火隔离带；向城市或其他保护区延伸的绿色廊道接口区	刚性
治理区域	滑坡整治；泥石流通道软化处理与疏浚；河道驳岸绿化	刚性
控制项目与指标（部分）	分区土地利用性质、规模；建筑体量、色彩、风格；地块建设轮廓线；保护开敞区段（景观与通风口等）的分布、区位、长度；各类架空线路的切入点及走向；污水管线走向、排放口、处理设施布点；污水排放指标、空气达标指数；绿化覆盖率、建筑密度、容积率；建筑退后距离、朝向等	刚性 + 弹性

资料来源：改绘自：邢忠 . 边缘区与边缘效应——一个广阔的城乡生态规划视域 [M]. 北京：科学出版社，2007.

的研究中，特别指山地城市非建设区内的显性河流沿岸的类隐性和隐性支流、坑塘湿地等生态水文关键用地。生态红线控制的土地利用类型主要为自然生态绿地，包括保护性生态绿地、恢复性生态绿地，还包括高价值的农业生产绿地（基本农田）。在生态红线内，禁止一切建设开发活动，重大区域基础设施除外。

2）弹性控制：定性、定量、定形

河岸绿色空间土地利用的弹性控制基于两点考虑：一是城乡空间发展选择的多元化，具有复杂性；二是发展的实际情况的千变万化，具有不确定性。以人居环境的可持续发展为主要目标的弹性控制应该具有系统性、差异性和适应性三个方面的特征。系统性体现在多个用地单元层级的网络化嵌套式控制上。差异性体现在空间样条分区下匹配分区环境特征的差异化管控上。适应性体现在城乡发展过程中面对不确定和障碍的适应性调整控制上。

从定性控制、定量控制、定形控制三个方面进行具体控制，兼顾“结构”“功能”与“指标”，针对分区保护与利用的不同目标选择相适应的控制方式组合（表 5-26）。①定性控制：确立绿色空间土地利用结构的功能用途以及不同用地之间的相容性。②定量控制：根据分区复合功能，选取合适的指标类型，提出相适应的数量阈值，可以是极限值如林地覆盖率、郁闭度，或是区间值如缓冲带宽度。③定形控制：弹性引导用地空间形态，包括二维形态（如内缘比、几何形状、边界形态）和三维形态（如建筑高度、轮廓，植被的三维绿量）。

3. 河岸绿色空间土地利用控制案例——眉山

山地城市河岸绿色空间土地利用控制可以通过编制基于纵向空间样条分区的分区图则的方式来进行刚性和弹性结合的用地管控，使用规定性与导引性的控制指标。以下是眉山中心城区的分区河岸绿色空间土地利用控制示例：

1）风景区

在眉山东北部，岷江右岸是大型的洲滩湿地，有大量野生白鹤栖息，相邻建设开发区域规划为眉山岷东的养生度假组团。该区段岷江河岸绿色空间的土地利用功能为依托岷江洲滩湿地公园、苏坟山，建设区域性文化与养身休闲区。土地利用控制策略包括：在上游区域进

基于城乡样条分区的河岸绿色空间土地利用规划弹性控制示意　　表 5–26

样条分区	用地分类	用地形态、规模和布局	植被要求	模块示意
自然保护区（T1）	GSE1、GSE2	尽量小的用地边缘长度，尽量高的用地内缘比	自然乡土乔木植被，郁闭度 >0.8	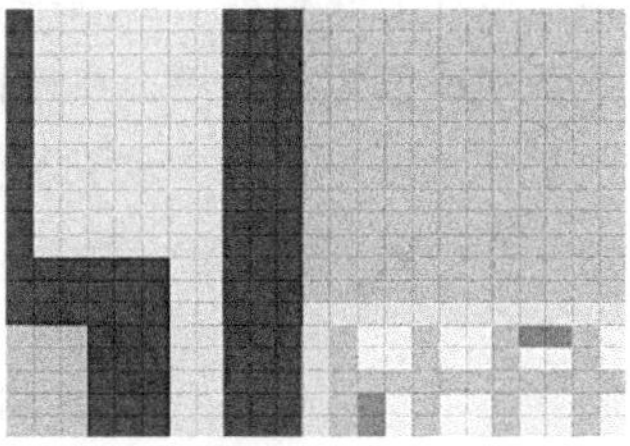
	GSA1、GSA2	较小农林用地规模，较高农田林网密度	乔木类乡土作物比例大于 80%	
	GSH3	控制防护廊道宽度 >200m	常绿乔木 > 落叶乔木 > 灌木 > 草	
乡村保留区（T2）	GSE1、GSE2	较少用地边缘长度，较高森林斑块内缘比	自然乡土乔木植被，郁闭度 >0.7	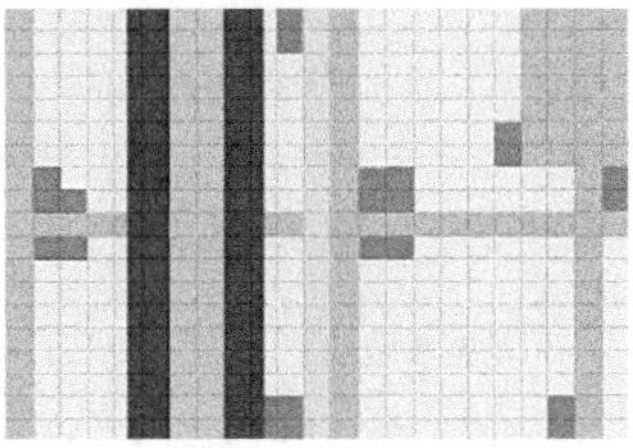
	GSA1、GSA2	适合的农用地块规模，农林间作	主要为禾本、草本作物	
	GSH3	控制防护廊道宽度 >100m	落叶乔木 = 常绿乔木 > 灌木 > 草	
城市边缘区（T3）	GSE、GSH1	较长用地边缘长度，较低森林斑块内缘比	自然与半人工植被，郁闭度 >0.6	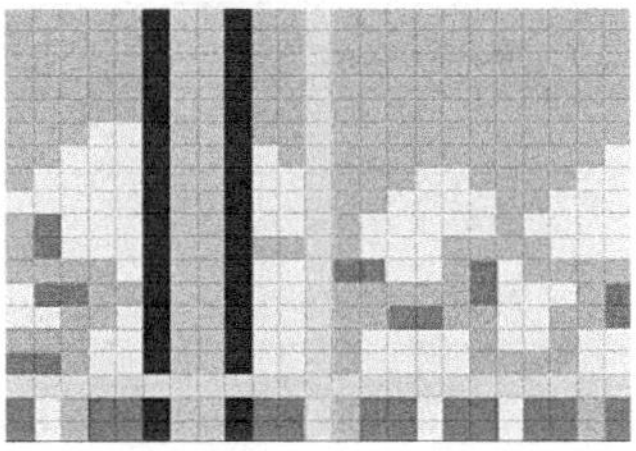
	GSA1、GSA2	较小农林用地规模，农林间作	主要为禾本、草本作物	
	GSH3	控制防护廊道宽度 >50m	落叶乔木 > 常绿乔木 > 灌木 > 草	
一般城市区（T4）	GSH2、GSH5	集中大型公园与小型分散街旁绿地相结合	半人工植被群落，郁闭度 >0.4	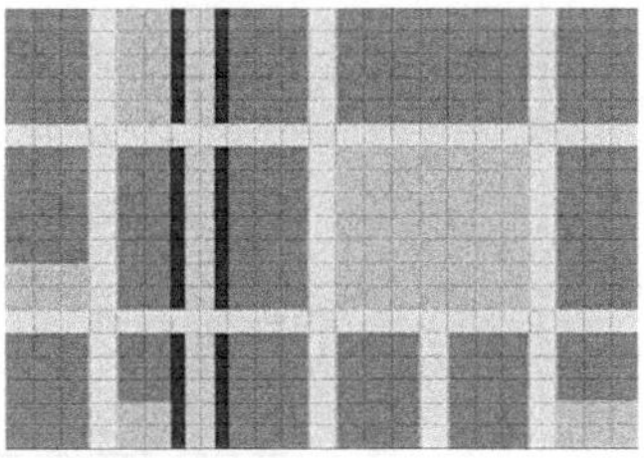
	GSA	较小苗圃种植规模	主要为苗圃	
	GSH3	控制防护廊道宽度 >30m	常绿乔木 > 落叶乔木 > 灌木 > 草	
	GSH4	契合使用需求	人工植被群落	
城市中心区（T5）	GSH2、GSH5	小型分散绿地，加强步行街道两旁与广场、场地的绿化	人工植被群落，郁闭度 >0.2	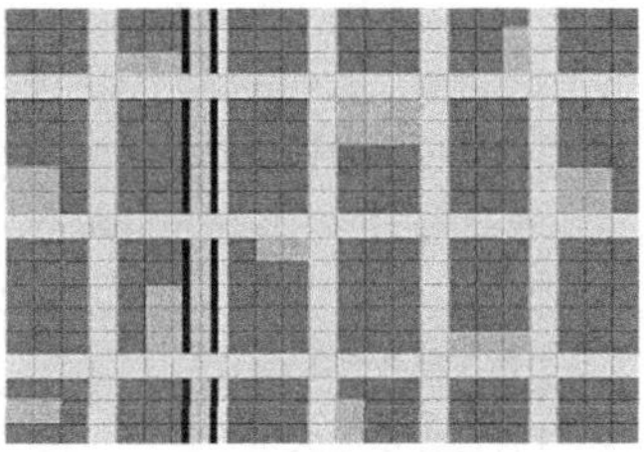
	GSH3	控制防护廊道宽度 >10m	常绿乔木 > 落叶乔木 > 灌木 > 草	
	GSH4	契合使用需求	人工植被群落	

注：河岸绿色空间用地分类及其字母缩写详见第 5.4.3 节。保护性生态绿地 GSE1、恢复性生态绿地 GSE2、生产性林地 GSA1、生产性农地 GSA2、水体湿地或水利设施用地 GSA3、城郊公园绿地 GSH1、城市公园绿地 GSH2、防护绿地 GSH3、附属绿地 GSH4、生态绿化建筑与设施用地 GSH5。模块示意：蓝色为河流，黄色为农田，浅绿色为林地、绿地，深绿色为防护林地，深灰色为街区，浅灰色为道路。

行湿地生态环境及水质保护，同时实现对城市防洪系统的完善。具体控制措施，如：以洲滩湿地及岷江沿线林地为基础结合规划半人工生态绿地形成的生态斑块，在连接岷东山地环境区与岷江水域环境区、水资源保护、城郊景观营造、物种多样性保护、生态空间连通等方面发挥重大作用（图 5-25、表 5-27）。

2）居住区

在眉山岷东中部，岷江右岸是陡峭的山脊崖线及原生林地，相邻建设开发为以居住为主的岷东新区城市综合功能组团。该区段岷江河岸绿色空间的土地利用功能定位为“城市景观阳台”、

眉山风景区河岸绿色空间土地利用控制一览表 表 5-27

规定性控制		
土地利用控制	城乡非建设用地规模（hm^2）	2124.11（含自然生态绿地、规划半人工生态绿地、粮经蔬菜生产绿地、林果苗圃生产绿地、生态防护绿地、设施防护绿地）
	城市配套服务用地规模（hm^2）	106.78（含配套新型农村社区用地、配套城郊服务设施用地、配套旅游服务设施用地、区域道路交通设施用地和区域基础设施用地）
基本空间管制	河流水域范围（蓝线）（hm^2）	404.22
	市政设施范围（黄线）（hm^2）	—
	文物保护范围（紫线）（hm^2）	7.84
	生态红线范围（hm^2）	680.6
引导性控制		
生态空间	关键生态单元类型	湿地关键生态单元、林地关键生态单元、鸟类关键生态单元
	环境污染防护分区	固滩护岸区、水土保持区、农业水土流失重点治理区
	环城公园类型	门户景观型、郊野游憩型、历史文化型
	健身休闲服务基地	健身服务、远足休闲、山地运动休闲
	生态空间建设策略	（1）构建农田林网系统，提升田园乡土景观品质，加强水土流失治理； （2）沿岷江建设湿地公园，向北延伸至彭山，加强水环境保护； （3）保护岷江湿地、苏坟山、白鹤林等关键生态单元，建成生态网络，提高生物多样性； （4）保存陡崖、沟谷等特殊地貌，塑造丰富的城市景观形态
生活空间	城郊公共服务设施	—
	绿道系统类型	都市型绿道、郊野型绿道
	市政设施类型	高压输气管线、220kV 高压线、110kV 高压线、配气站、110kV 变电站
	生活空间建设策略	（1）控制各类建设用地规模和边界，逐步控制、转移关键生态单元内的城乡建设活动； （2）选取适当区位建设配套旅游服务设施； （3）建设连通城乡旅游景区的绿道系统； （4）控制电力和输气廊道，禁止侵占
生产空间	农业重点项目	苏坟山桃园、长虹茶坪种植园、养生休闲园、梨园种植园、岷江湿地作物基地
	特色种植区类型	油菜种植、粮食种植、蔬菜种植、林果种植、苗圃种植
	重点农业设施类型	灌溉水利设施、机耕道、生产路
	生产空间建设策略	（1）重点发展旅游高端服务业、都市生态林业及科研教育农业； （2）建设区域文化养生基地

资料来源：重庆大学规划设计研究院《眉山岷东新区非建设用地专项规划》

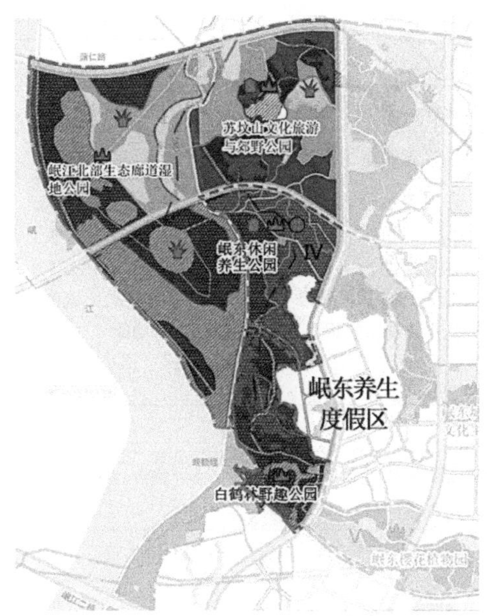

图 5-25　眉山风景区河岸绿色空间用地控制
资料来源：重庆大学规划设计研究院《眉山岷东新区非建设用地专项规划》

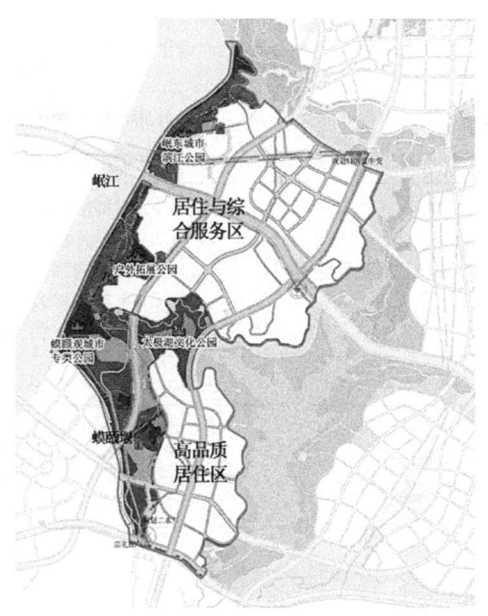

图 5-26　眉山居住区河岸绿色空间用地控制
资料来源：重庆大学规划设计研究院《眉山岷东新区非建设用地专项规划》

岷东休闲娱乐和游憩建设基地。土地利用控制策略为结合沿岸的原生植被斑块和林地苗圃种植进行森林建设，为城市提供亲近野外、运动休闲的场所，在沿岸构建生态保护屏障和景观展示带。具体控制措施包括：以蟆颐观为核心，结合周边林地形成的生态斑块；通过植被缺口引风入城；建设中注重桥涵通道保留，减少高速公路修建对大型斑块的影响，并为水文过程及生物迁徙提供必要廊道；选取适当区位建设配套旅游服务设施，加强绿道横向连通城市东部中央创新区 CID 组团等（图 5-26、表 5-28）。

3）工业区

在眉山西部，醴泉河穿越象耳和尚义这两个工业片区，根据醴泉河及河岸区的现有自然条件，将其河岸绿色空间的土地利用功能定位为城市生态防护和经果林业基地。土地利用控制策略包括：作为眉山中心城区建设组团之间的绿化隔离带；在醴泉河上游、中游和下游分

眉山居住区河岸绿色空间土地利用控制一览表　　　　表 5-28

规定性控制		
土地利用控制	城乡非建设用地规模（hm^2）	3238.84（含自然生态绿地、规划半人工生态绿地、粮经蔬菜生产绿地、林果苗圃生产绿地、生态防护绿地、设施防护绿地）
	城市配套服务用地规模（hm^2）	109.73（含配套新型农村社区用地、配套城郊服务设施用地、配套旅游服务设施用地、区域道路交通设施用地和区域基础设施用地）
基本空间管制	河流水域范围（蓝线）（hm^2）	43.74
	市政设施范围（黄线）（hm^2）	—
	文物保护范围（紫线）（hm^2）	11.25
	生态红线范围（hm^2）	160.17

续表

引导性控制		
生态空间	关键生态单元类型	林地关键生态单元、水源保护关键生态单元、湿地关键生态单元
	环境污染防护分区	固滩护岸区、水土保持区、农业水土流失重点治理区
	生态空间建设策略	（1）西部沿岷江陡崖区建设森林公园，塑造“城隐于丘”的丰富景观； （2）中部加强穆家沟水库流域生态环境保护，建设水源涵养林，控制水土流失，建成生态网络，提高生物多样性； （3）东部构建农田林网系统，提升田园乡土景观品质，加强水土流失治理； （4）保障太极湖、106 省道沿线非建设区作为生态廊道的功能
生活空间	城郊公共服务设施	—
	绿道系统类型	都市型绿道、郊野型绿道
	市政设施类型	高压输气管线、220kV 高压线、110kV 高压线、配气站、110kV 变电站、220kV 变电站、给水厂、污水厂
	生活空间建设策略	（1）控制各类建设用地规模和边界，逐步控制、转移关键生态单元内的城乡建设活动； （2）选取适当区位建设配套旅游服务设施； （3）建设连通城乡旅游景区的绿道系统； （4）控制电力和输气廊道，禁止侵占
生产空间	环城公园类型	门户景观型、郊野游憩型、乡村旅游型、历史文化型
	农业重点项目	百果科普园、苗木花卉观赏园、中药材种植园、水产健康养殖园、绿色蔬菜采摘园
	特色种植区类型	林果种植、苗圃种植
	重点农业设施类型	灌溉水利设施、机耕道、生产路
	生产空间建设策略	（1）依托穆家沟水库重点发展旅游高端服务业，其他区域发展浅丘生态林业及科研教育农业； （2）建设都市型山地运动休闲基地及自然科普与教育基地

资料来源：重庆大学规划设计研究院《眉山岷东新区非建设用地专项规划》

段建设湿地生态系统，同时建设特色粮经种植业、经果林业、花卉苗木业；建设联系外围风景区的绿道网络，积极发展城郊旅游服务业。具体控制措施，如：控制醴泉河上游及沿线扩展的湿地环境区结合保留自然生态绿地、规划半人工生态绿地形成的生态斑块；控制醴泉河与西来堰交汇处结合生态防护绿地形成的生态斑块；控制醴泉河两边 25~100m 的绿化防护带，连通非建设用地廊道与建设用地中的城市绿地；控制建设用地与非建设用地通廊接口节点（主要的入口广场、设施配套、交通转换等）（图 5-27，表 5-29）。

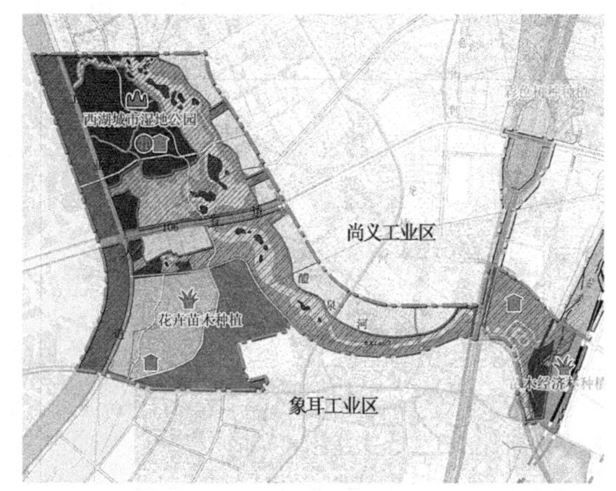

图 5-27　眉山工业区河岸绿色空间用地控制
资料来源：重庆大学规划设计研究院《眉山岷东新区非建设用地专项规划》

眉山工业区河岸绿色空间土地利用控制一览表 **表 5–29**

规定性控制		
土地利用控制	城乡非建设用地规模（hm^2）	651.45（含自然生态绿地、规划半人工生态绿地、粮经蔬菜生产绿地、林果苗圃生产绿地、生态防护绿地、设施防护绿地）
	城市发展备用地规模（hm^2）	172.37
	城市配套服务用地规模（hm^2）	43.25（含配套新型农村社区用地、配套城郊服务设施用地、配套旅游服务设施用地、区域道路交通设施用地和区域基础设施用地）
基本空间管制	河流水域范围（蓝线）（hm^2）	76.28
	市政设施范围（黄线）（hm^2）	—
	文物保护范围（紫线）（hm^2）	—
	生态红线范围（hm^2）	445.35
引导性控制		
生态空间	关键生态单元类型	湿地关键生态单元
	环境污染防护分区	污水二次生物处理区、水土保持区
	环城公园类型	门户景观型、郊野游憩型
	健身休闲服务基地	—
	生态空间建设策略	（1）建设西湖湿地，提高滞洪蓄水和灌溉能力，建设河湖水体生态防护带；（2）依托醴泉河、铁路、高速路、环城快速路建设组团间防护隔离林带，提高环境污染防治能力
生活空间	城郊公共服务设施	—
	绿道系统类型	都市型绿道、郊野型绿道
	市政设施类型	高压输气管线、220kV 高压线、110kV 高压线、110kV 变电站
	生活空间建设策略	（1）控制各类建设用地规模和边界，逐步控制、转移关键生态单元内的城乡建设活动；（2）结合西湖湿地公园、花卉苗木基地发展旅游服务业、配套旅游服务设施；（3）建设连通城乡旅游景区的绿道系统
生产空间	农业重点项目	西湖花卉苗木种植林、彩色树种种植园、花卉苗圃种植林
	特色种植区类型	苗圃种植
	重点农业设施类型	灌溉水利设施、生产路
	生产空间建设策略	重点发展特色经果林业与生态果园林业，打造林果飘香的风貌

资料来源：重庆大学规划设计研究院《眉山岷东新区非建设用地专项规划》

6 街区场地——河段绿色空间横向功能指引与空间设计

在街区场地层面，河段生境要素系统及过程模式与其邻近场地的开发建设形式及绩效密切相关。这个层面的问题主要是河岸栖息地减少、水陆生境退化、河岸不稳性、径流冲刷与污染、公共空间流失或可达性差等，每个街区场地的具体问题不一样，不能一概而论。这个层面的任务是河段绿色空间横向功能指引与空间设计：采用河段横向空间样条分区、河岸生态空间界面导控、生态雨洪体系管理、河岸绿道和绿街设计等规划措施，旨在营造人与自然融合的河岸生境，兼顾城乡河段景观优化、生境修复和雨洪调节，为城乡居民提供日常健身、游憩及文化教育等功能。

6.1 河段生境特征与场地空间关联分析

6.1.1 河段生境特征约束场地空间形式

1. 山地城市的河段生境单元特征

1）山地城市河岸与河道的生境类型

生境包含了生物生存与繁衍所需要的资源与环境，并造就了生物多样性。各类生境单元组成了城市自然景观，是与人类生活紧密相关的生态系统基本空间单元。不同生物需要不同的生存环境和空间，不同地点或地段的土地具有不同的生态因子。以河流两岸受季节水位影响的区域为界，可以分为河道生境和河岸生境[181]。河岸生境的划分是基于土地覆盖（或土地利用）、河岸植被类型与结构等，通常分为森林河岸、灌木河岸、农田河岸、草地河岸、人工河岸等类型（表 6–1）。而河道生境的划分主要是基于河床地貌、流速、水深等，通常划分为深潭、险滩、浅滩、河滩洼地、回流、漫滩、沙洲、跌水等类型（表 6–2）。

2）河段生境单元的水平和垂直生态过程认知

认知河段每个生境单元的垂直生态过程和多个生境单元之间的水平生态过程（图 6–1）。河岸生境要素通常包括水、水草、鱼、鸟、滩涂、灌木、乔木等。河岸生境单元的垂直生态过程为：鸟类在灌木丛中觅食—产生粪便—滋养微生物和

山地城市河岸生境类型（以开州澎溪河为例） 表 6–1

河岸生境类型	特征	常见区位（按城乡样条）
森林河岸	主要位于东河下游平坦地带，植被带的宽度为 50~100m，非连续、带状分布，优势种为枫杨、白杨等。	自然保护区、城市边缘区
灌丛河岸	主要位于东河上游地势陡峭地带，植被带的宽度为 50~100m，块状分布，优势种为火棘、醉鱼草、球核荚蒾等。	自然保护区、城市边缘区
草地河岸	广泛分布在东河河岸，或与林地、灌木结合，或单独成为河岸优势种类，植被带的宽度小于 50m，散布在河岸，优势种为巴茅、白茅、苍耳等。	城市边缘区、一般城市区
农田河岸	集中在河岸下游平坦的、人类活动频繁的地方，块状整齐分布，主要的农作物有水稻、玉米等。	农业生产区、一般城市区
人工河岸	在东河城区段和部分乡镇驻地，堤岸多硬化，局部区域人工栽植有护岸林、草等，呈带状、规则、整齐地分布。	一般城市区、城市核心区

资料来源：改绘自：黎璇．山地河流生境的生态学研究——以重庆澎溪河为例 [D]. 重庆大学，2009.

山地城市河道生境类型（以开州澎溪河为例）　　表 6–2

河道生境类型		特征	常见区位（按城乡样条）
急流生境	浅滩	水浅，流速很快，水面紊乱有波纹，坡度较陡，质为砾石、卵石等大颗粒沉积物。	上游的自然保护区
	险滩	流速很快，由下落水流组成高梯度湍流，水面紊乱有水花溅起，深，坡度很陡，质以圆石、巨石为主。	
	自然堤	洪水漫溢河床时，在河床两侧因流速骤降，泥沙沉积，洪水退后，沿河床两侧形成的天然堤。下部为粗粉砂及砾石，上部为细粉砂性的沉积物。	
缓流生境	深流	水流较浅流快，仍是缓流，表面形态平滑，无水面激荡或者水波，坡度较陡，水深，底质为细沙、粗砂等。	中游的农业生产区、城市边缘区、一般城市区、城市核心区
	回流	水深，流速很慢，坡度缓，部分水流进入这一区域停滞，低流量时期部分区域与河道隔离。	
	岸边缓流	河道边缘的回流，水浅，流速很慢，坡度缓，表面有小水波形成，底质以细沙、粗砂为主。	
静水生境	瀑布潭	位于上游坡度很陡的河道，形成阶梯—深潭的格局，由于水位变化大落到潭中形成水花，流速很慢，水深，底质为巨石和细沙等。	上游的自然保护区
	水潭	常与浅滩连接，在流速较快河段间的非连续区域，区域流速很慢，表面形态平滑，缓坡，水深，底质为泥质、细沙、粗砂等沉积物。	中游的农业生产区、城市边缘区、一般城市区、城市核心区
	河滩洼地	洪水泛滥在河岸低洼地段积水而成，静水，深浅与洼地形状有关，底质以泥质、细沙为主。	
	河漫滩水凹	在冲积形成的河漫滩上的洼地上的余水，水浅，静水，底质为细沙、砾石、卵石等。	
	浅流	水流缓慢，表面形态光滑，很少或者没有湍流，坡度缓，水浅，底质以砾石、卵石等为主。	
冲积生境	河漫滩	位于河床主槽一侧或两侧，在洪水时被淹没，枯水时出露的滩地，底质以粗砂、砾石、沙砾为主。	中游的农业生产区、城市边缘区、一般城市区
	沙洲	常位于支流与干流汇合的河口地带，由于冲积和沉淀作用形成，在洪水时被淹没，底质以细沙为主。	

资料来源：改绘自：黎璇 . 山地河流生境的生态学研究——以重庆澎溪河为例 [D]. 重庆大学，2009.

水草—连同木屑为鱼类提供食物—鱼类作为水鸟的食物—滩涂作为水鸟的觅食地、乔木作为鸟类栖息地。而河岸生境单元的水平生态过程是指物种在生境单元之间的移动，包括局部运动、迁徙和扩散[182]。生境单元不是孤立的单元，尤其是河岸生境单元，在相互联系以及与外部生境单元的联系中，获得生物多样性和可持续发展。

2. 河段生境特征约束下的场地空间形式

山地城市河岸人居场地空间受河段生境内在秩序和自然演替特征的影响，同时，受到长期以来人类生产生活对于河段生境的建设开发的影响，形成了不同要素（农田、林地、道路及各类型建筑、景观等），组成了场地空间肌理和形式。通常较高河段生境质量的居住区因独特景观而价值上升，如重庆南滨路的中高端居住区及其特色建筑空间形式。河段生境的物种、水深、水面及底质等特征也支撑着各种游憩功能，包括游泳、划船、游艇和钓鱼等。

山地城市的地名一般反映了当地河流河岸的地貌生境特征，并且记录了当地人的居住环

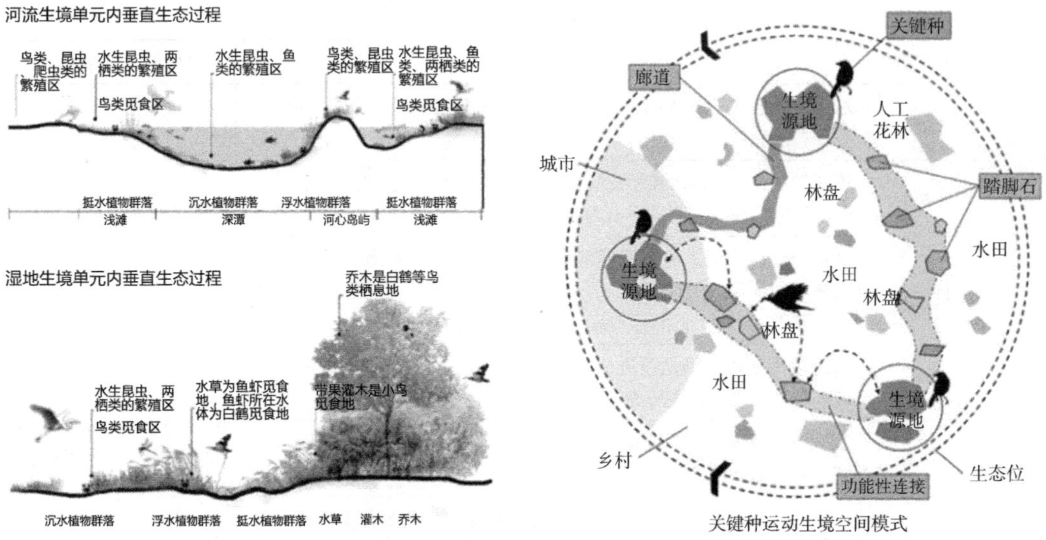

图 6-1　河段生境单元的垂直生态过程（左）和水平生态过程（右）

资料来源：赵珂，赵梦琳，王立清 . 生境生态系统规划——生态规划的一种途径 [J]. 西部人居环境学刊，2018，33（02）：63-69.

境和偏好，逐水而居，傍山而建，所居之地，靠山临水[183]。例如重庆，历史上发展起来的山地人居聚落空间常常被称为“潭、滩、沱、浩、湾、塘、沟、池、堰、泉”（表 6-3）。例如“沱”，指河流流速平缓的水湾地带，引申后也包括回水湾地带所在的陆上地块，或邻近回水湾的陆上区域，如牛角沱、李家沱、唐家沱等。“浩”，本意指水势浩大，泛指事物的广远、盛大，如龙门浩月。“滩”，指江、河边或处于江河中的由泥砂、石砾堆积成的平地，如磁器口河滩，寸滩。

在河岸生境特征的约束下，河岸道路可能

重庆典型河段的生境特征与场地空间形式对应分析　　表 6-3

典型河段	河段生境单元类型		场地空间形式			现状图示
	河道生境	河岸生境	岸坡形式	景观建筑	空间特征	
牛角沱（滨江公园）	缓流、回流生境（河道边缘的回流，水浅，流速很慢，坡度缓）	人工河岸（人工栽植有护岸林、草等，规则、整齐地分布）	梯级式（行人从上层空间下至亲水层的阶梯通道）	有道路、轻轨等交通设施，较多高层建筑，建筑密度大	曲线河岸，场地高差较大，交通设施穿插，高架桥多	
龙门浩月	急流险滩生境（流速快，有水花，水深，底质有圆石、巨石）	人工河岸（人工栽植有护岸林、草等，带状、规则、整齐地分布）	斜坡式（软质间杂硬质护坡，也具有亲水观景层）	紧邻南滨路、滨江路建筑群（龙门浩月），层层跌退，错落有致	直线河岸，场地有一定高差，两层亲水空间，近距直观江水与巨石	
磁器口河滩	冲积河漫滩生境（在洪水时被淹没，枯水时出露的滩地）	人工河岸（人工栽植景观植被，多种形状）	复合式（有斜坡，也有梯级或退台，层次丰富）	传统建筑群落，尺度小、密度大，作为旅游地	高差较小，滩涂形状变化，景观空间视野开阔	

不再是规整的或笔直的，用地可能是不规则的多边形。不同河段的建设用地配置和空间形态布局具有一定的规律特征。通常，居住功能的河岸场地空间与河流水域保持一定距离，中间由植被形成缓冲带，要么保持平行，要么位于河流转弯内侧。如果是上游的细小支流，居住生活场地可以直接与河流相连。而通常工业农业生产、运输功能的场地空间的河岸斜坡高差很小，直接与河流空间相连，没有连续的河岸林地植被。商业或综合功能的场地空间往往空间层级丰富、形式（交通、景观、活动）多元。

6.1.2 场地建设方式及其河段环境影响

1. 滨江路修建阻碍亲水性和景观性

山地城市滨江道路的修建，由于强调交通性和防洪性，使得城市河岸的景观性和生活性逐渐流失。重庆两江沿岸由于河岸垂直高差大，地质条件不稳定，多采用高架的形式修建滨江快速路。例如重庆嘉陵江南岸的沙滨路河段，沙滨路与河岸城市内部道路呈分离状态，居民步行可达性差，忽略了休闲亲水的需求（图 6–2）。

2. 斜坡建设加剧河岸灾害风险

斜坡要素是山地城市河岸空间最敏感的环境要素之一，它们对土地开发和资源开采构成重大限制，如果受到干扰很容易发生侵蚀、土地滑动和沉降的危险。这种干扰会损害水质等生态价值，带来公共安全风险。不合理的斜坡建设方式会增加滑坡风险，来自两种情况：一是对不稳定斜坡认知不够，例如在不稳定或潜在不稳定的坡地上设置构筑物；二是不合理的斜坡建设方式，例如大面积挖方和填方，造成不稳定的垂直斜面。当斜坡物质的重力超过支撑物质的摩擦力、强度和内聚力的阻力时，就会发生斜坡不稳定。斜坡本身就是敏感区域，再加上额外的人为因素，使得斜坡更容易崩塌，发生滑坡、泥石流、雪崩等地质灾害。

3. 地表硬化改变水文路径，加剧水环境污染

地表硬化使水文周期和路径被破坏，造成大量径流并加剧水环境的污染。不同城市化程度的地表硬化对河段水文生态系统产生不同的影响。在城市化程度更高的地区，会修建更多的道路、停车场和不同功能的建筑，更多的土地表面变得不可渗透。此外，植被覆盖率也因城市化程度提高而大幅降低，导致降水不再容易或快速地蒸发和渗透，因此形成大量的地表径流。城市化程度越高的区域，不透水覆盖的比例越高，水文的渗透路径比例越低，蒸发路径比例也越低，地表径流比例大大提高，不仅地表径流排放的水量大幅增加，同时，径流排放的时间大幅缩短（图 6–3）[184]。地表硬化后的人类活动加剧水环境污染，例如停车场被雨水冲刷后，雨水混合停车场沙砾、油和其他碎片，污染其流入的河流水体[185]。

图 6–2 重庆嘉陵江沙滨路的河岸情况
资料来源：百度图片

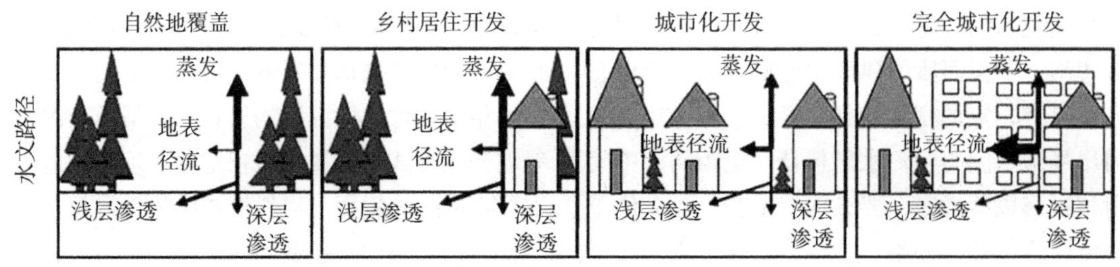

图 6-3 城市化进程下不透水覆盖伴随的水文路径变化（不同粗细的箭头代表水文排走的比例）

资料来源：参考 ARNOLD C L，GIBBONS C J. Impervious surface coverage：the emergence of a key environmental indicator[J]. Journal of the American Planning Association. 1996，62：243-258.

6.1.3 河段绿色空间支撑场地环境绩效

以人类使用为中心的河岸生境更多是在与人的日常活动密切相关的生态系统的小尺度内（如滨河绿地、居住区等）。好的河岸绿色规划与建设可以保护水陆交错带的生物多样性，维持河段生境在时空演化中的稳定性，在长期维持高质量的河段生境的同时，也能够促进居民对景观游憩、历史文脉的保护，提升城市街区公共空间的活力。

自然的河流空间有凸岸、凹岸、岛屿、浅滩等，为各类生物（鸟类、鱼类、两栖类等）提供了栖息地，可减缓河流流速、削弱洪水的侵蚀力。好的河段绿色空间设计注重维护河流的蜿蜒性，河流弯曲度对于水环境污染物的降解、保证水陆物质流动、维护生态平衡具有重要意义。注重维持河流的浅滩、深潭等多种河道生境类型，形成瀑布、跌水、急流、缓流等不同的流态。保留靠山河段的河岸森林，恢复河漫滩区域，通过降低部分现有的堤岸或河堤来创造沉积区域，形成湿地。控制洪水使其成为一个工具重新连接现有城市中残存的孤立的斑块，如林地、公园、广场、社区公园，允许在不构成城市区域和结构危险的河段发生洪水，从而让河岸绿色空间成为自然河流与城市建设区之间的一道有机动态的生态空间界面，例如重庆开州盛山片区的河段绿色空间。

河岸绿色空间的关键控制指标（如林地覆盖率、连通性、斑块密度、建设单元密度、用地混合度、植被多样性等）支撑着城市河岸空间的环境绩效①。例如针对不同的环境绩效目标（雨洪管理或景观游憩），不同河段的河岸林地覆盖率可能存在不同的阈值，需要样条分区下的河段环境绩效目标的平衡设定。

6.2 河段横向空间样条分区

6.2.1 横向空间样条分区划定原则

在前文第 3.4.2 节中已述，随着河岸横向自然梯度的空间转换，河岸绿色空间在横向上的功能随之变化。在确立整体和纵向空间样条分区及其主导和次要功能的基础上，需要根据纵向区段位置来平衡河岸横向的保护与利用关系，从而确立河岸场地的开发利用强度。沿河岸绿色空间横断面方向，对重要生态斑块需要予以保护和修复，对可能输入的外围相邻人为干扰需要隔离与缓冲，对可能输出的景观资源和环境增值效益需要有效利用，需要进行科学合理的分区管控，这是进行河岸横向空间样条分区的目的。参考自然保护区常见的“核心区—缓冲区—过渡区 1/ 过渡区 2”模式，可以将河岸横向空间样条分区分为 5 个区：核心区（即

① “环境绩效”是指城市要素的空间布局及相互作用产生的环境效果或性能，主要包括能量流动、物质循环、生物多样性。参考文献：颜文涛，萧敬豪，胡海．城市空间结构的环境绩效：进展与思考 [J]. 城市规划学刊，2012（5）．

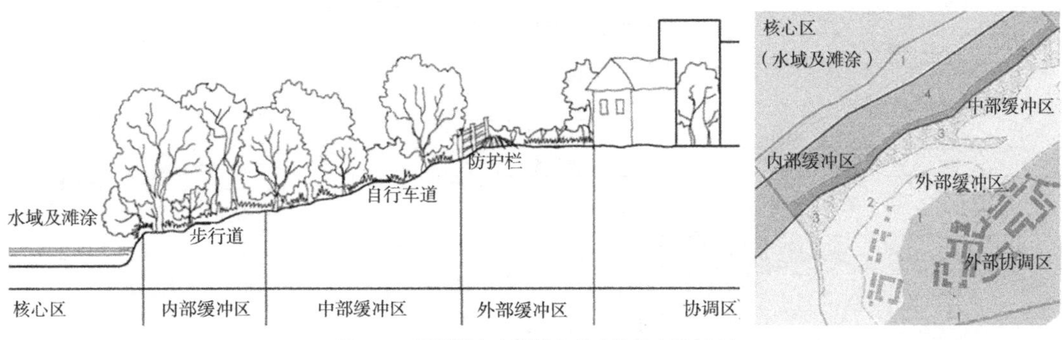

图 6-4　河岸横向空间样条分区划定（五个区）

水域滩涂带）、内部缓冲区、中部缓冲区、外部缓冲区（即绿化缓冲带）、协调区（即协调带）（图 6-4）。

河岸横向空间样条分区是街区场地层面的详细设计，需避免因机械地划定而造成的城市河流岸线与河岸形态单一及同质化情形（如生硬等宽的退让距离、相同的绿化种植和护坡方式等），从而导致河岸横向空间场地单元控制缺乏针对性和适宜性。应根据河岸空间现状和发展的实际情况（生态特征和社会特征），对分区形态边界进行优化组织，同时应遵循以下基本划定原则：

（1）在划定五个河岸横向样条分区时，应预留景观绿化、雨洪工程等生态改善工程所需用地，避免城市开发建设活动挤占河流水域空间。

（2）应尽量保持河流岸线的自然形态，特别是山地城市，根据河水涨落特点，维持河岸的生态缓冲区。

（3）为打破山地城市河岸消落带或枯水季滩涂的生硬感，缓冲区局部可以突破核心区边界，使得蓝线、绿线交织一体。

（4）严格控制核心区、扩宽缓冲区、柔化协调区，使河流整治建设与河岸用地建设相协调。

（5）内部、中部和外部缓冲区的划定依据地形、坡度、植被、土壤等自然生态要素以及外部关联用地特征（如污染类型、强度，建设诉求等）综合确定。

（6）中部缓冲区的宽度或面积，通常来说应与内部缓冲区或核心区（水域滩涂）面积成正比，并尽量包含完整的河岸地形梯度。

（7）缓冲区的宽度应该随生境斑块宽度、植被状况、斜坡特征（如凸坡或凹坡）及可利用空间而变化，不应统一宽度划定。

（8）外部缓冲区的划定应考虑当地居民的诉求、生活方式及知识水平，还应考虑管理实施的可操作性。

6.2.2　与河区“三带”的承接关系

在前文第 5.5.1 节中已讨论过河岸绿色空间的功能宽度控制。在中心城镇区尺度，对于河岸绿色空间功能宽度的控制依赖于“三带”的控制模式，即水域及滩涂带、绿化缓冲带和协调带。而在街区场地层面的河岸横向空间样条分区就相当于河岸缓冲带和协调带在场地单元中的空间细分和边界调整。缓冲带范围对应横向空间样条分区的内部缓冲区、中部缓冲区和外部缓冲区的总体范围，协调带范围对应协调区范围，其空间对应关系如图 6-5 所示。“三带”的宽度控制是基于河岸纵向空间样条分区的总体功能宽度差异化控制，而河岸横向空间样条分区则是针对每个街区或场地单元的保护与利用程度的细致划分。

6.2.3　横向建设和非建设单元限定

河岸关联环境区的建设单元与非建设单元唇齿相依。在横向空间样条分区的基础上，依据地形、植被、土壤等生态要素特征来划定需要保留的非建设单元，从而界定适宜的建设单元。

三带一路	河岸横向空间断面样条分区
水域及滩涂带	核心区
绿化缓冲带	内部缓冲区
	中部缓冲区
	外部缓冲区
协调带	协调区

图 6–5　河岸功能宽度的“三带”（中心城镇区层面）与河岸横向空间样条的“五区”的空间对应关系（街区场地层面）

1. 植被与陡坡削减开发建设单元

根据保护的自然生态要素来确定规划建设单元，利用自然要素来削弱建设单元布局的环境影响。在眉山滨江公园的场地规划中，充分利用场地原有的洼地、林地、草地和农田，进行合理的设计与布局，以最大限度地发挥它们的生态功能。划分出场地现状易受洪泛的低洼区域、林地以及陡坡区，分析场地现状的雨水地表径流汇集路径，再划定水管理区、管理缓冲区和可开发建设单元（图 6–6）。

2. 土壤特性限制详细建设单元

开发建设易破坏地表植被，损害土壤结构，促发土壤侵蚀，造成水土流失和土壤污染。在做场地设计时，首先应该进行该地的土壤特性调查，土壤与地形地貌及植被状况密切相关（图 6–7）。掌握土壤的属性（质地、结构、渗透性、坚实度、塑性等）有助于判断道路、建筑、硬质铺装及其他设施的土壤适宜性。再根据土壤特性调查，划分出不同适宜性等级的可建设单元，包括主要建设单元和次级建设单元。主要建设单元承担集中大型建筑群的建设；次级建设单元承担分散小型建筑、设施、广场等的建设。而对于不适宜建设的土地单元，可作为绿色开放空间、生物栖息地加以保护利用，例如湿地周边采用架空栈道，保护土壤。在可建设单元施工时，保留表层腐殖土，避免施工过程中产生板结。

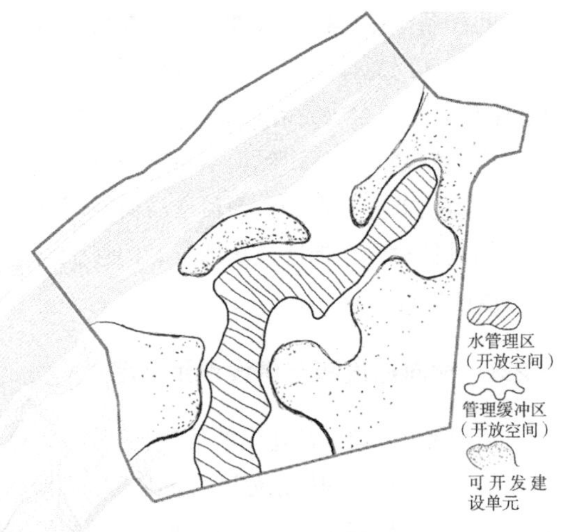

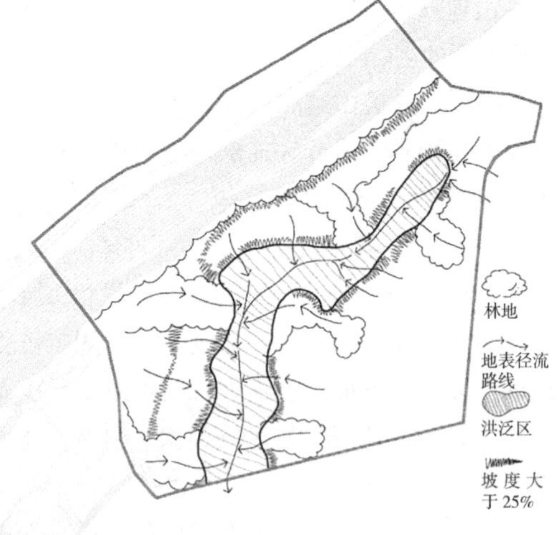

图 6–6　眉山岷东滨江公园规划中，利用自然植被削减建设单元

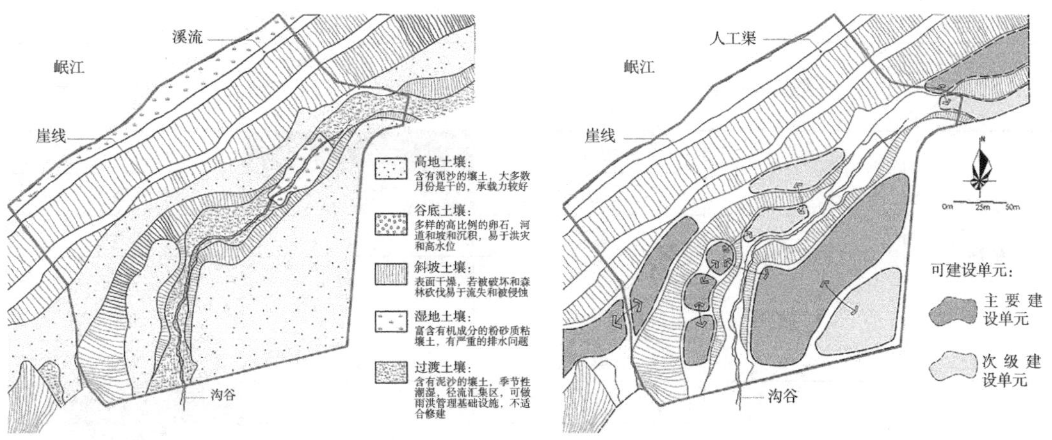

图 6-7 眉山岷东滨江公园规划中，土壤构成分析及建设单元限定

6.3 横向功能指引与空间界面导控

6.3.1 基于要素的复合功能供需评估

街区场地层面的相关属性因子选择相比于城乡区域尺度和中心城区尺度更详细，量化评估应该更为复杂。以重庆南川新桥街区为例进行街区场地层面的供给与需求评估，河岸横向评估宽度范围为100m。新桥街区位于南川中心城隆化片区和北固片区的隔离地带，现状河岸用地类型复杂，包括城镇居住用地、农村居民用地、市政基础设施、分散工矿企业、农田林地斑块等。

1. 街区场地的河段雨洪调节与景观游憩功能的供需评分指标体系

1）雨洪调节功能的供需指标评分

在街区场地层面，河岸绿色空间规划的核心任务是开放空间场地的详细设计，因此，这个层面的供给与需求评估需要更加详细的属性指标，比如斜坡坡度、土壤构成、植被类型等（表6-4）。根据相关研究结论，河岸坡度较平缓的区域可以为污染物提供更多渗透进土壤的时间，能使其更有效地从径流中过滤出来。渗透性强的、有机成分和黏土成分的土壤也是促进渗透和过滤地表污染物的最重要的土壤特征。不同

街区场地的河段雨洪调节功能的供给与需求评估指标评分　　表 6-4

贡献指标			供给与需求评分	
			供给	需求
地形地貌	斜坡	0–15	5	N/A
		15–30	3	N/A
		>30	1	N/A
	土壤	A	5	N/A
		B	3	N/A
		C	2	N/A
		D	1	N/A
		硬化地面	0	N/A

续表

贡献指标			供给与需求评分	
			供给	需求
植被	植被类型	阔叶树	5	N/A
		其他乔木	4	N/A
		灌木	3	N/A
		水田	2	N/A
		旱地	1	N/A
		草地	1	N/A
需求	次级汇水单元的不透水覆盖比率	高	N/A	5
		较高	N/A	4
		中	N/A	3
		较低	N/A	2
		低	N/A	1
	次级汇水单元的污染负荷	高	N/A	5
		较高	N/A	4
		中	N/A	3
		较低	N/A	2
		低	N/A	1

注：供给：0 没有供给，1 低供给，2 较低供给，3 中供给，4 较高供给，5 高供给；
需求：0 没有需求，1 低需求，2 较低需求，3 中需求，4 较高需求，5 高需求。

类型的植被会针对土壤侵蚀防护、径流过滤等雨洪调节功能产生不同级别的生态效益，根据 Penka M 的研究，阔叶树由于其强大的拦截水的能力，在雨洪管理功能的发挥中表现最好[186]。

2）景观游憩功能的供需指标评分

不同的植物类型会对游客有不同程度的吸引力。根据相关研究，森林通常被认为是最有吸引力的场所，农田相对于草地来说，对于游憩活动没有那么多吸引力[187]。河岸的不同地形地貌特征也是各种景观游憩资源，在山地城市，河岸的最高点和崖线是游客观景和城市景观展示的最佳区域。河漫滩由于更加接近水，在一定程度上是亲水观景活动的较好区域。而河岸的许多台阶地由于比较适宜修建游憩服务设施，因此也给予一定的评分。对于景观游憩需求的评估，主要考虑两大需求预测的要素，一是研究范围内的居住区尺度的人口密度，二是居住中心到河流的距离。供给与需求的贡献指标如表 6–5 所示。

2. 街区场地的河段雨洪调节与景观游憩功能供需差值评估

雨洪调节功能供给值与需求值根据供需指标评分系统直接得出。景观游憩功能供给值也根据供给指标评分得出，而需求值是依据经验，对居住区人口密度与居住中心到河流的距离给予同等的权重得出。两个功能的供需估值等级、供需差值计算及最后分级与城乡区域层面的供需评估方式相同（见第 4.3.1 节）。

1）雨洪调节功能供需评估

雨洪调节功能供给估值由斜坡、土壤和植被分别被赋予相应的权重（分别为 0.5、0.3、0.2），综合评分得出。根据供需差值评估结果（图 6–8），

街区场地的河段景观游憩功能的供给与需求评估指标评分　　表 6–5

<table>
<tr><th colspan="3" rowspan="2">贡献指标</th><th colspan="2">供给与需求评分</th></tr>
<tr><th>供给</th><th>需求</th></tr>
<tr><td rowspan="6">地形地貌</td><td>山顶、崖线</td><td>—</td><td>5</td><td>N/A</td></tr>
<tr><td>河漫滩</td><td>—</td><td>4</td><td>N/A</td></tr>
<tr><td>河岸台阶</td><td>—</td><td>3</td><td>N/A</td></tr>
<tr><td>其他缓坡</td><td>坡度小于 25%</td><td>2</td><td>N/A</td></tr>
<tr><td>其他陡坡</td><td>坡度大于 25%</td><td>1</td><td>N/A</td></tr>
<tr><td>陡崖</td><td>—</td><td>0</td><td>N/A</td></tr>
<tr><td rowspan="8">植被景观</td><td rowspan="5">植被类型</td><td>乔木林</td><td>5</td><td>N/A</td></tr>
<tr><td>草地</td><td>4</td><td>N/A</td></tr>
<tr><td>果园</td><td>3</td><td>N/A</td></tr>
<tr><td>灌木林</td><td>2</td><td>N/A</td></tr>
<tr><td>农田</td><td>1</td><td>N/A</td></tr>
<tr><td rowspan="3">植被多样性</td><td>高</td><td>5</td><td>N/A</td></tr>
<tr><td>中</td><td>3</td><td>N/A</td></tr>
<tr><td>低</td><td>1</td><td>N/A</td></tr>
<tr><td rowspan="10">需求</td><td rowspan="5">居住中心到河流的距离</td><td>长</td><td>N/A</td><td>5</td></tr>
<tr><td>较长</td><td>N/A</td><td>4</td></tr>
<tr><td>中</td><td>N/A</td><td>3</td></tr>
<tr><td>较短</td><td>N/A</td><td>2</td></tr>
<tr><td>短</td><td>N/A</td><td>1</td></tr>
<tr><td rowspan="5">居住区的人口密度</td><td>高</td><td>N/A</td><td>5</td></tr>
<tr><td>较高</td><td>N/A</td><td>4</td></tr>
<tr><td>中</td><td>N/A</td><td>3</td></tr>
<tr><td>较低</td><td>N/A</td><td>2</td></tr>
<tr><td>低</td><td>N/A</td><td>1</td></tr>
</table>

注：供给：0 没有供给，1 低供给，2 较低供给，3 中供给，4 较高供给，5 高供给；
需求：0 没有需求，1 低需求，2 较低需求，3 中需求，4 较高需求，5 高需求。

超过 50% 的区域需求估值大于供给估值，尽管新桥街区位于城市两个片区的组团隔离带上，可能是因为较差的现状生态状况和用地特征，导致雨洪调节需求大于供给。

2）景观游憩功能供需评估

景观游憩功能供给估值由地形地貌、植被类型和植被多样性分别被赋予相应的权重（分别为 0.4、0.4、0.2），综合评分得出。根据景观游憩功能供给与需求评估结果，新桥街区有高达 85% 的区域的需求估值大于供给估值，主要是由于大比例的农田植被、稀少的乔木和极低的植被多样性。作为组团隔离区，新桥街区的河岸区域展现出了极为不平衡的供需差值（图 6–9），说明在过去城市发展的过程中，虽然留出了关键的城市组团隔离带，但忽视了城市居民的游憩需求，并没有对其良好的植被进

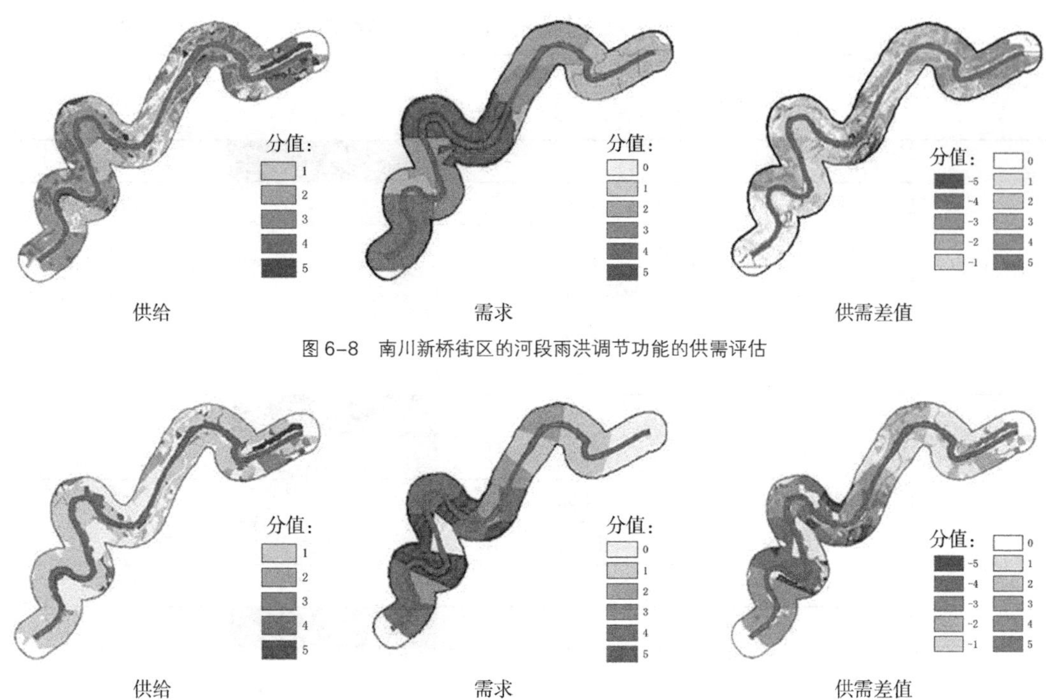

图 6-8　南川新桥街区的河段雨洪调节功能的供需评估

图 6-9　南川新桥街区的河段景观游憩功能的供需评估

行保护或投入游憩景观打造和服务设施建设。

3）街区场地的河段典型复合功能供需差值评估

街区场地的河段供给和需求评估，由于所选街区场地在城乡空间梯度上的位置不同，存在更多的差异性。同样，如若给予相等的权重，

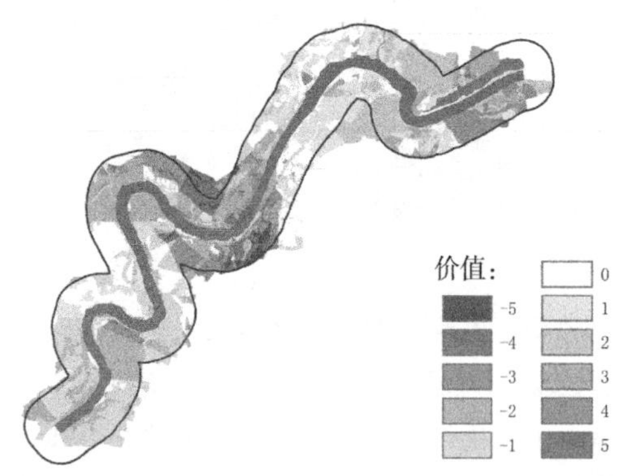

图 6-10　南川新桥街区的河段绿色空间典型复合功能的供需差值评估

新桥街区河段的典型复合功能供需差值评估如图 6-10 所示。雨洪调节功能和景观游憩功能复合以后，总体大部分区域的需求还是大于供给。从它们各自的贡献属性指标因子来看，在以后的规划策略制定中，一些属性是发挥协同效应的，如增加更多的林地乔木，一些属性是需要权衡的，如草地的建设，草地对景观游憩功能的贡献值较高，但对于雨洪调节功能的贡献值较低。

6.3.2　横向分区功能指引与防护程度

河岸绿色空间横向空间样条分区在规划设计上，应该有不同分区的重点功能、宽度确定依据、植被配置趋向和生态防护程度（图 6-11）。

1. 核心区（水域及滩涂）

尽量保留和保护原有的河流及支流的水域和滩涂。除了城市发展的不得已的情况外[①]不得

① 水系改造是城市建设过程中提升水系综合功能的手段，在改造过程中水域面积是重要的控制条件，但水域面积的大小与各地的水资源条件和地形地势条件等实际情况有较大关联，也与城市发展阶段、发展水平有很大关系。

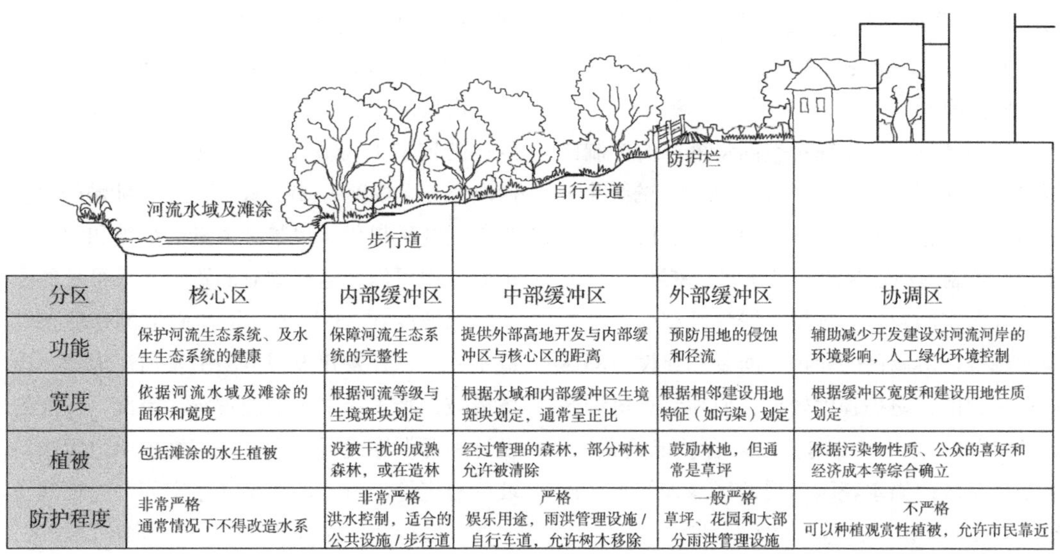

分区	核心区	内部缓冲区	中部缓冲区	外部缓冲区	协调区
功能	保护河流生态系统、及水生生态系统的健康	保障河流生态系统的完整性	提供外部高地开发与内部缓冲区与核心区的距离	预防用地的侵蚀和径流	辅助减少开发建设对河流河岸的环境影响，人工绿化环境控制
宽度	依据河流水域及滩涂的面积和宽度	根据河流等级与生境斑块划定	根据水域和内部缓冲区生境斑块划定，通常呈正比	根据相邻建设用地特征（如污染）划定	根据缓冲区宽度和建设用地性质划定
植被	包括滩涂的水生植被	没被干扰的成熟森林，或在造林	经过管理的森林，部分树林允许被清除	鼓励林地，但通常是草坪	依据污染物性质、公众的喜好和经济成本等综合确立
防护程度	非常严格 通常情况下不得改造水系	非常严格 洪水控制，适合的公共设施 / 步行道	严格 娱乐用途，雨洪管理设施 / 自行车道，允许树木移除	一般严格 草坪、花园和大部分雨洪管理设施	不严格 可以种植观赏性植被，允许市民靠近

图 6-11　河岸横向空间样条分区的功能指引与防护程度

资料来源：改绘自：SCHUELER T. Site planning for urban stream protection[R]. Ellicott City，Prepared for：Metropolitan Washington Council of Governments. Washington，DC. Center for Watershed Protection（CWP），1995.

改变河道形态。若要改造河道，必须结合每个城市的地方经济社会特征，经过严格的研究和论证后再进行改造。对于核心区的滩涂或沙洲，特别是高级河流的大型滩涂岛屿，严禁任何开发建设活动，可谨慎布置适量绿道供生态游憩和环境教育使用，严格控制人类涉入。

2. 内部缓冲区

河岸内部缓冲区是最靠近河流水体的，此区域通常由未被干扰的森林植被群落组成，主要为生态本底条件好或可恢复性强的生境斑块。枯木和落叶落进河流有助于更新不断变化和侵蚀的河床，有利于整个河流系统及生物的健康。邻近河流水体的树木还能提供树冠遮盖，本地树木能更好地与河流栖息者共生。特别是快速生长且耐湿地条件的树种，由于其主干弯曲、强健而分支脆弱，能帮助它们抵抗周期性的洪水冲击，帮助河床提升河岸稳定性。内部缓冲区应在严格保护现有生态斑块的基础上恢复一定面积的林地或湿地斑块以保证足够的生境功能宽度。边缘形态尽量完整以保护内部生境，控制极少量的公共设施与步行道，供人们接近河流，体验大自然。

3. 中部缓冲区

河岸内部缓冲区由大型乔木和林下小型乔木及灌木组成，是经过人类一定管理的森林，部分树林允许被移除，主要为了提供高地开发区域与内部缓冲区的距离。此区域允许水流渗透进土壤，通过植被群落来吸收和清洗营养物和污染物，能忍耐一定程度的干扰，应选择适应相应场地条件的一系列混合物种。在场地允许的情况下，一些商业经济物种和非传统农业产品可以在此区域种植。中部缓冲区的边缘形态比较完整，允许较少的娱乐用途和一些雨洪管理设施，控制较少的自行车道，供人们游憩健身使用。

4. 外部缓冲区

河岸外部缓冲区紧邻建设用地、农用地或其他用地。在城乡建设区，此区域多为各类型的人工或半人工景观绿地，应与建设用地相互咬合分布，并保证一定的河岸外部区绿地率和朝向河流的开敞率。在城乡非建设区域，河岸外部缓冲区为一个过渡区域，用于吸收径流、过滤沉积物。应根据城市建设和旅游发展需要，在市政设施配套较完善的基础上，允许协调区的少部分公共建筑突破绿线范围（即绿化缓冲带），边缘形态弯曲，丰富多样，从而塑造多样化的城市河岸建筑与环境耦合的空间形态。

5. 协调区

协调区是指河岸绿色空间最外围的控制区域（是第5.5.1节中心城镇区层面协调带的细化），也是河岸绿色空间的设计管控范围。协调区主要设计控制滨河建筑的开发强度、密度、高度，绿地开敞空间数量、规模，绿色基础设施及视线通廊等。协调区的绿色空间是和建设空间镶嵌在一起的，防护程度较低，但须注意协调区绿色空间在横向和纵向上的复合功能连接度，例如协调区内雨水花园与缓冲区绿地的水文连接，居民从协调区到达缓冲区的可达性。

6.3.3 河岸绿色空间界面的特性导控

1. 河岸绿色空间界面的生态要素特性的甄别与维护

河岸空间界面涉及的生态要素包括斜坡、土壤、河漫滩、植被、水文条件等，这些生态要素相互作用，其自然过程孕育并维护着场地自然禀赋（表6–6，图6–12）。因此，需要把这些生态要素甄别出来并予以保护，还需识别、顺应并利用这些自然过程，把场地外在自然生态要素甄别与内在生态过程保护相结合。

1）维护山地河岸斜坡的稳定性

山地河岸斜坡特征主要表现为三种常见类型：陡坡型（高坡度）、缓坡型（较低坡度）、漫滩型（无坡度）。在许多情况下，陡峭的山坡为邻近社区提供了风景，大量的植被和大量的土方工程可以把这些固有的资源变成可见的景观。但坡度在25º以上的河岸斜坡的地质条件极不稳定，开发建设很容易引发河岸崩塌、山体滑坡、水土流失等地质灾害。因此，在规划设计和开发建设过程中应密切维护山地河岸斜坡的稳定性。对于漫滩型河岸空间，应该禁止一切开发行为，在坡度大于25º的河岸陡坡区，只适宜植树造林，也禁止一切建设活动，而缓坡型的河岸区域则可适当地进行低强度的建设活动。在进行有地形变化的场地设计时，应该作斜坡稳定性分析，包括斜坡的坡度、坡地的组分、坡地的类型、坡地的植被状况、排水情况、坡地土地利用的历史记录等，形成斜坡建设适宜性的综合评价。由此，才能确定开发建设的强度、方式以及道路、建筑的布局，建筑的形态等，以减少人类干预对自然地形的影响，维护山地河岸斜坡的稳定性（图6–13）。

河岸生态要素保护清单一览表 **表6–6**

河岸生态要素	甄别重点	生态功能	可能的保护途径
地形（斜坡）	崖线、陡坡、坡地、冲沟等	山形、地质的要素组成是种低级的自维持模型——由这种地貌形成的封闭空间有利于形成良好的局部生态小气候，能够更好地实现基址的自维持生态可持续化。	斜坡稳定性分析、生态敏感性分析等
土壤	土壤结构、表层土壤	防止因人类活动干扰和开发建设导致的土壤流失、土壤污染，保持土壤肥沃。	“表土剥离”、土壤适宜性分析
植被	自然原生植被的垂直和水平群落结构	逐步过渡的交错区生境条件具有异质性和多样性，有助于野生动物的繁衍，以巩固提升生态系统的功能。	优先林地保护、林地流失预防、公益林再造
水文	水文通道、洼地、水塘、湿地等	这些水文廊道和水文关键点是维护流域生态健康的重要组成部分。	禁止填埋、侵占和污染
建筑基址	原有建筑基址位置、布局形态、建造方式等	原有的建筑（农村居民点）基址由于经过多年的使用，更能适应周围的环境，地质条件往往较好，地基稳固，远离径流汇集地和洪泛区，经得起时间的考验，与环境融为一体。	建筑布局形态保留原有的建筑基址和布局形态，进行更新改造和新建

岷江
溪流
林地
陡坡
水塘
农田
崖线
苗圃
农田
建筑基址
生态要素
林地
农田
苗圃果林
崖线
坡地
水域
大气边界层上方
空气流动
蒸腾
降雨
大气边界层
径流
土壤水汽输送
土壤表层
地下水补给
地下水流
基岩
有机物
水
矿物质
空气
400m
40m
30m
20m
10m
上层
中层
下层
动态
特征
构成
100%
100%
100%

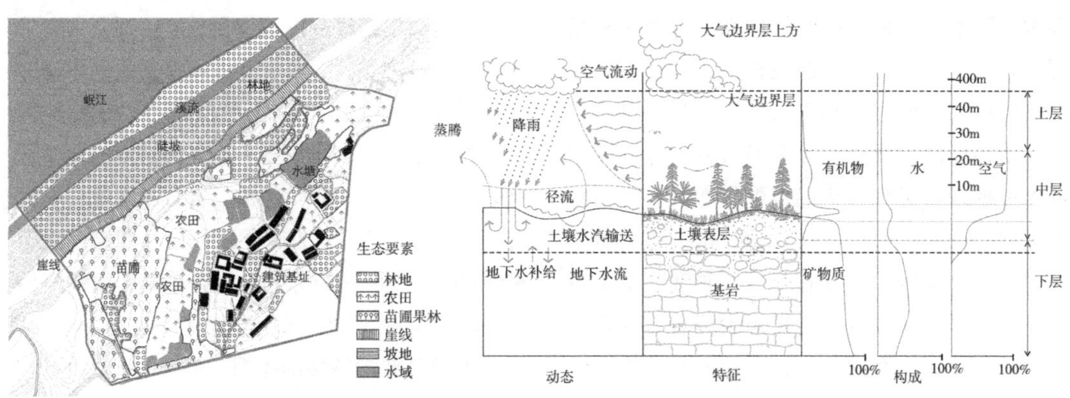

图 6-12　河岸场地现状的生态要素及其自然生态过程

资料来源：MARSH W M. Landscape planning：environmental applications [M]. Wiley Press，2010.

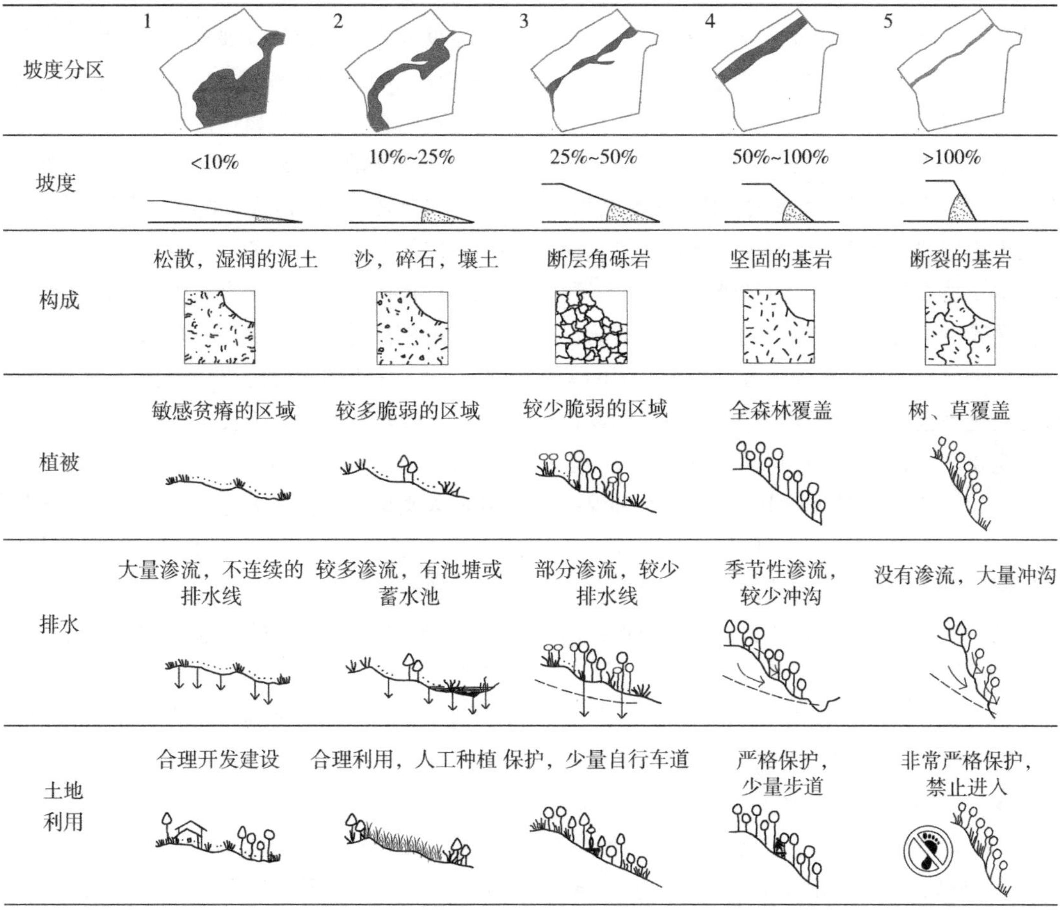

坡度分区
1
2
3
4
5
坡度
<10%
10%~25%
25%~50%
50%~100%
>100%
构成
松散，湿润的泥土
沙，碎石，壤土
断层角砾岩
坚固的基岩
断裂的基岩
植被
敏感贫瘠的区域
较多脆弱的区域
较少脆弱的区域
全森林覆盖
树、草覆盖
排水
大量渗流，不连续的排水线
较多渗流，有池塘或蓄水池
部分渗流，较少排水线
季节性渗流，较少冲沟
没有渗流，大量冲沟
土地利用
合理开发建设
合理利用，人工种植
保护，少量自行车道
严格保护，少量步道
非常严格保护，禁止进入

图 6-13　河岸坡度分区与斜坡稳定的属性特征分析

资料来源：邢忠，余俏，等 . 低环境影响规划设计技术方法研究 [J]. 中国园林，2015，31（6）：51-56.

2）保护未被干扰的自然植被群落

保护现状林地，特别是成片的原生天然林地。林地相比于草地、农田具有更大的生态效益。维护林地边缘区的水平过渡植被体系，逐步过渡的交错区生境条件具有异质性和多样性，有助于野生动物的繁衍。维护和完善植被群落中乔木、灌木、草地垂直结构体系。森林植被群落由若干个垂直方向的层级构成，每个层级都被某些代表性的生物种类占据。这样的结构创造出了多样的生物栖息地和微气候。保护方式可以根据现状类别分析确定保护等级，通过优先林地的保护、林地流失预防、植树造林等措施来进行林地维护。没有经过维护和再造的林地，随着人类的侵占而越来越少或者因为环境污染而退化，而经过维护和再造的林地则会因为有效的生态补充和恢复而越来越多。

3）防控土壤侵蚀与土壤污染

土壤是生态系统的重要组成部分，具有重要的生态功能，包括养分循环、径流调节、水源涵养、气候调节等。更高渗透性的土壤有着更强的拦截、吸收和过滤污染物的能力，能更有效地减少集中径流及其携带的沉积物、营养物。开发建设易破坏地表植被，损害土壤结构，促发土壤侵蚀，造成水土流失和土壤污染。最健康的土壤是那些维持它们自然状态的土壤，尤其是表层土壤。表层土壤是由枯叶、动物尸体经微生物分解后形成的土壤，表土以下的无机物土是完全无助于植物生长的，在规划设计时一定要注意表层土壤的保护，可以通过“表土剥离”①，对开掘的表层土壤进行保存和保护作再利用。开发和建设时可以通过场地线路和集结区的设计来限制土壤板结，控制建设过程中和之后的侵蚀，根据需要，使用覆盖物在场地工作时锁住土壤养分。

4）保护自然水文模式

对自然的水文模式进行保护，尊重原有的自然地形（例如：山丘、高地、陡壁、崖线、坡地、山谷、洼地、阶地、阔江、小溪、滩涂、湿地等）和地貌（例如：原生乔木林、灌木林、草地、竹林、菜畦、果园、梯田、坝田、林带、片林、古树等），尽量少地对场地进行挖填方和平整。划分水文单元，保护水文路径、水文廊道和水文关键点，保证场地原有的滞留、过滤等生态服务功能。保护并维持一定的地表粗糙度。地表粗糙度的定义是地表覆盖（包括多年生植被、岩石、草地、木质碎屑、微地表等）凹凸不平的程度。粗糙度大于65%的地表可以阻断水流，促进渗透，粗糙度小于50%的地表对径流的阻滞效率较低。

2. 社会要素特性的挖掘与提升

在城市建成区中（特别是老城区），河岸社会功能和公共空间体现了城市区域历史和自然演替过程。河岸社会要素体现在两个方面：物质空间要素和功能活动要素。山地城市大多是在河岸江畔发展起来的，尽管城市空间已经向内陆高地拓展了，但以往河岸的老城区依旧是市民公共活动和搭载城市历史和文化的重要物质空间要素，包括传统风貌区、特色老街区、历史古迹与人文节点、滨水公园、绿地和广场、公共服务设施等。例如重庆渝中区长江和嘉陵江河畔的湖广会馆、白象街、东水门城墙、各种滨江公园和城市阳台、特色交通（如缆车、大扶梯、轻轨站点）等（表6-7）。市民对城市河岸绿色空间的游憩需求由过去单纯的物质景观化向人文化、社会化转变[188]。河岸空间承载着多样的功能活动，如展示、休闲、娱乐、会议、人文旅游等。

1）维护河岸社会空间的公共属性（公平与正义）

河岸公共空间及公共属性的维护需要城市“白线”②来控制。这主要是针对目前我国城市河岸空间私有化情况严重，保护市民的公共空间权益，保障河岸公共空间资源分配的合理性、公共空间准入的公平性和社会价值观的正义性。具体保护措施可以包括：根据河流等级和关联

① “表土剥离”就是指将建设所占土地约30~50cm厚的表土，在耕地转为建设用地之前，搬运到固定场地存储，用于原地或异地土地复垦、土壤改良、造地和景观用土等，有效保护地表熟土资源不流失。

② 所谓“白线”就是指城市内河、库、湖、渠和湿地等城市地表水体的滨水空间公共地域界线。参考：宋伟轩，朱喜钢，吴启焰．城市滨水空间生产的效益与公平——以南京为例[J]. 国际城市规划，2009，24（6）：66–71.

重庆市渝中区长江及嘉陵江河岸社会物质空间要素 表 6–7

社会要素资源	分类	部分内容
传统特色街区	传统风貌区	十八梯、白象街、打铜街、中山四路、李子坝、山城巷
	特色老社区	白象街、领事巷、嘉西村、人和街、街坊西路、金汤街
	山城老街区	鲁祖庙、洪崖洞、重庆天地、燕子岩、三层马路
历史古迹与人文节点	国家级	东水门及城墙、湖广会馆
	市级	李耀庭公馆、国民政府军事委员会、望龙门缆车遗址
公园、绿地和广场	城市阳台	南区路城市阳台、人民公园、滨江体育公园城市阳台
	城市广场	朝天门广场、国泰广场
公共服务设施	文教设施	学校、国泰艺术中心、三峡博物馆、大礼堂
	公共交通设施	码头、长江索道、菜园坝火车站、轨道站点

资料来源：参考重庆市设计院《渝中区步行系统专项规划》(设计文本)绘制。

用地特征，将距离岸线一定范围内划定为公共空间，禁止私有化；根据河岸纵向功能分区，明确河岸的公共属性和开放程度，按比例规划河岸开敞空间，并保证良好的进入性；对于现有已经被私人建筑切割的河岸，建议在白线范围内专门设置步行连接通道等。

2）公共空间的连接并提升城市活力

简·雅各布斯认为人与人之间的活动及生活场所相互交织的过程和生活的多样性，使城市获得了活力。活力由人们的活动所激发，而公共空间作为公共生活的容器，衡量其是否成功的重要标准便是是否具有市民公共生活带来的活力。活力提升的途径包括连接性、可达性、多样性、交融性及边界效应等。其中，连接性是最重要的活力提升目标，也是途径，空间上，它既指河岸横向与城区内部的连接性，也指沿河岸纵向各要素之间的连通。连接性不仅对河岸绿色空间生态功能的发挥非常重要，也是重塑和助益社会功能的关键。城市河岸文脉的连接隐藏在河岸公共场地和公共建设之下，内含城市居民与河流之间的文化互动过程，应鼓励公共建筑和居住区设置临江露台和连续的步行栈道。

3. 河岸绿色空间界面的边界特性控制

河岸绿色空间必须考虑自然和建成环境之间的多样界面，不同界面的物质和能量交换的模式和程度不同。生态单元的自然界定边缘是人类建设的警示线，界定价值除正面效益外，同时也防护人类免受侵害。山地城市的一些生态和地质敏感区域是不适合人类居住和涉入的。河岸绿色空间横向边缘区应该根据自然生态要素特征和城市发展与社会公众的诉求弹性控制其边界的开放程度。

1）河岸绿色空间界面的属性特征

在景观生态学中，河流廊道与相邻景观之间边缘植被的结构影响着栖息地、传输和过滤功能。河岸绿色空间边界有可能是直线的或曲线的。直线边界允许沿着纵向边界相对不受阻碍地运动，因此降低了横向河流生态系统和河岸内部高地生态系统的相互作用。相反，曲线边界与相邻区域连为一体，能促进跨边界的迁徙，增加相互作用。空间界面的边界特性包括边界粗糙度、弯曲度、软硬度、宽度和结构多样性等（表 6–8）

2）河岸绿色空间的边界控制并激发边缘效应

河岸绿色空间边界不应该是一种只有隔断性的限定线性边界，应该是一种“边界空间”，强调的是空间属性，不是一种线性界面，而是两侧均质的景观单元之间的具有一定宽度的空间界面实体。这个作为空间实体的边界区域应该是一种过渡空间，具有异质性、多样性和包容性，既能起到隔离两侧异质的空间单元的作用，又能使两侧异质的空间单元很好地连接与融合。

除对河岸关键自然生态单元的保护之外，河岸绿色空间的边缘效应是界定河岸绿化单元和建设单元的重要考虑因素。在河道和内陆高地建设单元之间，依据城乡不同河岸区段的供给与需求，合理把握两者拓展边缘介入程度，确定“对外开放”所需的“内缘比”①。通过空间形态设计控制边界特性（弯曲度、粗糙度、多样性等）可以控制河岸内部和外部横向相互作用的程度。在未城市化的河岸区域，遵从自然生态单元之间的过渡边界，如林地—灌木—草地的水平过渡边界，在农业化的河岸适当控制弯曲柔性的林地—农田过渡边界，兼顾农林生态多样性与农业生产的经济利益②。而在城市化的河岸区域，则鼓励更加弯曲柔性的边界形态，以便让自然生态空间和社会空间接触后激发更多的边缘效应，但工业区和灾害危险区除外。在近岸内部区域，鼓励动植物沿着边界移动，增加河流廊道的纵向连通性。在中部区域，同时保持物质的纵向移动和横向移动。而在远岸外部区域，鼓励跨边界两侧的物质信息交流，增强横向可达性，提高环境增值效益。因此，

河岸绿色空间作为空间界面的边界特性 表 6-8

边界特性	描述	示意图
边界粗糙度	提高边界粗糙度倾向于增加沿着边界移动，而降低边界粗糙度倾向于跨越边界移动	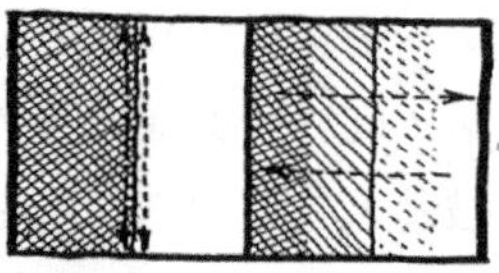
边界弯曲度	一条笔直的边界倾向于拥有更多的物种沿着它移动，而一条弯曲的边界更有可能跨过它移动	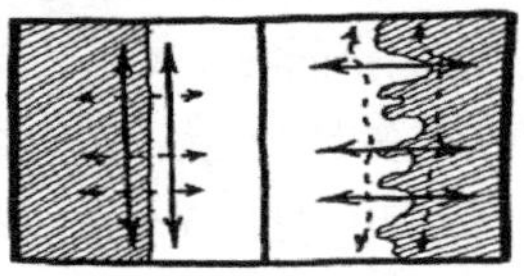
边界软硬度	与笔直边界相比，一条弯曲的小块边界可能会提供更多的生态效益，更少的土壤侵蚀和更多的野生动物使用	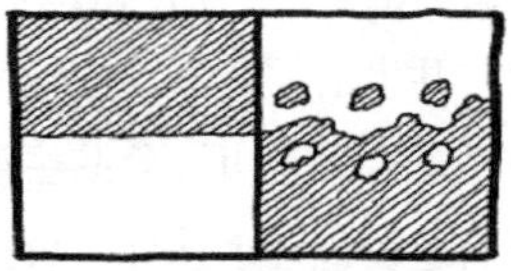
边界（相对）宽度	边界的（相对河道）宽度的结合决定了一个景观的边界栖息地的总数量	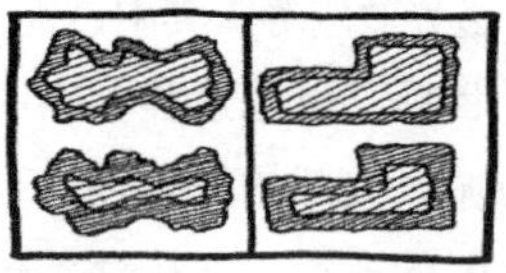
边界结构多样性	结构多样性高的垂直或水平边界，边缘物种很丰富	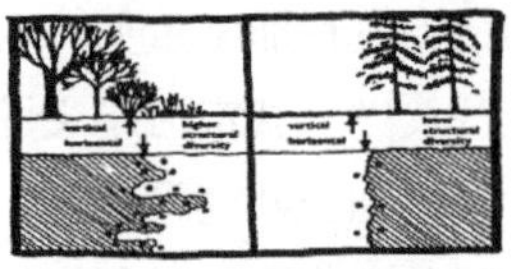

资料来源：DRAMSTAD W. Landscape ecology principles in landscape architecture and land-use planning[M]. Washington，DC：Island Press，1996.

① “内缘比”是指斑块内部和外侧边缘带的面积之比。

② 通常来说，因为方便农业生产的经营管理，农田边界在平地趋向于呈规则的矩形，而在坡地趋向于沿等高线种植。

在城乡样条分区上和横向空间样条分区上，边界特性的总体控制趋势如图 6–14 所示。

6.4 河段场地绿化空间设计

河段场地绿化空间设计的重点主要包括三个方面：生态雨洪管理体系设计、栖息地修复与植被配置、慢行绿道与绿街设计。

6.4.1 生态雨洪管理体系设计

1. 基于横向空间样条分区的生态雨洪管理体系的构成

雨洪管理必须扩大河岸缓冲带的范围限制，才能实现对雨洪的控制、处理，并将其作为景观资源。允许地下水流，因为如果不让水流渗透而是在管道内部流动，河流的水会流失而不是回补地下水来达到平衡。沟渠、沼洼地、渗透和滞留池可以延长水的排放，减缓径流，是沉积和渗透作用的基础。

将河岸绿色空间作为水陆界面生态屏障来综合管理雨洪，在横向空间样条分区的基础上，提出河段绿色空间“协调区源头控制—缓冲区过程控制—核心区末端控制”的生态雨洪管理体系（图 6–15）。

1）河岸协调区的源头控制

山地城市能在暴雨时期以非常短的时间在地表汇集形成大量的雨洪径流，同时雨水径流携带地表污染物进入河流形成面源污染，容易

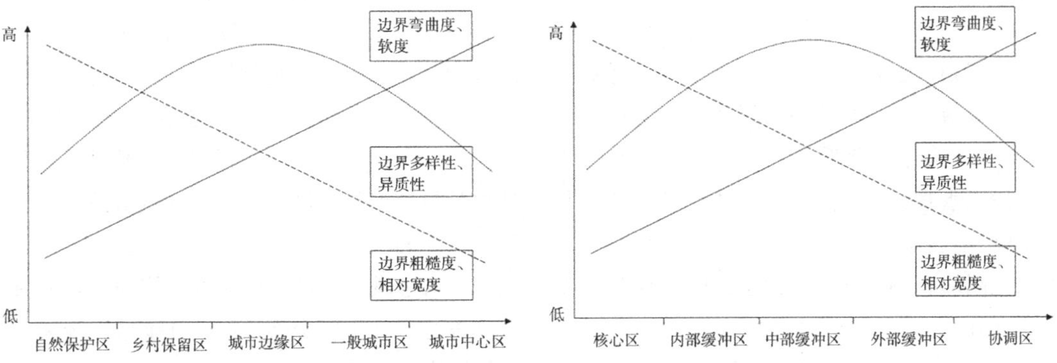

图 6–14 城乡样条分区和横向空间样条分区上的边界特性控制趋势

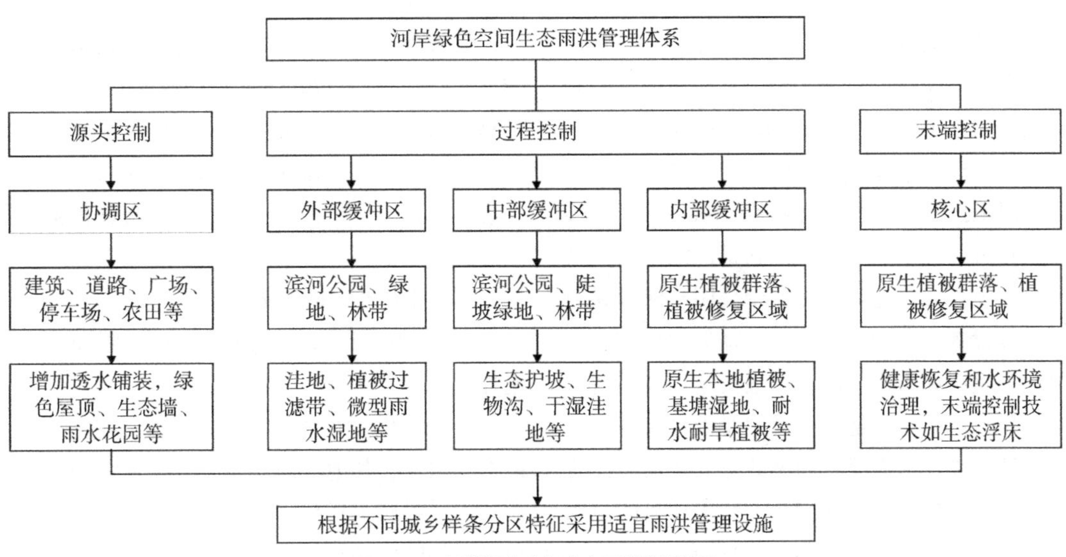

图 6–15 河岸绿色空间生态雨洪管理体系

在短时间内使河流水质严重恶化。因此，山地城市降雨径流的源头控制体系尤其重要，河岸协调区的建设用地和建设活动往往是污染的来源，通过减少河岸协调区各个污染源的雨洪径流，并拦截和净化径流污染物，可以从源头上减小环境影响。

（1）增加透水铺装。首先确定可设置透水铺装的区域，逐步减少不透水硬化地面。增加区域包括街道、露天停车场、绿地广场、娱乐场地、台阶等需要地表硬化但承重不大的区域。理想情况下，透水表面应该是水平的，以在源头上拦截当地雨水。在倾斜的场地，透水表面可能是分台的，以消解水平高度的差异。此外，尽量缩短道路的长度、宽度，减少建筑、停车的足迹。

（2）布置源头控制设施。源头控制设施包括绿色屋顶、生态墙、雨水花园等。绿色屋顶能够有效减少雨洪径流中的氮磷营养物和金属污染物，还能有效降低径流峰值[189]。生态墙可以减少雨水直接冲刷墙体，缓冲径流，提供生物生境，有益于雨污控制和城市生物多样性[190]。雨水花园能有效净化自然雨水，同时具有景观美化价值[191]。

2）河岸缓冲区的过程控制

依托内部缓冲区、中部缓冲区和外部缓冲区，结合山地城市消落带的季节性水文特点，构建积极利用缓冲空间、被动利用缓冲空间和严格保护缓冲空间形成的三级缓冲空间。

（1）外部缓冲区是积极利用缓冲空间。通常以河岸公园与河岸绿地休闲空间的形式存在，是城镇宜居性的重要保障。它是雨洪过程控制的第一道拦截过滤屏障。河岸公园与河岸绿地内可以设置一定的生态步道，降低硬化铺装比例，提高渗透效率。雨洪管理实施可以利用生物滞留池、树池洼地、植被过滤带等来减缓城市面源污染。河岸绿带的公共空间还可以设置小型雨水湿地和雨水储存池，利用搜集的雨水进行草坪灌溉，并兼顾景观游憩功能。

（2）中部缓冲区是被动利用缓冲空间。通常也是河岸公园与绿地的组成部分，坡度较陡，地形较复杂，易发生灾害。采用生态护坡工程技术，可以控制地表径流污染、减缓河岸水土流失，巩固河岸稳定性、修复河岸生境，兼顾城市河岸的景观美化[192]。河岸陡坡绿地虽然能渗透，但在降雨量大或持续时间长时仍然会形成地表雨洪径流，可以在陡坡绿地设置适当大小和深度的干湿洼地，洼地内种植耐水又耐旱的植物，将大大小小的洼地通过地表沟渠连接，组建适于陡坡绿地的径流—滞留—储水—渗透系统[193]。

（3）内部缓冲区是严格保护缓冲空间。通常是残留的原生植被群落区域，具有较丰富的生物多样性和重要的生境功能，是雨洪过程控制的最后一道拦截过滤屏障。内部缓冲区的雨洪管理设计的第一原则就是严格保护原始地貌地物，让自然做功。在城市建成区或农业区，对受损的河岸生境单元进行修复，所以这个区域也是植被恢复区域。针对山地城市消落带的地形特色和季节性特征，可以设置基塘湿地消纳带，通过洪水脉冲效应使内部缓冲区与河流水体进行水文生物交换，以发挥削减洪峰和净化污染物的功能[194]。

3）水域核心区的末端控制

经过外部缓冲区和内部缓冲区的两道径流和污染的拦截净化后，仍会有一些径流带着污染物进入受纳水，因此需要对受纳河流水体进行健康恢复和水环境治理。末端控制技术，如生态浮床，对城市河流净化和景观美化都具有重要作用。

2. 河岸缓冲带精细化设计

1）以雨洪调节为目标的设计原则和设计流程

河岸绿化缓冲带的设计会因为所在位置的地形、水文、其他场地要素及需求目标的差异而不同。以减少径流污染为目标的绿化缓冲带与以增加陆生动物栖息地为主要目标的绿化缓冲带的设计原则和标准有所不同（以增加栖息地为目的的缓冲带设计见第 6.4.2 节）。以减少径流量和径流污染为目标的河岸绿化缓冲带的设计原则包括：在现存的河岸森林斑块的区域应连接并延长水文通道沿线的林地；缓冲带宽度应在拦截更多径流排放的位置更宽，并配置更密集的植被覆盖；缓冲带宽度应在斜坡更陡或者土壤渗透能力更低的位置更宽；在低的洪泛区选择耐水性树木来加固受侵蚀的河岸。径流通常不是统一特征的水流，会因为地形的分散和传输情况、耕地开垦或其他复杂场地因素而不同。因此，固定统一宽度的绿化缓冲带（图 6–16 左）相比于精细设计的缓冲带（图 6–16 右）没有那么有效。

缓冲带宽度精细设计流程为：①在资源地图上标出要保护的河流范围和规划区域，鉴定具体的缓冲带现状问题和机会。②审查项目目标，并强调哪些是可以在河岸缓冲区内实现的目标和哪些是应该在缓冲区之外解决的目标。确定缓冲区测量的基线。③将缓冲区评估区域划分为独立的缓冲区绘制单元，以便进行评估和确定宽度，使用每个缓冲单元的数据清单来收集场地的属性数据。④确定每个缓冲区单元的未调整的最佳缓冲区宽度。⑤根据影响缓冲区的次级场地属性特征数据调整缓冲带的宽度（每个缓冲区单元的最优宽度）。⑥在整个河岸缓冲区（所有缓冲区单元）上绘制一条连续的最优缓冲区宽度线。

2）缓冲带宽度的调整优化

缓冲带宽度的计算需要考虑场地多样的条件因素，如溪流大小、洪泛区大小、污染类型、斜坡、侵蚀度和渗透率等，在设计和管理缓冲带时，还需精细考虑植被类型和密度（表 6–9）。例如一些较简单的缓冲带宽度计算模型：缓冲带宽度 =1/2（平均坡度 / 侵蚀度）；缓冲带宽度 = 2.5× 径流流动时间 × 斜坡 ×0.5[195]。

在计算出缓冲带大致宽度之后需要对缓冲带进行精细化调整，并确定每个缓冲单元的最佳宽度。绿化缓冲带精细化调整依据三个主要影响因子：坡度、土壤类型和表面粗糙度。在一个缓冲带设计案例中，未调整的缓冲带宽度范围，从最低的约 21m（缓坡 0~5%，高渗透力土壤 A 或 B，高表面粗糙度）到最高的约 66m（陡坡 >25%，低渗透力土壤 D，低地表粗糙度）。坡度的权重最大，然后依次是土壤和地表粗糙度。理论上，坡度、土壤类型和地表粗糙

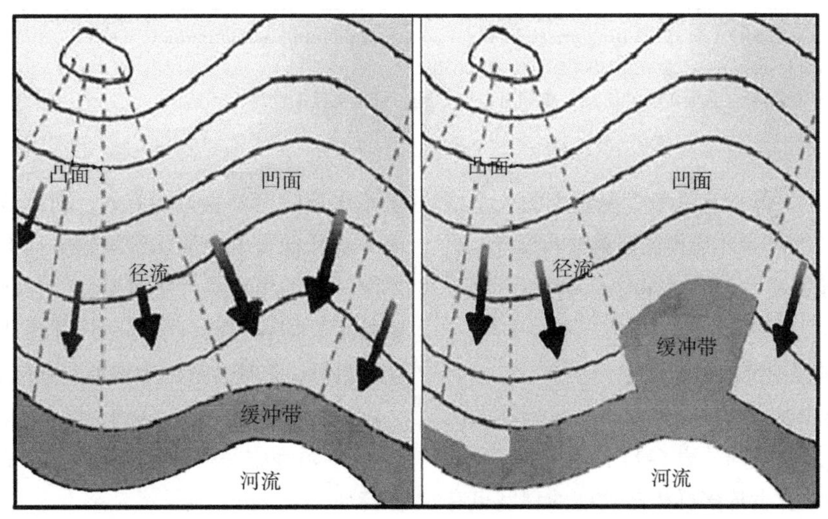

图 6–16　河岸缓冲带统一宽度（左）和精细设计宽度的对比（右）

资料来源：JOHNSON C W，BUFFLER S. Riparian buffer design guidelines[EB/OL].（2008–01）[2020–06–01]. https：//www.fs.usda.gov/treesearch/pubs/29202.

缓冲带的主要功能及其影响管理的变量　　表 6-9

功能	变量	
	田野和绿化场地条件	缓冲带设计与管理
√地表径流减少	√污染类型和负荷	√等高线条带的距离
	√沉积物颗粒大小	√绿化条带的宽度
	√表面径流深度	√植被类型与密度
	√缓冲带斜坡	●植被丰富
	√缓冲带的土壤渗透性	●沉积物清除
	●汇流模式	
√表面径流过滤	与地表径流减少的因子一样，除了等高线条带的距离	
√地下水过滤	√污染类型和负荷	●绿化条带的宽度
	√地下水深度	●植被类型
	● 旁通流	●植被丰富
	●地下水流速	●地下水深度控制
	●土壤有机物成分	● 旁通流控制
	●汇流模式	
●河岸侵蚀减少	√河流大小	●植被类型与密度
	●雨洪径流大小	●绿化条带的宽度
	●河岸侵蚀率	
	●河道切口率	
●河流过滤	√污染类型和负荷	●植被类型
	●河流大小	
	●洪泛区大小和可达性	
	●河床沉积物多孔性	
	●河床有机物	

资料来源：DOSSKEY M G . Setting priorities for research on pollution reduction functions of agricultural buffers. [J]. Environmental Management，2002，30（5）：0641-0650.

注：√对于功能相对更加实践的信息；●相对较少实践，只是文献中的理论评估。

度应该被决定，但只有这三个变量中的一个或两个被确认，缓冲带才能被灵活调整和设置（表 6-10）。例如坡度为 5%~15% 的未调整绿化缓冲带的平均宽度为 39m（图 6-17）。

3）河岸缓冲带的植被设计

河岸缓冲带的植被类型对不同污染物及沉积物的控制效力不同（表 6-11）。同时，草地、灌木林和乔木林发挥多样生态功能的程度也有所差异。通常来说，高大乔木在从地下水中清除污染方面有效，小型树木和大型灌木在从浅层水中清除污染物方面有效，而草地、植被和灌木在从地表水中清除污染物方面有效。在河岸缓冲带的植被设计中需要针对关联用地的污染特征，结合内部、中部和外部缓冲区的分区功能目标，选择合适的植被类型进行配置。

3. 基于城乡样条分区的雨洪管理设施配置

1）城乡空间雨洪设施的调节功能差异及分布特征

由于城市建设与乡村农业生产有着不同的开发建设特征，因此在城市和乡村中用来调节

基于三级变量（斜坡、土壤、粗糙度）的缓冲带宽度精细调整　　表 6-10

三个变量因子	最小宽度（m）	调整（m）
1. 平缓斜坡（0~5%）	30（平均）	
2. A 和 B 类高渗透性土壤	24（平均）	或河岸高地，或河漫滩向内陆边缘，或湿地，加 35，以较大者为准
3. 高粗糙度	21	
3. 中粗糙度	24	
3. 低粗糙度	30	
2. C 类中渗透性土壤	30（平均）	或河岸高地，或河漫滩向内陆边缘，或湿地，加 35，以较大者为准
3. 高粗糙度	37	
3. 中粗糙度	30	
3. 低粗糙度	33	
2. D 类中渗透性土壤	36（平均）	或河岸高地，或河漫滩向内陆边缘，或湿地，加 35，以较大者为准
3. 高粗糙度	33	
3. 中粗糙度	36	
3. 低粗糙度	39	
1. 陡峭斜坡（5%~ 15%）	39（平均）	
2. A 和 B 类高渗透性土壤	33（平均）	或河岸高地，或河漫滩向内陆边缘，或湿地，加 35，以较大者为准
3. 高粗糙度	30	
3. 中粗糙度	33	
3. 低粗糙度	36	
2. C 类中渗透性土壤	39（平均）	或河岸高地，或河漫滩向内陆边缘，或湿地，加 35，以较大者为准
3. 高粗糙度	36	
3. 中粗糙度	39	
3. 低粗糙度	42	
2. C 类中渗透性土壤	45（平均）	或河岸高地，或河漫滩向内陆边缘，或湿地，加 35，以较大者为准
3. 高粗糙度	42	
3. 中粗糙度	45	
3. 低粗糙度	48	

注：A/B/C/D 的土壤类型详见第 2.5.2 节。

资料来源：JOHNSON C W，BUFFLER S. Riparian buffer design guidelines[EB/OL].（2008-01）[2020-06-01].https：//www.fs.usda.gov/treesearch/pubs/29202.

径流水量和水质的雨洪管理设施类型也各有不同。在美国环境保护署的调查中，对于城市，通常用来调节水质的设施为沉积物滞留盆地、截水和覆盖的蓄水池，调节水量的设施为场地滞留池、转向河道与截水沟、高端泄漏堰等；而对于乡村农业，调节水质的设施为污水处理池、堆肥设施，调节水量的设施为堰和溢洪道、灌溉用水管理等。如果细化到城乡空间梯度，不同城乡样条分区的河道渠化程度、储存和渗透类型分异显著（表 6-12）。

2）不同雨洪管理设施的特征和适建性评价

不同的雨洪设施适用于不同类型的雨洪处理和控制（营养物去除、沉淀去除、容量控制），其对各种污染类型的去除效果（磷、氮、悬浮物）

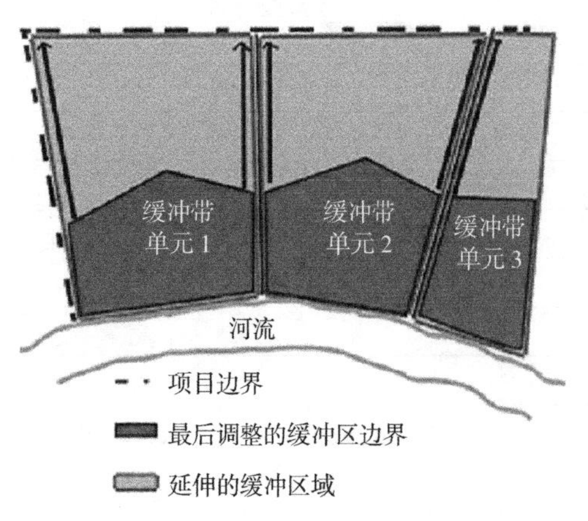

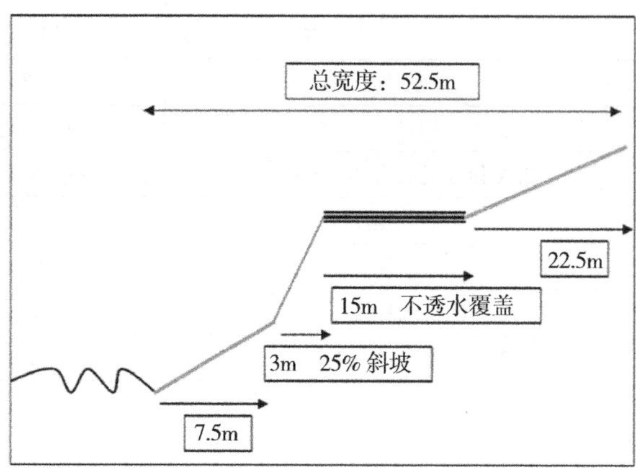

图 6-17 缓冲带调整模式图和示例：缓冲带宽度由 30m 调整到 52.5m

资料来源：JOHNSON C W，BUFFLER S. Riparian Buffer Design Guidelines[EB/OL]（2008-01）[2020-06-01]. https：//www.fs.usda.gov/treesearch/pubs/29202

乔木、灌木和草地在去除污染方面的效力　　表 6-11

功能	草地	灌木	乔木
沉积物拦截	高	中	低
沉积物产生的营养物质、微生物和杀虫剂的过滤	高	低	低
可溶性营养物和杀虫剂	中	低	中
洪水运输	高	低	低
减少河岸侵蚀	中	高	高

资料来源：HAWES E，SMITH M. Riparian buffer zones：functions and recommended widths [EB/OL].（2005-04）[2020-06-01]. http：//www.eightmileriver.org/ resources/digital_library/ appendicies/09c3_Riparian%20Buffer%20Science_YALE.pdf.

也有所不同[196]。单一一种特定的雨洪设施不能满足所有功能目标的需求。因此，应该根据每个样条分区的规划需求、物理条件及成本维护等其他限制因素选择合适的雨洪设施。

每个场地具有其独特的地理特征，用地环境影响和场地特征决定了每种雨洪设施的适建性：①排水区域尺度，是选择设施类型最基本的考虑因素，例如雨洪湿地只有城市外围的开敞低洼区域才能提供永久的水池。②空间需求尺度，空间需求高的设施不适宜布置在城市中心区，如生物滞留池。③地形高差，一些高水压的设施不适宜设置在低缓冲区，如渗透装置。④坡度，陡坡可能会为一些设施创造过度的水流，如过滤带、植被缓冲带。⑤地下水层，比如生物过滤池需要一定的地下水层深度，不然其功能就如同雨洪湿地。⑥岩石层，浅岩石层可能会限制某些渗透系统的使用和水力学性能。⑦沉淀物，高沉积物输入可能会降低部分设施的性能，如渗透铺装。⑧土壤，排水差的土壤适合雨洪湿地而不适合生物滞留池（表 6-13）。

3）匹配限制条件和功能诉求的雨洪管理设施配置

根据前文所述的不同雨洪管理设施的适建性特征分析，在山地城市通常的城乡样条分区下的雨洪管理设施的适宜性配置如表 6-14[197]。

6.4.2 栖息地修复与植被配置

河岸栖息地修复包括结构功能恢复、生境修复、植被修复（配置）三个方面。这三个方面的关注重点有所不同。结构功能的恢复强调廊道的连接性和完整性，重点关注修复廊道缺口和控制廊道宽度。生境修复强调修复某一场

城乡样条空间的河道及雨洪调节设施分布 表 6–12

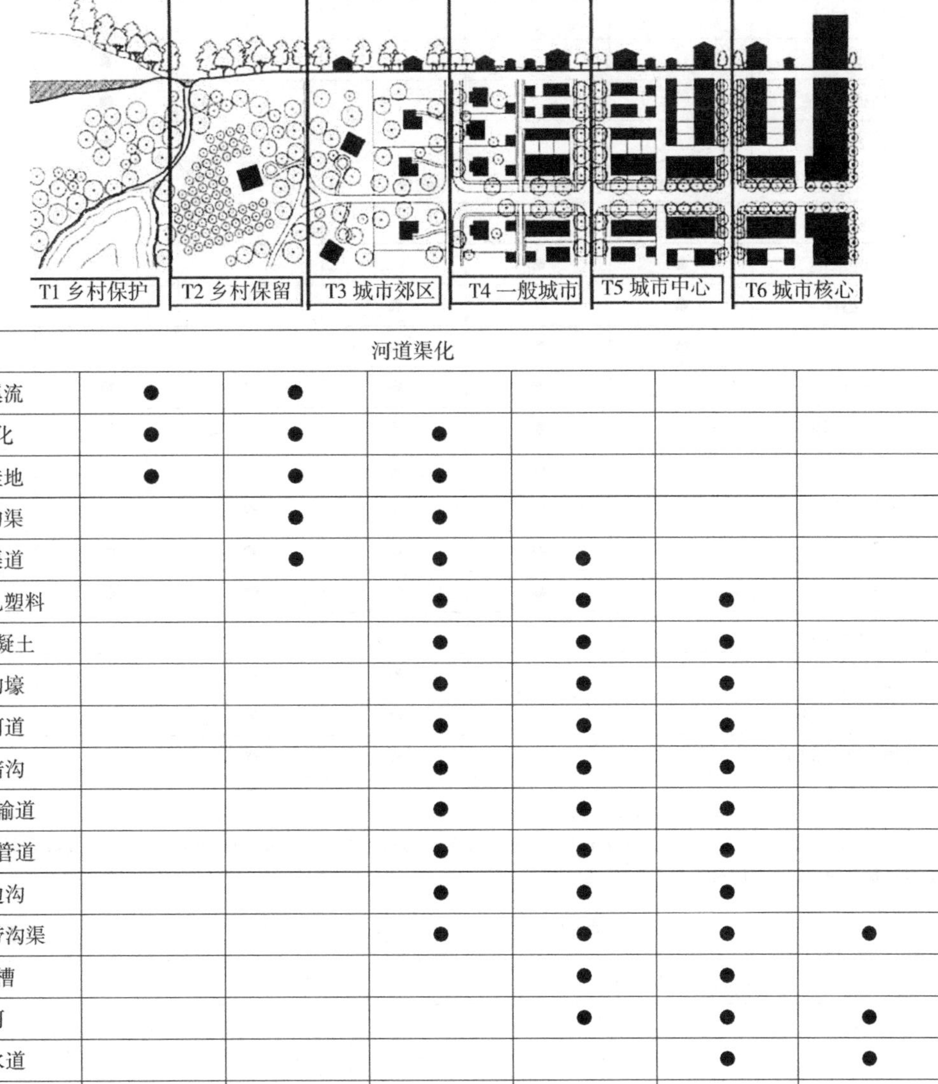

	T1 乡村保护	T2 乡村保留	T3 城市郊区	T4 一般城市	T5 城市中心	T6 城市核心
河道渠化						
自然溪流	●	●				
阶梯化	●	●	●			
植被洼地	●	●	●			
排水沟渠		●	●			
石砌渠道		●	●	●		
草植多孔塑料			●	●	●	
草植混凝土			●	●	●	
渗水沟壕			●	●	●	
斜坡河道			●	●	●	
填石暗沟			●	●	●	
雨水传输道			●	●	●	
混凝土管道			●	●	●	
排水边沟			●	●	●	
植被条带沟渠			●	●	●	●
砌体槽				●	●	
运河				●	●	●
雕刻水道					●	●
混凝土槽					●	●
螺旋升水泵					●	●
储存						
灌溉水池		●	●			
斜坡的贮水池		●	●			
围栏的贮水池		●	●	●		
储存洞			●	●		
滞留池			●	●		
植物净化床			●	●	●	
流动公园			●	●	●	
存储池			●	●	●	

续表

储存						
景观树井				●	●	●
水池喷泉					●	●
格栅树井					●	●
铺装盆地					●	●
渗透						
湿地 / 沼泽	●	●				
渗透水池	●	●				
浅沼泽	●	●	●			
地表景观	●	●	●			
自然植被	●	●	●	●	●	●
人工湿地		●	●			
生物滞留池		●	●			
净化群落生境		●	●	●		
绿色边缘		●	●	●	●	●
屋顶花园		●	●	●	●	●
雨水花园			●	●		
滞留池			●	●		
草植泡沫塑料			●	●		
草植泡沫混凝土			●	●		
水景观				●	●	●

资料来源：改绘自：Center for Applied Transect Studies. Image library：natural transect [EB/OL]. [2020-06-01].http：//transect.org/natural_img.html.

雨洪管理设施的生态效能和场地限制要求 **表 6-13**

设施类型	水质和水量控制						场地限制								成本环境		
	水量	去除TSS	去除TN	去除TP	去除粪便	温度控制	排水区域	空间需求	高差需求	陡坡有效否	浅层水位有效否	浅岩石深度有效否	高沉淀输入有效否	排水差的土壤有效否	建造及维护成本	是否安全	野生动物栖息度
生物滞留池	可能	85%	40%	45%	高	中	小	高	中	有	否	否	否	否	中～高	否	中
雨洪湿地	可以	85%	40%	40	中	高	小～大	高	中	否	有	否	有	有	中	是	高
湿滞洪盆地	可以	85%	25%	40%	中	高	中～大	高	高	否	有	否	有	有	中	是	中
砂滤池	可能	85%	35%	45%	高	中	小	低	中	有	否	否	否	有	高	否	低
植被过滤带	不能	25%~40%	20%	35%	中	低	小	中	低	否	有	有	否	有	低	否	中
草植洼地	不能	35%	20%	20%	中	低	小	低	中	有	有	否	否	有	低	否	低
河边缓冲带	不能	60%	30%	35%	低	低	小～中	中	低	否	有	有	否	有	中	否	高
渗透装置	可能	85%	30%	35%	高	低	小～中	高	低	否	否	否	否	否	中～高	否	低

续表

设施类型	水质和水量控制						场地限制								成本环境		
	水量	去除TSS	去除TN	去除TP	去除粪便	温度控制	排水区域	空间需求	高差需求	陡坡有效否	浅层水位有效否	浅岩石深度有效否	高沉淀输入有效否	排水差的土壤有效否	建造及维护成本	是否安全	野生动物栖息度
干滞洪盆地	可以	50%	10%	10%	中	中	小～大	中	高	否	否	否	有	有	低	是	低
渗透铺装	可能	0%	0%	0%	低	中	小～中	—	低	否	否	否	否	有	中～高	否	—
绿色屋顶	可以	0%	0%	0%	低	中	小	变化	低	有	有	有	有	有	中	否	低
雨水搜集桶	不能	0%	0%	0%	—	—	—	—	—	—	—	—	—	—	低	是	—

资料来源：North Carolina Division of Water Quality（NACDWQ）. Stormwater best management practices manual[EB/OL].（2007-07）[2020-06-01]. http：//h2o.enr.state.nc.us. libproxy.lib.unc.edu/su/bmp_forms.htm.

河岸绿色空间的雨洪管理设施配置 **表 6-14**

样条分区	主导功能	主要污染物 / 场地环境 / 成本环境	绿色基础设施												
			生物滞留池	雨洪湿地	湿滞洪盆地	砂滤池	植被过滤带	草植洼地	河边缓冲带	渗透装置	干滞洪盆地	渗透铺装	绿色屋顶	雨水花园	雨水搜集桶
自然保护区（T1）	水源涵养，保存生物多样性	较少污染 / 坡度陡，高差大 / 成本要求极少，安全要求极低	○	●	◎	○	◎	○	●	○	○	○	○	○	○
乡村保留区（T2）	农业污染控制，防护净化	化肥，粪便 / 坡度较平，高差小 / 成本要求少，安全要求低	◎	●	●	○	●	○	●	○	○	○	○	●	◎
城市边缘区（T3）	农业工业污染控制，防护、净化、滞洪	重金属，固体悬浮物，酸碱热 / 坡度较平，高差小 / 成本要求少，安全要求低	●	●	●	◎	●	●	●	○	◎	◎	◎	●	●
一般城市区（T4）	径流与污染控制，景观服务	氮磷，固体悬浮物 / 空间较小 / 成本要求适中，安全要求高	●	◎	◎	●	◎	●	●	●	●	●	●	◎	◎
城市中心区（T5）	径流控制，景观服务	氮磷，固体悬浮物 / 空间极小 / 成本要求适中，安全要求极高	◎	○	○	●	○	●	○	●	●	●	●	◎	○
● 有　◎ 可能有　○ 无															

地的生态系统的健康和可持续，如河岸湿地生态系统、农林生态系统等，关注生态需求与社会需求的同时满足以及某一生境的合理的生态要素功能布局结构。植被修复或配置需考虑河岸横向场地的梯度条件特征及社会生态需求，同时明晰不同类型植被的多种功能差异。

1. 河岸栖息地结构和功能的修复

修复河岸的栖息地廊道缺口。如前所述，连通性是河流廊道功能的一个重要的评价参数，能促进生境修复过程，提升传输和过滤功能。栖息地结构和功能的修复应首先使生态系统功能之间的联系最大化。优先修复等级更高的河流河岸，以提供野生动植物整体的最大利益，因为高等级河流的河岸区域对野生动物的迁徙更重要（图 6-18 左）。设计桥梁并建造在道路下面作为物种迁徙的通道以及用于河流和湿地的物理和化学连接。设计师应该考虑功能连接现有或潜在的地物，例如空置或弃置土地，珍稀生境、湿地或草地，多样或独特的植物群落，泉水，生态创新小区，动物迁徙走廊或相关的河流系统，以促进物质和能量的移动，从而增加管道功能，利用地理位置的相邻性有效地增加栖息地。在现存的河岸森林斑块的区域应扩大现有栖息地面积并连接河岸现存的、孤立的斑块，增加生物多样性，也可以发挥环境教育功能(图 6-18 右)。为了发挥栖息地的功能，需要保证一定宽度的河岸廊道，但不能是统一的宽度，需要根据河岸地形、土壤和关联土地利用类型的不同特征而分区控制。在进行实际修复设计时，河岸栖息地宽度在实际调查和综合分析评估后确定。

2. 河岸栖息地的生境修复

1）河岸栖息地的生境修复要素与规律

河岸栖息地的生境修复首先需要获取相关河岸生态要素，如地形、水文、土壤及景观结构等，通过分析这些生态要素的详细信息、特征和现状问题，明晰每个生境修复要素的修复目标。根据不同河岸的自然生态要素特征，重建植被群落及其生境单元，通过植被、地形、土壤等生态要素的整体修复，逐步使退化的河岸生态系统恢复到一定的生态功能水平。河岸生境修复通常遵从 2 条规律：河岸修复的生态系统等级越高，维持河岸栖息地生物多样性的潜能就越大；恢复河段的河岸与相邻生态系统横向或纵向的联系，联系越密切，障碍越少，越有利于生物多样性的建设。因此，生境修复要尽可能消除障碍，加强联系[198]。

2）不同生境类型的修复策略

栖息地修复策略包括：①恢复河道的复杂性、自然河流的蜿蜒性，恢复河道旁的湿地、植被，帮助恢复正常水流，回补地下水，提供洪水储存，减少冲击河岸和使得河道和水生栖息地退化的水流。②修复河流深度，增加大型树木的复杂度，不同的河流宽度和蜿蜒度可以帮助管理水生植物的生长。③修复的水生和陆生自然区域可以在到达河流之前过滤来自雨洪径流的营养物、沉积物和有毒物质。④通过移除或改造无法通行的涵洞，为野生动物设置道路下穿道口，种植植物形成野生动物走廊，恢复觅食、筑巢、栖息和迁徙的关键区域。⑤恢复原生植被，管理入侵植物和动物物种，并清除河岸和洪泛区的开发建设，增加了河流通道和相关高地之间的连接。例如在眉山市岷江东岸，保护和修复河岸区域中残存的成片林地及

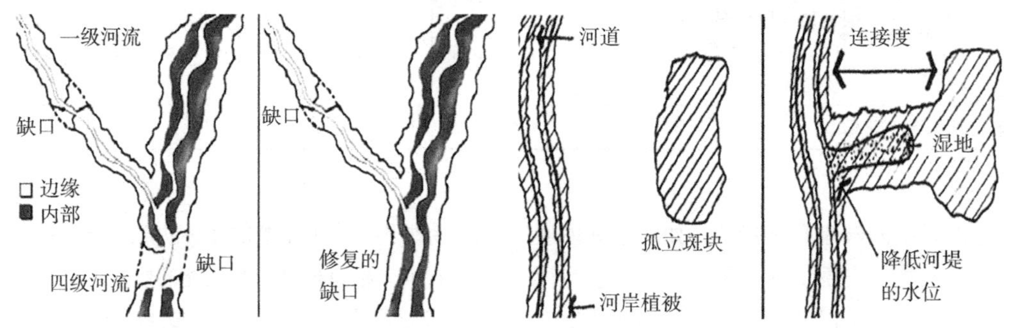

图 6-18　优先修复高等级的河流廊道缺口（左）；连接和修复河岸横向孤立斑块（右）

资料来源：BENTRUP G，et al. Connecting landscape fragments through riparian zones[M]. John Stanturf，et al. Forest Landscape Restoration. Springer Netherlands，2012.

其生境，如陡崖上的成片林地、残存常绿阔叶林片段、沙洲湿地等。在残存自然斑块的基础上，根据河岸地形地貌和人类干扰状况，划分多种河岸生境栖息地类型，并分别制定保护与修复策略（表 6–15）。

3）基于山地生态实践的生境修复措施

地方生态智慧（local ecological knowledge）是指当地各种文化中关于生物（包括人类）与其环境关系的知识和实践。在西南山地城镇居民长期与自然环境和谐共生的过程中，产生出许多高价值的地方生态智慧。以重庆开州区澎溪河河岸绿色空间为例，就有十多种地方生态实践措施被识别和总结，如表 6–16 所示。以地方生态智慧为基础的设计在用户接受度方面比其他传统方式更有价值，同时，为城市景观提供生态健康和文化需求上的可操作解决方法。但需要注意的是，随着环境的变化，地方生态智慧也在不断演化，新的和谐、动态的人与自然的关系不断重新形成[199]。

在现有地方生态智慧和实践指导的基础上，通过利用和改造场地现有基本要素，开发出山地城市特有的河岸生境修复结构模型（图 6–19）[200]。这个结构模型包括顶部的蓄水池塘，中间是景观化的梯田，底部是水库。拓宽堤防，根据河流水文条件形成梯田。上层的景观化池塘起到保水的作用，收集高地的径流，在旱季缓慢释放。在这种结构的背后，是外部和内部的资源循环利用。外部，夏季季风期，高地斜坡的径流将营养物和沉积物输送到集水池（因水库的水退去）。沉积物沉淀后，富含营养的水可以用来灌溉农田，在到达水库之前被植被过滤。冬天水库水回升（也就是无雨期），上升的水补充了这

眉山市岷江东岸河岸不同生境类型的修复策略 表 6–15

生境类型	修复策略
滩涂湿地生物栖息地	采取近自然手段，对结构和功能衰退的河岸湿地进行修复；保护水质，减少环境污染排放，为鱼类等生物栖息提供良好环境；加强野生动植物保护，禁止滥捕滥猎、盲目围垦等行为。
河岸陡崖林地生物栖息地	生物多样性培育，结合风景林、防护林和水源涵养林培育建设，鼓励成为生物种源地，山地城市的生态屏障；保护古树名木群；保护陡崖上鸟类栖息地区域，禁止捕猎野生鸟类；提高陡崖区域的灾害防护力度。
坡地沟谷生物栖息地	坡地改为梯田，增加陡坡地形的林地种植；坡度大于 25° 地区加强退耕还林建设；加强农田林网的建设，形成生物栖息、迁移廊道。
水库生物栖息地	将水库周边的耕地退耕还林，栽种适宜的树种，减少农药化肥的使用；在水库周边的水淹地中，种植经济美观的耐水性植物，形成有较强水质净化能力的人工湿地。
城市建设区生物栖息地	通过园林地系统建设，恢复重建城市生物多样性；提高城市绿化树种的生物多样性，应大力发展本地树种；扩大绿化植物种类，提高苗木和种源自给率；遵从"生态位"原则，构建适宜的复层群落结构。

资料来源：重庆大学规划设计研究院《眉山岷东新区非建设用地专项规划》

重庆开州澎溪河河岸区域的地方生态智慧总结 表 6–16

生态实践	描述	生态功能	图示
梯田，把斜坡变成平地来种植水稻或蔬菜	通常在较为陡峭的斜坡土地上，当地人倾向于利用这些斜坡把农田变成阶梯	储存水资源，保存土壤和营养物的效力	

续表

生态实践	描述	生态功能	图示
在多样物种的农田里分散的林地斑块	在沿着遗留林地的多样小型场地上开发多种农田	高效利用山地空间，维持生物多样性和有益的昆虫	
等高线的山脊和条状种植	在低至中等坡度的土地上，沿等高线建造山脊，农作物种植在抬高的山脊上	减缓径流，并排入位于山脊附近的浅沟渠	
床面栽培	排种作物是在被浅沟渠或泥路包围的宽床上种植的	拦截、储存水和营养物，增加渗透	
家庭水池	通常靠近房屋或农地，因家务活动（如洗衣、饮水）依赖水池	搜集雨季雨水，保存和处理污水，灌溉田地	
间作和粮食蔬菜轮作	种植两种或更多的粮食和蔬菜来产生更高的年产量	更好地利用资源，控制杂草和害虫，维持土壤质量	
作物残渣 / 秸秆覆盖	在土壤表面使用作物残渣 / 秸秆，作物残渣可以用作家禽饲料	减少土壤蒸发，提高灌溉效率，加强渗透，控制侵蚀	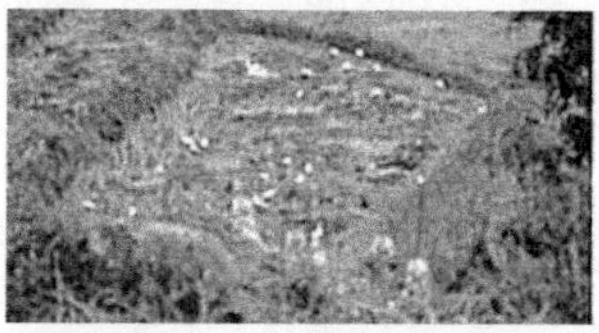
鱼和家禽养殖	在池塘养殖两种或更多种鱼类，如花鲢、白鲢、草鱼、鸭子等	充分利用池塘的空间和营养，维持生物多样性	
消落区的利用，跟随水流，水涨时后撤，水位降时种植	当地人民种植合适的农作物来适应洪水后退时期	利用洪水带来的水资源、土地营养物，构建食物链	

资料来源：CHEN C，MEURK C D，CHENG H，et al. Incorporating local ecological knowledge into urban riparian restoration in a mountainous region of Southwest China[J]. Urban Forestry & Urban Greening，2016，20（1）：140–151.

些池塘，并为后来生长的植物肥沃了土地。开州汉丰湖（澎溪河的上游）乌杨湾的生态修复方案如图6-19（右）所示。一些残存的森林被保留为梯田基质内部的灌木丛来丰富景观的生物多样性，提供种子再生源，最终提高整体自然度。

3. 河岸栖息地的植被配置

1）植被的生态水文效应及其环境相关性

河岸植被的生态水文效应体现为植物形态对水流的三种作用：阻流、导流和截流（图6-20）。密集的草本植物会使高速水流中的泥砂沉积[201]。河道植物造成行洪能力降低，且降低程度随着植被密度的增大而增加[202]。对于河岸植被群落的吸水能力，Penka发现，含水率中草本层仅占3%，灌木层占9%，而乔木层占到88%[203]。

若流域单元中的水文廊道几乎没被干扰，植被可以沿着水文廊道不间断地生长。河岸植物群落中乔木层的物种构成与环境之间存在显著相关性，而与灌木层的相关性却不显著[80]。在山地流域，海拔高程和地形坡度特征对河岸植被物种丰度具有控制作用，乔木层和草本层的物种丰度与高程相关，灌木和藤本层的物种丰度与斜坡坡度有关，通常河流中段的河岸物种丰度最大[80]。

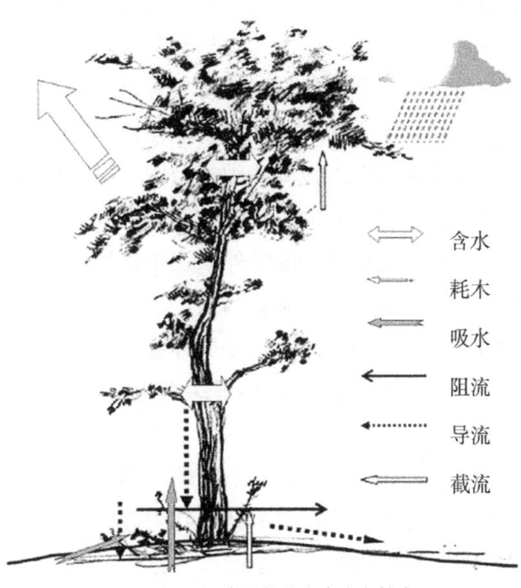

图6-20　河岸植物的生态水文效应
资料来源：王帅，等．河岸带植物生态水文效应研究述评[J]. 亚热带水土保持，2008，20（1）：5-7

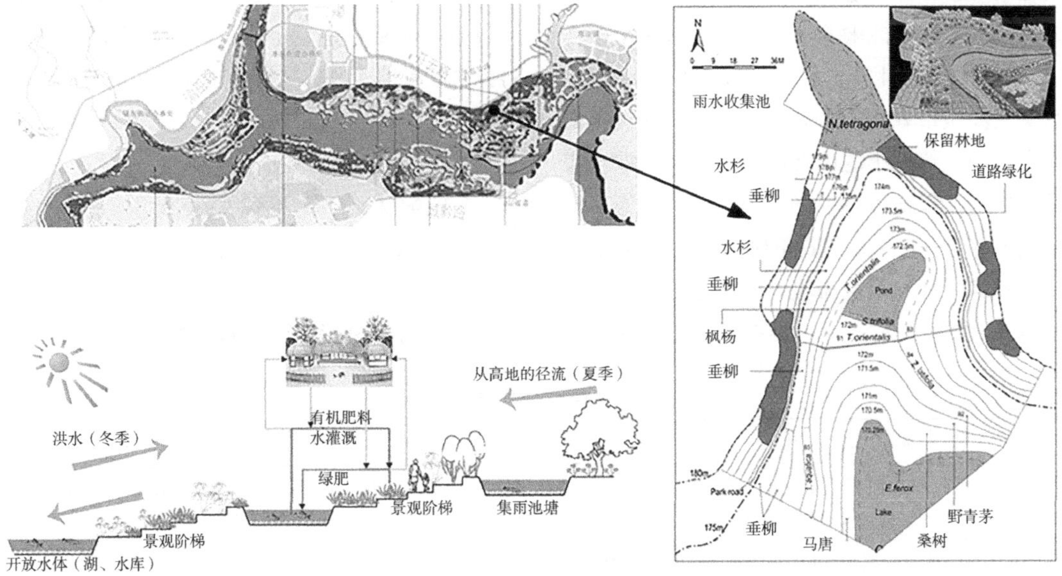

图6-19　山地城市河岸典型的生境修复模型和开州区汉丰湖乌杨湾修复工程示意图
资料来源：CHEN C，MEURK C，CHEN J，et al. Restoration design for Three Gorges Reservoir shorelands，combining Chinese traditional agro-ecological knowledge with landscape ecological analysis[J]. Ecological Engineering，2014，71：584-597.

2）优先选择本地植被

植被的修复可以为本地野生动物提供食物和庇护所，修复土壤和有机物层的功能。城市化后的遗留斑块是不连续的、孤立的，而且城市植物更多地被用于景观美化，且更喜爱非本地物种，但是这些非本地物种会降低本地物种的数量从而降低该区域的生物多样性。河岸生态系统相比于大部分其他的自然生态系统，表现出对外来物种入侵更为敏感，因为它们的线性结构可能有利于新物种的区域性传播[204]。因此，种植本地植被，清除外来入侵物种是修复河岸栖息地的重要措施。当然，非本地植被带来的社会文化功能效益也是同样被期望的，如何取舍与平衡河岸区域的生态功能和社会功能，需要规划设计师在实践中精心考虑。通过优化适应本地气候、土壤的乔木、灌木和草本植被群落，使它们形成稳定的结构和生态功能。然而，除了优先选择本地植被以支撑生态系统的健康以外，还需要兼顾多重社会服务诉求，包括城乡居民的偏好，如观赏性、娱乐性等。因此，城市河岸栖息地植被修复应在主选本土树种的基础上，适当引入外来植被。

3）河岸纵向和横向梯度的植被选择

在纵向梯度上（上游、中游、下游），确定每个区段城市森林的主导功能，对于河流上游人类活动干扰较小的山林区段，主要采取生态保护措施，保证植被生态系统内部的健康。对河流中游受一定干扰的农田村落区段，需保护、恢复破碎的林地植被斑块，整合进入蓝绿廊道网络，形成农田防护林，维持农田生态系统的多样性。对河流下游受人类活动干扰较大的城市区段，植被恢复的重点是依靠重构的水系廊道布置合适的植被，结合关联的土地功能和人类需求营造不同尺度、形式丰富的植被群落（表6-17）。

河岸横向梯度上通常包括河道常水位以下的水生植物，常水位以上、洪水位以下的岸坡植物和河漫滩植物以及洪水位以上的高地植物[205]。河岸绿化缓冲区（内部、中部、外部）理想的植被情况是：外部区应该为密集的多年生草本植物，主要用于拦截和过滤沉积物；中部区应为木本植物，主要用于吸收污染物和营养物；内部区为郁闭度高、根系深的乔木，能巩固河岸稳定性，为河流水体提供遮阳，为河流水生生物提供营养物质。河岸自然的植物群落是由依赖潮湿土壤、地表水或高水位的物种组成的。不同植被类型对河岸栖息地的作用不同，乔木适于改善水生生物和森林动物的栖息地，而地被植物适于改善牧场动物的栖息地（表6-18）。从河岸到高地植被的转变可能是突然的，也可能是逐渐过渡的，这取决于场地特定的环境条件。在横向栖息地植被配置上，需根据该区段河岸的复合功能定位及相关的栖息地修复目标来配置适于改善特定栖息地的植被种类。

6.4.3 慢行绿道与绿街设计

1. 匹配城乡样条分区的绿道设计

根据城乡样条分区位置、河岸空间的社会—生态环境特征、人工化干预的程度，可以将绿道分为都市型绿道、郊野型绿道、生态型

河岸纵向梯度的植被规划 **表6-17**

流域位置	关联用地	主导功能	植被规划导向
河流上游	农田、村庄、山林地	水源涵养、维持生物多样性	保护原生植被群落结构，维护自然过渡的森林边缘结构。保护和恢复更多的乔木林，特别是深根植被，有助于雨水的下渗。
河流中游	农田、村庄、工业、城镇	水土保持、生产防护、旅游休闲	保护小型森林斑块，恢复受干扰的乡土植被，自然粗放型的植被形式。提高植被的密度，以防洪水灾害和水土流失。
河流下游	工业、居住、商业、道路、公共服务	调节气候与径流、净化空气、游憩观赏	依靠水系廊道，结合土地功能布置合适的植被，配置低冲击设施植被。适当配置具有景观效果的灌木层和草本层。

不同植被类型对河岸栖息地的作用　　表 6–18

作用	地被	灌木	乔木
稳定河岸	低	高	高
保护地下水和饮用水的供给	低	中	高
改善水生生物栖息地	低	中	高
为牧场动物改善栖息地	高	中	低
为森林动物改善栖息地	低	中	高

资料来源：颜兵文，彭重华，胡希军．河岸植被缓冲带规划及重建研究——以长株潭湘江河岸带为例 [J]. 西南林业大学学报：自然科学，2008，28（1）：57-60.

绿道。生态型绿道多位于山上源头的自然保护区，沿线以自然森林覆盖、自然湖泊水体为主，河岸坡度较陡，地形起伏较大，可供进行徒步旅行、自然科考。郊野型绿道多位于城市上游或下游的边缘区，沿线主要为城镇建成区周边的农林用地、水体，是城镇居民最容易接近自然的路径。都市型绿道主要集中在城镇建成区内，依托人文景区、公园广场以及街道两旁绿地而建立，为市民提供慢跑、休闲、娱乐的场所（图 6–21）。

绿道设计标准或原则需匹配城乡样条分区特征，仍以街区场地为尺度单元，分别对自然保护区、乡村农业区、城市边缘区、一般城市区和城市中心区的街区地块制定控制设计标准，如选线要求、绿化控制宽度、慢行道宽度、建筑后退、设施配置、设施间距及铺装要求等（表 6–19）。

2. 匹配纵向功能空间样条分区的绿街设计

绿街和绿道有所不同，河岸绿道大部分设置在河岸的缓冲区（特别是外部缓冲区），更多是休闲游憩与运动健身的功能，使人们有更多机会接触大自然，促进公众的身心健康，而河岸区域的绿街主要分布在河岸的协调区，是建设用地的骨架，强调公共开放空间属性和高品质的步行环境。河岸绿街也是河岸绿色空间的重要组成部分，不仅是从源头管理暴雨径流的街道，还应该是步行安全与舒适的街道。在《上海街道设计导则》中，阐述了绿色街道的设计导向：集约、节约、复合利用土地与空间资源，提升利用效率与效益；倡导绿色出行，鼓励步行、自行车与公共交通出行；提升街道

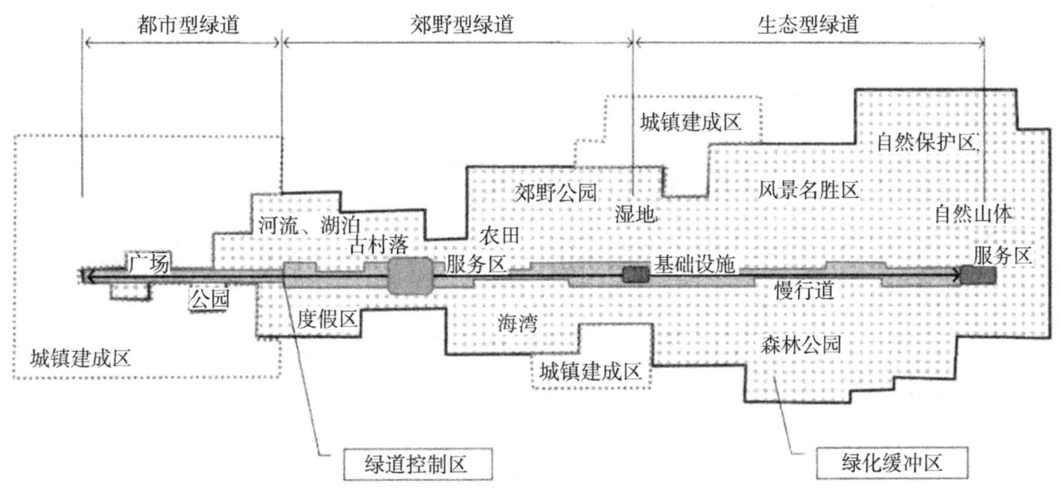

图 6–21　城乡空间三种类型绿道的空间构成示意图
资料来源：蔡云楠，等．绿道标准：理念、标准和实践 [M]. 北京：科学出版社，2013.

基于城乡样条分区的绿道分区设计原则 表 6-19

	沿岸主要土地利用	社会经济环境诉求	选线要求	绿化控制宽度	慢行道宽度	建筑后退	设施配置	设施间距	铺装要求
自然保护区（T1）	自然林地、河流水体	自然野趣旅游体验，科研教育	结合村道，避开关键斑块	>100m	1~1.5m	50m	基本服务设施	1500m	砂土、木
乡村农业（T2）	农林地、果园、水库坑塘	农业观光旅游，农耕文化体验	结合村道或机耕道设置	70~100m	1.5~2m	20m	服务 / 游憩设施	800m	沙砾、碎石子等
城市边缘区（T3）	小型农田、苗圃、水库坑塘	近郊游憩，休闲养生，运动娱乐	结合河流廊道与区域交通廊道	40~70m	2~2.5m	15m	服务 / 游憩 / 教育设施	500m	透水砖、石材等
一般城市区（T4）	公园、街道、庭院绿化	运动健身、景观欣赏、游憩娱乐	选机动车较少的道路并串联公园	20~40m	2.5~3m	10m	服务 / 游憩 / 娱乐 / 教育设施	300m	沥青混凝土
城市中心区（T5）	街道、广场绿化	景观欣赏、娱乐休闲、购物活动	结合商业街道两旁并行设置	5~20m	3~3.5m	5m	服务 / 游憩 / 娱乐 / 教育 / 商业设施	200m	沥青混凝土或塑胶

绿化品质，兼顾活动与景观需求，突出生态效益；对雨水径流进行控制，降低环境冲击，提升自然包容度①。

绿色街道的构成包括雨洪管理设施、机动车道、非机动车道、地面铺装、绿化景观种植等，其中雨洪管理设施包括生物滞留池、植草沟、渗沟、过滤树穴、砂滤池、干井等，以减少和净化流向河流的径流[206]。“绿色街道”的核心是雨洪管理设施在街道层面的应用，绿色街道涉及的雨洪管理系统设计和实践包括几个方面的关键问题：街道排水系统的构成；街道雨水流向的考虑；汇水分区的组织与雨洪管理设施的布局；雨洪管理设施与市政管线的协调；植被种植与景观设计等。

绿街设计原则需匹配纵向空间样条分区特征，如沿岸建设用地情况、居民使用诉求等，仍以街区场地为尺度单元，分别对风景区、农业区、工业区、居住区和商业区制定设计引导，如步行、机动车与非机动车空间，建筑后退、设施、铺装要求、路缘石、建筑界面形式等（表 6-20）。

基于纵向空间样条分区的河岸绿色街道设计要点与断面示例 表 6-20

样条分区	对绿街职能的诉求	部分设计要点	典型断面示例
风景区	存在于风景区的集中建设区域，为小型商业（如纪念品、餐饮）、旅游设施服务的街道。	满足风景名胜区旅游服务设施的交通和集散需求，减少车行交通空间，增加步行空间。	
农业区	存在于乡镇的集中建设区，提供乡镇居民生活、休闲游憩、交流或集市等公共空间功能。	满足步行通行、设施设置及与建筑紧密联系的活动空间需求；特别设计针对乡镇集市的街道公共空间。	

① 上海市规划和国土资源管理局 . 上海街道设计导则 . http：//street.shgtj.net/?from=timeline&isappinstalled=0.

续表

样条分区	对绿街职能的诉求	部分设计要点	典型断面示例
工业区	以生产性服务为主，鼓励相应产业区与居住、文化等城市功能相融合，将产业园区变为产业社区。	一般设置较宽的建筑退界，通过绿化种植来创造健康舒适的道路空间。	
居住区	不仅承载着交通职能，也应当成为居民社区生活的一部分，提供本地居民休闲、交流、活动的场所。	减小车行道宽度，增大步行道和自行车道宽度；满足步行通行、设施设置及与建筑紧密联系的活动空间需求。	
商业区	开发强度较高，各种功能与设施集中，应提供密集的慢行网络和高品质的慢行环境，避免过境交通。	取消路缘石高差，由行人、非机动车和机动车共享街道空间；鼓励开放退界空间，统筹步行区、设施带与建筑前区。	

资料来源：李强，等.绿色街道理论与设计[J].建筑学报，2013（s1）：147–152；自绘。

6.5 典型河段绿色空间设计导引

城乡样条分区是最基础的样条分区思想，相比于前文研究所得的城乡区域层面的整体空间样条分区和中心城镇区层面的河岸纵向空间样条分区，在制定设计导引方面具有普适的典型性，因此，把城乡样条分区作为制定典型河岸绿色空间设计导引的分区单元（当然也可以用其他样条分区进行研究），主要从功能定位、空间管制和建设引导这几个方面来制定河岸绿色空间的设计导引（表6–21），从发挥生态和社会效益的诸多方面进行引导，如水域滩涂控制、生态廊道、生态斑块、森林与林地、农林种植、绿道、公共设施、景观建筑等。

基于城乡样条分区的典型河岸绿色空间设计导引总览　　表6–21

城乡样条分区	功能定位		空间管制		建设引导	
	主导功能	复合功能	禁止建设	控制建设	公共设施	游憩活动
自然保护区	生境维持	景观游憩，灾害防护	整个缓冲区，自然保护区	协调区	极少量游憩设施	极少量自然体验
农业生产区	雨洪管理，农林生产	景观游憩，灾害防护，文化教育	整个缓冲区	协调区	游憩、农业设施	游憩、旅游、休闲等
城市边缘区	雨洪管理，景观游憩	农林生产，气候调节，灾害防护	内部、中部缓冲区	外部缓冲区、协调区	游憩设施	游憩、文化、健身综合
一般城市区	雨洪管理，景观游憩	经济增值，气候调节，文化教育	内部缓冲区	中部、外部缓冲区	游憩与文化设施	游憩、文化、健身综合
城市核心区	雨洪管理，景观游憩	经济增值，气候调节，文化教育	内部缓冲区	中部、外部缓冲区	游憩与文化设施	游憩、文化、健身综合

6.5.1 自然保护区的设计导引及案例

1. 自然保护区（T1）河岸绿色空间设计导引

应用在河流流域的上游，现有管理系统和开发情况可能会对河流廊道的生态健康和生态功能的发挥造成影响，或有潜在影响，需要综合考虑以保护、修复为导向的规划管控策略。自然保护区（T1）河岸绿色空间的设计和管理策略包括河岸森林系统管理，道路建设或重建，道路管理，树木收获，场地整理，森林产生，火灾管理，干扰植被再生，森林化学管理，滨河湿地管理等。自然保护区的河岸绿色空间设计导引如表 6–22 所示。

2. 实例分析——眉山岷东白鹤林自然公园

自然保护区的河岸绿色空间设计导引 表 6–22

目标	策略		设计导引
支撑内在生态系统	水域滩涂	河道	保留和控制支流的自然水面、河道形态及原始驳岸形式
		滩涂	保留河道自然原始的河漫滩面积及植被群落
		坑塘 / 湖泊	保护自然湖泊及水库，保留小型坑塘、水池
	生态廊道	主干河流廊道	控制河流廊道的宽度，与上下游廊道的连接
		次级支流廊道	控制支流廊道与河岸内部高地林地、坑塘栖息地的连接
		其他生态廊道	控制山脉、林带、道路等生态廊道以形成景观生态网络
	生态斑块	林地关键斑块	通过管理控制林地斑块的完整性，增大斑块形态的内缘比
		湿地关键斑块	控制各类湿地如滨河湿地、内陆沼泽地、河口湿地等
		水源关键斑块	保护水环境健康，严禁任何建设行为，强化现状植被群落
	环境污染防护	固滩护岸区	修建护岸或堤防工程，恢复固滩防护林，严禁破坏地貌
		水土保持区	丘陵区进行退耕还林还草，保护水土资源，种植本地物种
		污染治理区	农田林网系统建设，选择根系较深及吸附性强的本土树种
	森林与林地	自然生态林	保护与恢复自然原始森林，确保其水源涵养与栖息地功能
		恢复生态林	补给恢复林以修复受损土地，并连接生态廊道网络缺口
兼顾外在社会价值	农林种植	农旅融合项目	布置农业种植与旅游、科研教育结合的项目
		特色种植类型	适应地形气候的特色种植，如南川的竹笋、中药材、茶叶等
		农业水利设施	灌溉水利设施、机耕道、生产路、闸坝等
	生态型绿道	绿道线路布局	纵向沿河岸等高线，横向到达各景点资源，如制高点等
		绿道建设模式	少量自行车道，多为滨河步道、登山道、栈道结合
	公共设施	配套游憩设施	郊游地点、健身运动设施、休憩凉亭、观景台、营地等
		基础服务设施	饮水点、厕所、告示牌、游客中心、停车场、急救电话等
		雨洪管理设施	绿化缓冲带、阶梯化、植被洼地、雨洪湿地等
	景观	景观类型	陡坡 / 崖壁密林、溪流栈道、缓坡疏林、河谷湿地 / 湖泊等
		观景视点	山顶眺望、半山阳台、滨河观景、湿地观景等
	建筑场地	建筑风貌	以当地传统风貌为主，保留或改造现有乡土建筑
		生态建筑	以当地木质、石材为主的低技绿色建筑
		场地	尽量控制硬化场地规模到最小，增加场地的渗透性
	活动	游憩活动	露营徒步、地貌观景、攀岩探险、森林氧吧、康体养生
		环境教育	动植物观赏、科普教育基地

白鹤林自然公园在眉山岷江东岸，崇礼支渠汇入的水文关键节点，位于城市一级生态廊道——岷江东岸的关键林地生态斑块之上，属于自然保护区（T1），位于植物园—白鹤林—滨江公园的自然生态廊道之上，是三条生态廊道的交汇点，也是城市的山林景观区。白鹤林区域内植被种类众多，沿崇礼支渠南北两侧均生长有茂盛的竹林以及其他乔木、灌木，中部的竹林区域也是白鹤集中的栖息地。区域内，中部为集中的密林区，西侧以及南北两侧为疏林区，林缘植物和林木下层结构植被较差，花灌木贫乏，竹林的可达性较差，视域较为闭塞。规划导向为在保护白鹤、林地等重要自然资源及物种生境的基础上，打造成集生态保护维育、山地风光游赏、休闲运动健身等多功能于一体的山地生态公园。规划和建设均采用低冲击开发的模式，以较低成本和较少扰动为原则，充分利用和优化现有植被、水文资源，尊重自然规律、重构自适应系统（表 6-23）。

6.5.2　乡村农业区的设计导引及案例

1. 乡村农业区（T2）河岸绿色空间设计导引

山地城市河谷农业生产的主要特征包括：农田常常分布在平坦洪泛区、坡度较缓的斜坡

眉山市岷东白鹤林自然公园的设计要点　　表 6-23

规划环节	空间布局	设计导引	规划设计图
景观功能分区	根据白鹤林自然公园现状规划条件，公园主要划分为三个功能区：游览区、景观生态保育区和服务区。	• 景观生态保育区以白鹤栖息地为保护核心，竹林植被覆盖率极高，且地形变化复杂，坡度极大。 • 服务区为服务接待设施集中分布的区域。服务区结合周边建设条件及区内现有的农村居民点进行布局。 • 游览区处于景观生态保育区外围，以竹为主，适合野外观景、游憩活动。	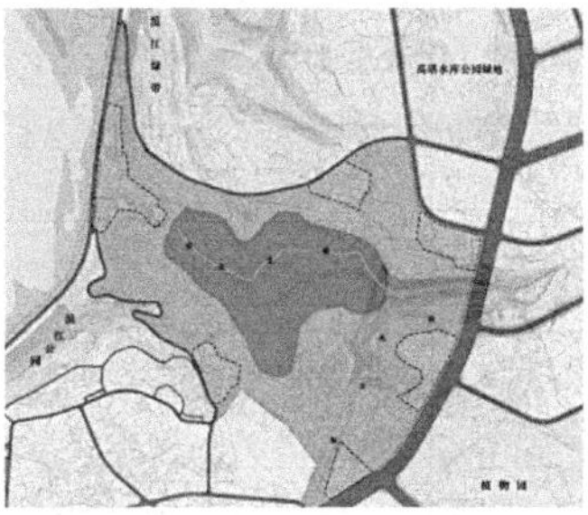
土地利用	崇礼支渠两岸为自然生态林地，向外扩展恢复林地作为缓冲区，外层为少量农地和设施用地。	• 重点保证生态保育区的风景用地，突出公园的特色和重点，尽可能地扩大风景用地，突出自然野趣。 • 保护自然生态林地，保留部分农田作为展示区，将耕地、园地、农用地转换为风景用地和服务设施用地。 • 适度控制旅游服务设施用地规模。	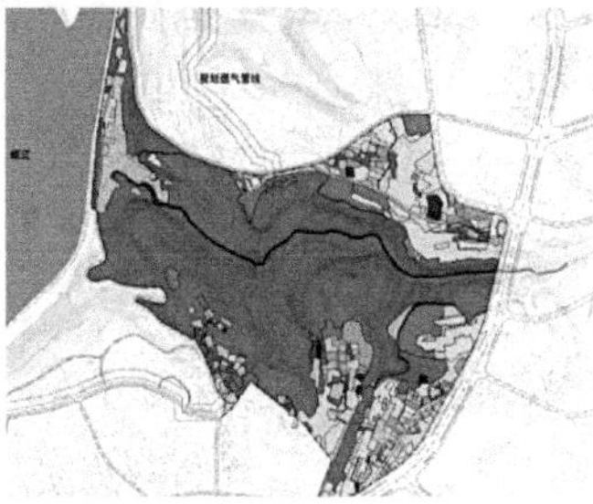
绿道布置	沿崇礼支渠布置滨水步道，沿支渠河岸等高线布置景观健身步道，垂直于支渠布置登山步道，外围环道闭合。	• 自行车道：最大坡道为 16.90%，为现状道路的利用，新增设自行车道坡度控制在 10% 以内，宽度控制为 4.0m。 • 健行步道：应避免坡度过陡，与自行车道合道设置，要求环形闭合，宽度以 1.5~2.5m 控制。 • 登山步道：登山步道尽量在已有林间小道和植被间隙中设置。	

资料来源：根据重庆大学规划设计研究院《眉山市岷东新区白鹤林公园规划设计》整理。

或高地的位置；依山就势的山地乡村梯田景观；利用河岸分台的地形储存雨水资源作为山地农业生产的主要灌溉水源；山地农田形态不规整，结合机耕道和林地沿山形等高线分布；由于山地地形限制，农业生产机械化程度不高，主要以传统人力结合畜力进行耕作[207]（表 6–24）。

农业生产区的河岸绿色空间设计必须与综合农田规划、河流廊道修复规划协调。应该考虑四个季节的土壤、水和微生物资源的保护。果园和苗圃生产应积极监测害虫和水管理技术，以保护生态系统的质量和多样性。耕作、播种、肥力、虫害管理和收获作业应考虑到环境质量以及在水土保持和虫害管理方面利用邻近土地的潜力。农场的林地、湿地和农田边界应该是整个农场计划的一部分，以保护和提高本地动植物、土壤、水和风景质量。乡村农业区的河岸绿色空间设计和管理策略包括：等高耕作、保护性耕作、梯田、关键区域种植、营养管理、沉淀池、滤带、废物储存管理和综合虫害管理等。

农业生产区的河岸绿色空间或许不需要大面积的森林，小型林地斑块和林带，甚至一些单独的树木，只要经过合理布局都能像大片森林一样带来有意义的功能。在关键位置相对较小的林地能够在农业生产需求和生态防护需求中找到可接受的平衡[208]。农业生产区的河岸缓冲带可以减少地表土壤流失和农业化学物质，管理设施包括植物篱（农林复合系统），建造的湿地，场地边界，过滤带，河岸林带，植被篱笆，防风林等，这些设施的组合可以提升场地实践的有效性[209]（图 6–22）。乡村农业区的河岸绿色空间设计导引如表 6–25 所示。

2. 实例分析——美国农业区河流空间恢复

在美国农业区的河流空间恢复规划中，模拟了河岸农场保护和修复规划所带来的潜在变化，针对与农业用地有关的最具破坏性的活动：

山地城市典型河谷农业特征 表 6–24

河岸农业空间类型	绿色空间景观特征	农作物类型	剖面示意图
河谷漫滩型	地势较为平坦，民居位于山谷中的平地或山脚缓坡处，农田多位于山谷中的平地上	大部时间被水淹没，只适宜种植水稻、莲藕等挺水型作物	
岸坡临水型	靠近河流临水布置，沿村前的河流两侧分布且依地势逐层分布，坡度较缓	间歇性被洪水淹没，适合种植高粱、田菁等耐水型作物	
岸坡远水型	村庄依山而建，在远离河流的山坡上局部较缓处则开垦成台阶状农田，坡度总体较陡	一般不受洪水影响，适合种植各类气候适宜的农作物	
河岸高地型	周围与峡谷边界之间依地势开垦成高低错落的农田	山区河岸高地多为林地，适宜种植经济林、果类等农作物	

农业生产区的河岸绿色空间设计导引 表 6–25

目标	策略		设计导引
支撑内在生态系统	河流水域	河道	保护主干河道形态，允许小型支流适当改道以灌溉农田
		滩涂	尽量保留自然的河漫滩，允许适当种植湿地作物如荷花
		坑塘 / 湖泊	保护自然湖泊及水库，保留小型坑塘、水池
	生态廊道	主干河流廊道	控制河流廊道的宽度，与上下游廊道的连接
		次级支流廊道	控制支流廊道与河岸内部农田林网、坑塘等的连接
		其他生态廊道	控制农田林网、机耕道、道路等廊道以形成景观生态网络
	生态斑块	林地关键斑块	将河岸高地孤立的林地斑块与农田林网连接
		湿地关键斑块	控制各类湿地如滨河湿地、内陆沼泽地、河口湿地等
		水源关键斑块	保护水环境健康，严禁任何建设行为，强化现状植被群落
	环境污染防护	固滩护岸区	修建护岸或堤防工程，恢复固滩防护林，严禁破坏地貌
		水土保持区	丘陵区进行退耕还林还草，保护水土资源，种植本地物种
		污染治理区	农田林网系统建设，选择根系较深及吸附性强的本土树种
	森林与林地	自然生态林	保护与恢复自然原始森林，确保其水源涵养与栖息地功能
		恢复生态林	补给恢复林以修复受损土地，并连接生态廊道网络缺口
		经济生产林	将经济生产林布置在靠近河流区域以发挥林地复合功能
兼顾外在社会价值	农林种植	农旅融合项目	布置农业种植与旅游、科研教育结合的项目
		特色种植类型	相比内部非河岸区域倾向于种植兼具展示功能的特色农作物
		基本农田	利用河岸较平坦区域种植粮食蔬菜，提供食物供给功能
		农业设施	灌溉水利设施、机耕道、生产路、闸坝等
	生态 / 郊野型绿道	绿道线路布局	纵向沿河岸等高线，横向连接机耕道、乡村公路
		绿道建设模式	多设置自行车道，结合农田风光、滨水设施、农田绿道
	公共设施	配套游憩设施	耕作垂钓体验区、特色农庄民宿、露营烧烤点等
		基础服务设施	饮水点、厕所、告示牌、游客中心、停车场、急救电话等
		雨洪管理设施	绿化缓冲带、阶梯化、污水处理湿地、植物篱、蓄水池等
	景观	景观类型	河谷梯田、花田、湿地农田、大田景观、设施景观、林果景观、缓坡旱地、洼地水田、农林复合景观
		观景视点	滨河观景、湿地观景、田野观景、缓坡观景等
	建筑	建筑风貌	以当地传统风貌为主，保留或改造现有乡土建筑
		生态建筑	以当地木质、石材为主的低技绿色建筑
	活动	场地	严格控制硬化场地规模，提高场地的渗透性
		游憩活动	田园观光、耕种体验、休闲娱乐、度假养生等
		环境文化教育	乡土文化、民俗文化教育、农耕文化博览等

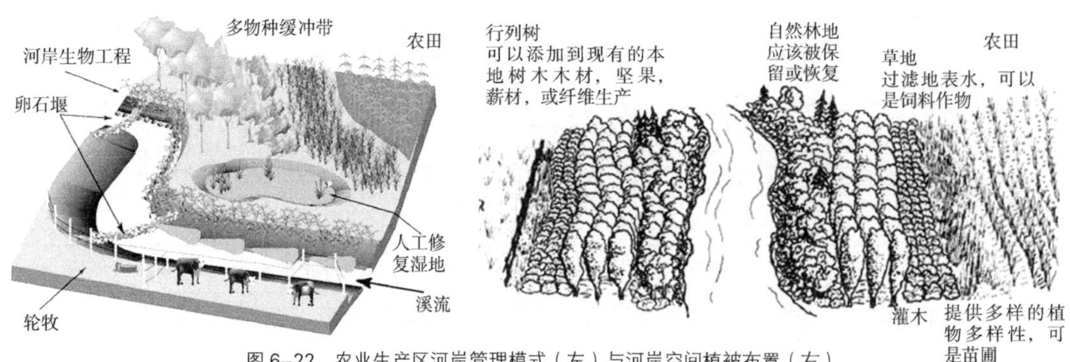

图 6–22 农业生产区河岸管理模式（左）与河岸空间植被布置（右）

资料来源：SCHULTZ R C，ISENHART T M，SIMPKINS W W，et al. Riparian forest buffers in agroecosystems–lessons learned from the Bear Creek Watershed，central Iowa，USA[J]. Agroforestry Systems，2004，61–62（1–3）：35–50.

植被清除、河流改道、土壤暴露和压实、灌溉和排水、泥沙或污染物等。前文已述，连通性和宽度为河流空间的重要结构属性。营养和水流、洪水期间的泥沙截留、蓄水、动植物的移动、物种多样性、内部生境条件以及向水生群落提供有机物质，这些都只是这些结构属性所影响的几个功能条件。通常尽可能宽的连续本地植被覆盖的河流廊道最有利于提供最广泛的功能。修复设计应与河流空间内外建立功能联系。河岸植被、草地或森林的残余斑块，能够支持生产性土地的生态功能，保留或弃置土地，相关湿地，邻近水系，生态住宅区，植物和动物的活动走廊等提供了建立功能联系的机会。图 6–23（左）展现了以生产农业为主的假设条件。虽然在附近的农田中设置了功能独立的等高线梯田和水道，但场景描绘的是一个生态贫乏的景观。许多潜在的干扰活动和随后的变化会产生较大的环境影响。而图 6–23（右）展现了一个模拟的针对潜在农业环境影响的修复措施和修复结果。

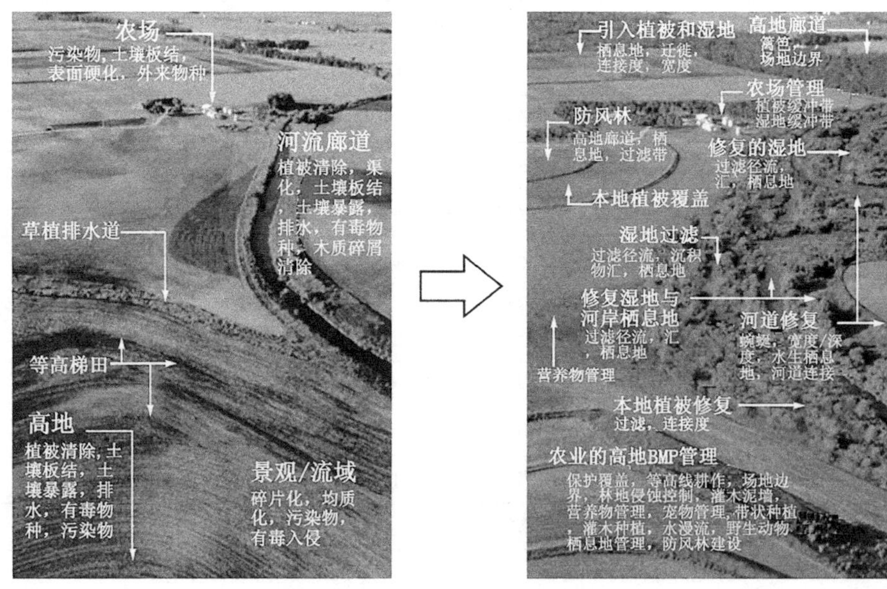

图 6–23 假设的河岸农业环境条件与修复响应

资料来源：FISRWG.Stream corridor restoration，1998[R/OL].[2020–5–25]. http：//www.nrcs.usda. gov/Internet/FSE_DOCUMENTS/stelprdb1044574.pdf.USDA，1998.

6.5.3 城市边缘区的设计导引及案例

1. 城市边缘区（T3）河岸绿色空间设计导引

城市边缘区的河岸绿色空间是城市和乡村的连接纽带，是物质和信息传输的城乡生态界面。尤其是次级河流往往被各种用地（农业、工业、居住等）包围并侵占。对于城市边缘区的河岸绿色空间设计具有比其他样条分区更多样化的功能复合，更艰难的矛盾冲突协调及更复杂的设计原则和技术运用，以实现保护与开发并行。例如由于城市用地扩张需求和区域性带状基础设施（公路、铁路、市政等）往往将河岸空间侵占或分割，那么，设施的布置应该避开核心生态斑块，对已经破坏的区域结合地形特征实施生态修复。城市边缘区的河岸绿色空间设计导引如表 6–26 所示。

城市边缘区的河岸绿色空间设计导则 **表 6–26**

目标	策略		设计导引
支撑内在生态系统	河流水域	河道	保护主干河道形态，尽量保护次级河流与小型支流
		滩涂	尽量保留自然的河漫滩与湿地
		坑塘 / 湖泊	保护边缘区残留的小型坑塘、水池，并改造雨洪管理设施
	生态廊道	主干河流廊道	控制河流廊道的宽度，与上下游廊道的连接
		次级支流廊道	控制支流廊道与河岸内部小型农田、住区及风景区的连接
		其他生态廊道	控制农田林网、区域道路市政等廊道以形成景观生态网络
	生态斑块	林地关键斑块	将河岸高地孤立的林地斑块与边缘区小型农田连接
		湿地关键斑块	控制各类湿地如滨河湿地、内陆沼泽地、河口湿地等
	环境污染防护	固滩护岸区	修建护岸或堤防工程，恢复固滩防护林，严禁破坏地貌
		水土保持区	保护边缘区残留的水土资源，种植本地物种
		污染治理区	加强栖息地与污染缓冲带建设，治理环境污染严重区域
	森林与林地	自然生态林	保护与恢复边缘区残留森林，确保栖息地功能
		恢复生态林	补给恢复林，并加强与城市内部生态网络的连接
		经济生产林	组织小型经济生产林与农田斑块在河岸的空间组合
兼顾外在社会价值	农林种植	农旅融合项目	结合小型农田发展与旅游、科研教育结合的项目
		特色种植类型	相比内部非河岸区域倾向于种植兼具展示功能的特色农作物
		农业设施	灌溉、机耕道、闸坝等农业设施与其他基础设施的合理布局
	郊野型 / 城镇型绿道	绿道线路布局	纵向连接城市内绿道绿街，横向连接内部住区与游憩资源
		绿道建设模式	多设置自行车道，结合农田风光、滨水设施和郊野公园
	公共设施	配套游憩设施	农业体验区、风景度假项目、科普教育基地等
		基础服务设施	饮水点、厕所、告示牌、游客中心、停车场、急救电话等
		雨洪管理设施	绿化缓冲带、雨洪湿地、污水处理湿地、草植洼地等
	景观	景观类型	建设与非建的混合用地斑块景观组合
		观景视点	滨河观景、湿地观景、缓坡观景、高地观景等
	建筑	建筑风貌	保留传统风貌建筑，并与现代建筑有机融合
		生态建筑	加入绿色屋顶、雨水处理与利用的生态建筑
		场地	适当控制硬化场地规模，增加场地的渗透性
	活动	游憩活动	农业观光、运动健身、休闲娱乐等
		环境文化教育	乡土文化、民俗文化教育、城镇历史文化等

2. 实例分析——眉山岷东滨江公园

眉山岷东滨江公园位于眉山市边缘区城市拓展地带岷东新区的西侧河岸地段，城市主要南北向滨江生态廊道上。公园设计导向旨在保护环境资源，保护岷江沿线重要林地、山体及物种生境；提升岷东区相应城市功能；展示岷东新区的窗口形象，提升城市滨江整体空间形象，带动地区整体发展。总体公园内部（街区层面）规划了七个功能区：观景休憩休闲区、中心旅游服务区、文化艺术体验区、湿地溪谷游览区、百花锦带运动区、观景养生活动区、田园文化休闲区。在场地层面，根据岷江河岸不同的位置与地形特征（高地、洪泛区、斜坡）分别进行详细的生态设计（表 6–27）。

河岸不同位置与地形特征的详细生态设计　表 6–27

河岸位置	河岸地貌	设计说明	详细设计图
河岸高地	密林、缓坡平地、池塘、梯田、果园、农房	该区域功能设置小型休闲商业，如茶室、咖啡厅、特色小吃、特色手工艺展卖等。保留部分梯田、坑塘系统，种植多种湿地植物，整合原有农房，打造成以休闲娱乐为主要功能的特色风情小镇。	
洪泛区	湿地、平地、湿地作物、果园、草地、灌木	与原有的湿地结合设置桥头广场，由于该广场位于一个面向眉山城区的门户位置，以景观形象展示及滨江观景功能为主，结合地形特点，通过层层退台和多样植被设计，营造丰富的景观。	
河岸斜坡	密林、陡坡、农房等	设置休闲养生与观景功能。沿陡坡的等高线设计对地形影响较小的生态栈道作为重要的观景平台，并形成丰富的高差台地景观。结合原有农房基址改造。	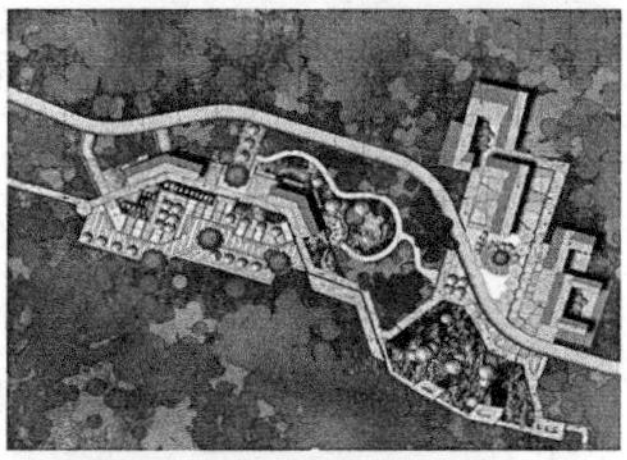
旁系支流	冲沟、密林、阶梯农田、农房等	该区域功能设置百花观赏、运动休闲。结合梯田，种植观赏花卉，形成层层跌落、百花盛开的大地景观，结合竹林规划自行车越野赛道。改造台地上农房，形成赏花平台。	
河岸最高点（山头）	山头灌木，坡度较陡	该区域功能设置创意手工艺作坊及展览，青少年课外活动实践基地。整合原有院落及道路，改造成艺术村落，山头增设观景平台和彩色景观树种。道路、场地和建筑沿等高线布局。	

资料来源：根据重庆大学规划设计研究院《眉山市岷东新区滨江公园规划》整理。

6.5.4 一般城镇区的设计导引及案例

1. 一般城镇区（T4）河岸绿色空间设计导引

前文已述，一般城镇区最常见的功能用地就是居住用地，居住用地与商业商务或文化行政用地组合构成一般城镇区的用地模式。而河岸绿色空间模式可以良性引导城镇区内部的生活与生产活动，既能降低对河流的环境影响，又能激发城镇区河岸空间的活力。通常来说，城镇区域的地下水受到建筑物（例如道路）的影响，这些建筑物减少了地下水的数量和质量，分流了地下水或污染了地下水。新建城区的场地设计中应预测对地下水位的保护以及从河道的后退。次级河流沿岸居住区绿地可以通过雨水的收集和利用、减少排污量、污水就地处理、雨洪径流设施管理来减小对河流水环境的影响[210]。尤其是在次级河流，控制河道和洪泛区之间的水流，对河岸进行重新绿化，采用石笼等透水材料，促进地下水流动，植被可以附着在其上给生境创造一些机会。通过在河岸上使用可渗透的材料，允许地下水在河道和漫滩之间流动，允许水渗入整个景观，保持连续的入渗流量和正常的地下水位。避免与地下水位相冲突的构筑物，如深层地基，尤其是靠近河岸的地方。一般城市区的河岸绿色空间设计导引如表 6–28 所示。

2. 实例分析——眉山岷东新区重点河段概念规划

眉山岷东新区是眉山市规划新建的集中城市建设区，原本有三个自然的汇水单元——岷

一般城市区的河岸绿色空间设计导引　　表 6–28

目标	策略		设计导引
支撑内在生态系统	河流水域	河道	保护主干和次级河道形态，保留小型支流
		滩涂	尽量保留自然的河漫滩与湿地
	生态廊道	主干河流廊道	控制河流廊道的宽度，与上下游廊道的连接
		次级支流廊道	控制支流廊道与河岸内部居住和公共区绿地的连接
	生态斑块	林地关键斑块	将河岸高地遗留的林地斑块与支流和绿道连接
		湿地关键斑块	控制各类湿地如滨河湿地、内陆沼泽地、河口湿地等
	环境污染防护	固滩护岸区	保护城市河岸残留的水土资源，种植本地物种
		污染治理区	加强栖息地与污染缓冲带建设，治理环境污染严重区域
兼顾外在社会价值	城镇型绿道	绿道线路布局	纵向连接各城市组团绿道，横向连接居住与公共区的绿地
		绿道建设模式	结合现有道路或外部河岸缓冲区建设综合型服务绿道
	公共设施	配套游憩设施	展览馆、公园雕塑小品、娱乐设施、健身活动中心等
		基础服务设施	饮水点、厕所、告示牌、停车场、急救电话等
		雨洪管理设施	绿化缓冲带、街边沼洼池、雨水花园、植被过滤带等
		观景视点	滨河观景、湿地观景、缓坡观景、河岸台阶观景等
	建筑	建筑	现代建筑及场地，结合雨洪管理设施如绿色屋顶
		建筑高度	控制沿岸的建筑高度、密度及开敞率
		场地	适当软化地面硬化覆盖，提高场地的渗透性
	活动	游憩活动	日常休闲娱乐、科普教育、健身运动、节日文化活动等
		环境文化教育	休闲文化、城市特色文化、历史文化等

江汇水单元、穆家沟汇水单元和粤江河汇水单元，经过岷东新区的规划和建设用地的介入，重构为七个汇水单元。现状地表水系主要由众多自然支流与人工修建的支渠构成，其中崇礼支渠在岷东新区生态建设中最为重要。规划新建的城市组团内部将保留这些重要的河流水系资源，对重点河岸的绿色空间结合周边用地进行详细设计，以发挥社会与生态效益（表 6–29）。

6.5.5 城市中心区的设计导引及案例

1. 城市中心区（T5）河岸绿色空间设计导引

在城市中心区，由于河流周边区域的高密度开发建设，河岸所剩空间狭窄，如上海黄浦江畔，部分河段仅能满足 6m 宽的防汛通道最低要求，无法满足其他功能的空间需求，硬质化铺装比例极高，如重庆渝中半岛。多样化的复合生态功能需要一定的空间承载，在空间资源有限且大面积硬质化地面已建成的客观条件下，可以针对现状不同情况和未来更新改造的可能性，建立“保护—修复—补偿—拓展—交互”的河岸生态设计模式[211]：保护残存的生态斑块；修复生态条件尚可且有潜力恢复的生态空间，利用生态系统的自我修复能力，辅以人工措施；补偿是针对较难进行生态修复的场地进行生态化改造；拓展城市中心区细碎的绿化节点，连点成片；交互是指通过多种互动手法创建可达、可见、可感的河岸绿色空间。在山地城市，城市中心区的河岸绿色空间是市级公

眉山岷东次级河流重点河段绿色空间的详细设计 表 6–29

	商住功能河段	综合功能河段	居住与防护河段
功能定位	以居住、商业用地为主，以日常亲水休闲功能为主。	以创意文化休闲、滨水商业、湿地水质净化、公共交流为主。	以高品质居住、度假养生、湿地防护、环境教育为主。
设计要点	充分考虑周边用地，结合现状植被、河流走向，适当扩大水面，增加亲水设施。	将少量小型公共设施布置在河岸外部缓冲区内，并营造有活力的公共空间与景观风貌。	结合现状湿地、植被状况补给恢复林地，结合周边一类居住用地，设计游憩与休闲设施。
土地利用	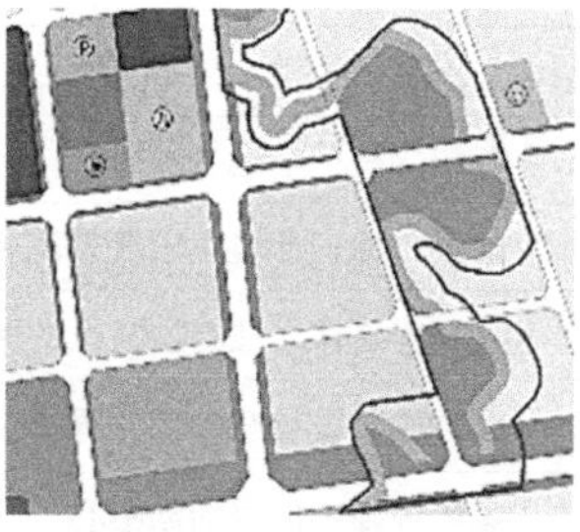	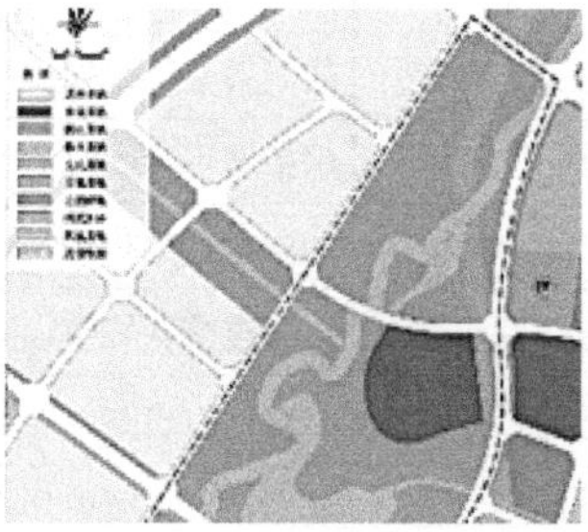	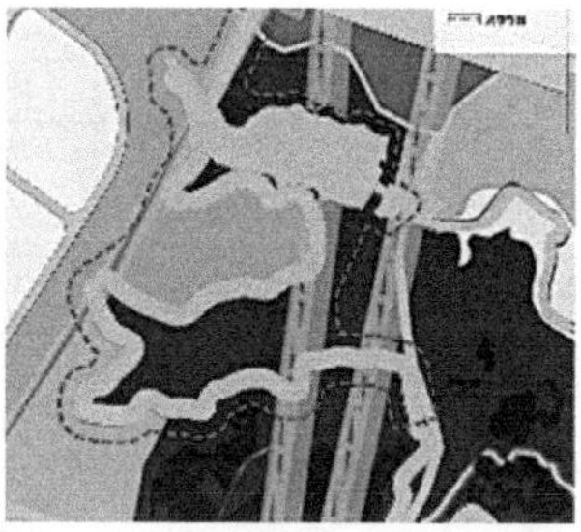
总图示意	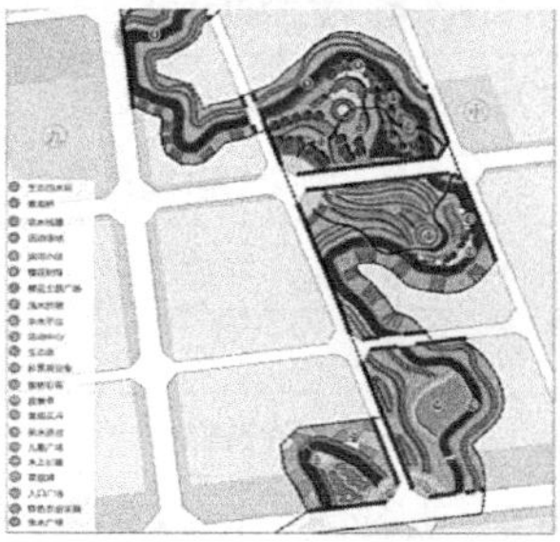		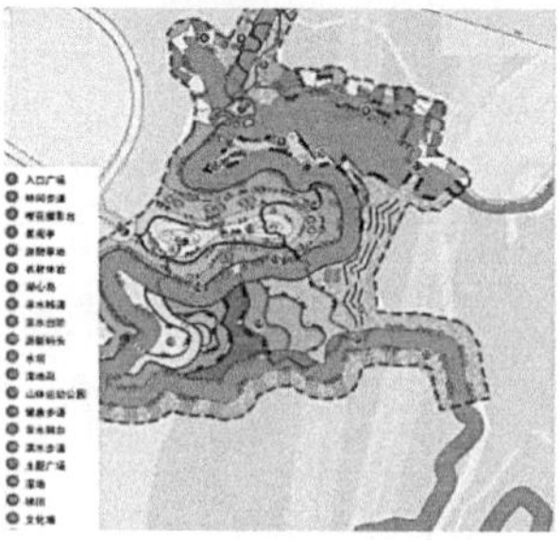

资料来源：根据重庆大学规划设计研究院《眉山市岷东新区水系专项规划》整理。

共开放空间，须为城市提供形象展示、安全、服务、活动、配套等多重功能，通常被称为“城市阳台”，如重庆的朝天门、洪崖洞。城市中心区的河岸绿色空间设计导引如表 6-30 所示。

2. 实例分析——重庆融汇半岛滨江公园设计

重庆融汇半岛滨江公园位于重庆市巴南区李家沱西流沱片区，属于次级城市组团中心区。东西两端的绿化隔离带分别位于滨江公园的两侧，南端为临江商务商住建筑。基地内很多滨江地带均坡度陡峭，可用作大型开放空间的地域较少，同时岸线亲水性较差。大坝围堤已经建成，可以调整的余地较少。同时，由于长江自身的特点，河岸的水位会季节性变化。规划调和各级交通流线，解决竖向变化矛盾，优化水岸可达性，完善融汇大道、社区内环、滨江道路之间的竖向关系连接。规划给出了复层城市平台整合解决方案，利用滨水高程差，平台层落。在高程 198m~194m，设城市阳台，承接融汇大道，形成滨水广场第一近。下穿滨江路的服务道路与融汇大道衔接，解决车流与服务问题；景观水景为广场端景，广场下方为地下停车，满足形象、活动与服务需求。在高程 188m~194m，设城市广场，利用景观平台、草坡、梯阶等元素，向江边渐次开展，合计面积可服务 8 万游客，连同城市阳台可供 10 万人集会。飞坂与缓坡之间作为商业、文娱、公众活动空间。在高程 178m~188m，设为亲水平台，为阶梯广场及集会草坪。广场深入江中，条件允许时可驳小船；集会草坪铺设洒水喷雾器，晚间临江边喷洒形成雾幕，加以声光投影，形成互动亲水之亮点（图 6-24）。

城市中心区的河岸绿色空间设计导引　　表 6-30

目标	策略		设计导引
支撑内在生态系统	河流水域	河道	保护主干和次级河道形态
		滩涂	尽量保留自然的河漫滩与湿地
	生态廊道	主干河流廊道	控制河流廊道的宽度，与上下游廊道的连接
		次级支流廊道	控制支流与河岸内部商业、商务、文化等公共绿地的连接
	环境污染防护	固滩护岸区	保护城市河岸残留的水土资源，种植本地和观赏性物种
		污染治理区	加强污染缓冲带建设，治理环境污染严重区域
兼顾外在社会价值	城镇型绿道	绿道线路布局	纵向连接各城市组团绿道，横向连接周边细碎的绿地
		绿道建设模式	结合现有道路或中部、外部缓冲区建设综合型服务绿道
	公共设施	配套游憩设施	展览馆、公园雕塑小品、娱乐设施、标志性设施等
		基础服务设施	饮水点、厕所、告示牌、停车场、急救电话等
		雨洪管理设施	绿化缓冲带、绿色屋顶、街边沼洼池、生物滞留池等
		观景视点	滨河观景、缓坡观景、河岸台阶观景等
	建筑	建筑	现代建筑及场地，结合雨洪管理设施如绿色屋顶
		建筑高度	控制沿岸的建筑高度、密度及开敞率
	活动	场地	适当软化地面硬化覆盖，提高场地的渗透性
		游憩活动	商务商业活动、科普教育、节日文化活动等
		环境文化教育	休闲文化、城市特色文化、历史文化等

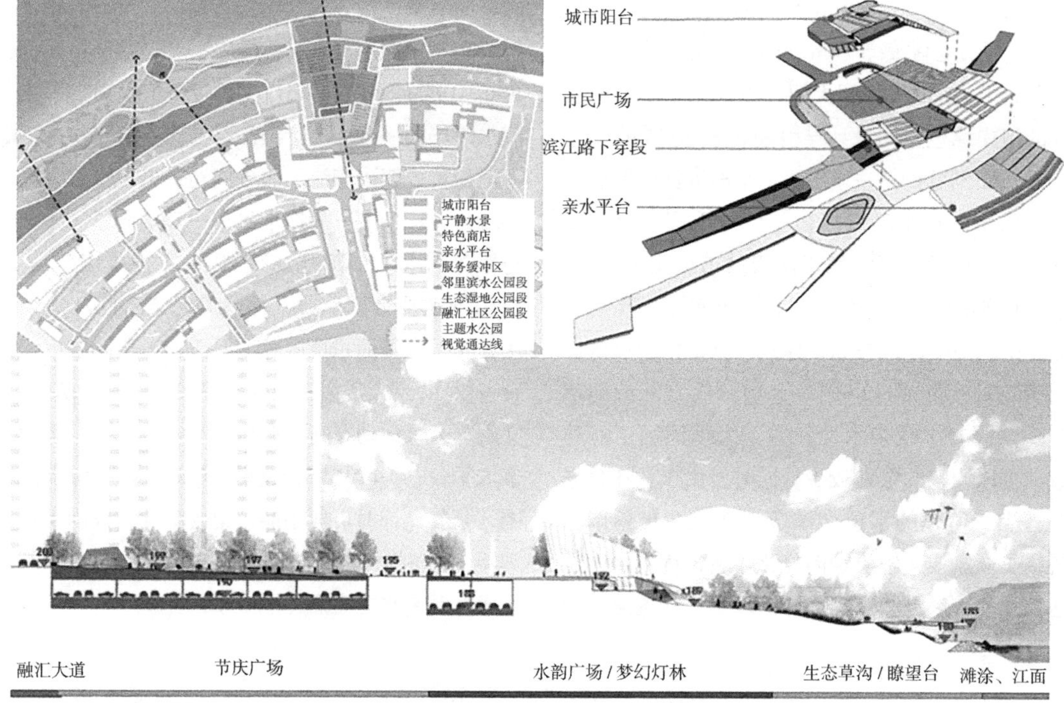

图 6-24　重庆融汇半岛滨江公园设计中的复层城市平台方案

7 山地城市河岸绿色空间管控途径

没有“一刀切”的模型可用于河流及其相邻土地的管理。要想实现河岸绿色空间在城乡空间上、近远期时间上和社会—生态效益目标上的可持续性规划，离不开有效的管控途径和匹配的政策保障。河岸绿色空间管控需要同时考虑自然与人类，城市与乡村多种复杂要素，因此要求一个整合的、协作的、可持续的、适应的环境管理模式。

河岸绿色空间规划应该被置于一个整合的空间规划体系中，作为规划部门主导，其他部门配合的专项规划之一。它应采用协作综合和动态适应的管理模式，与各层级的规划编制类型衔接。它需要全国和地方，特别是适应地方特征的法规政策作为管控实施的保障，采用多种适宜的开发管理工具和公私合作建设模式。在管控过程中通过动态检测与绩效评估、公众参与监督等关键环节来提升管控效力。

7.1 协作与适应性管控途径

7.1.1 整合的空间规划体系

河岸绿色空间规划需要一个整合的空间规划体系。在重庆近年来的空间规划体系改革中，以城乡规划体系为基础，遵循内部和外部现行体制①。横向上，强化与多个部门（园林、道路、水利、农业、旅游等）的横向部门协调，将其他部门规划适当吸纳进空间规划编制体系中。纵向上，将不同层级地域（市域、主城、区县、乡镇、村）的多个相关规划协调和整合（“多规合一”），进一步完善规划法规体系，形成协调整合的空间规划体系[212]。

河岸绿色空间规划可以在这样一个整合的空间规划体系中，完善其规划编制与管控途径（图 7–1），将它作为规划部门（现在是自然资源局）主导，其他部门配合的专项规划之一，并与法定规划和专业规划相衔接。由于河流及流域问题的管辖具有跨行政单元和行政层级的空间地理特殊性，因此，河岸绿色空间规划在这样整合的空间规划体系中，通过各级地方政府和各相关部门在空间上划分和确立自己的职责，实现管控的有效落实，解决以往河岸区域在空间管控上既有交叉重叠，又有空白缺口的问题，使河岸绿色空间的相关建设与管制行为既能做到有规划和条例可依据，又能最小化管控中的矛盾。

7.1.2 跨部门协作综合管理

1. 基于跨部门协作的综合管理模式

在上一节所说的空间体系规划背景下，作为专项规划的河岸绿色空间管控首先是由各级政府规划部门主导和多部门联合协作(纵向“条”协作与横向“块”协作）的管理模式，摒弃了

① 2014 年重庆市启动了“法定城乡规划全覆盖”工作，既实现了法定规划编制的全覆盖，又实现了专业、专项规划编制工作的全覆盖，并将专业、专项规划涉及空间管控的相关内容落实到法定规划中。法定规划是《重庆市城乡规划条例》中必须制定的规划，专业规划是由各有关专业部门牵头组织编制的涉及空间布局的部门规划，专项规划则是规划管理部门牵头组织编制的其他相关规划（王岳，2018）。

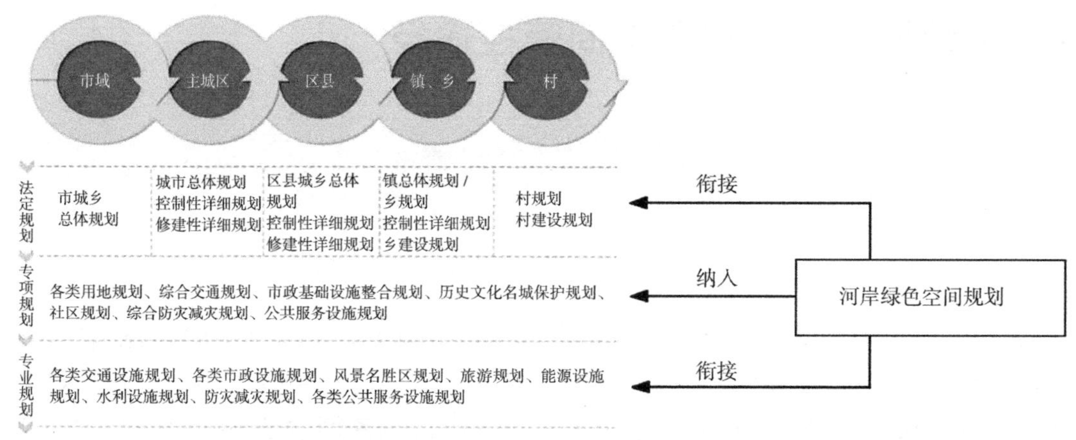

图 7–1　将河岸绿色空间规划纳入空间规划体系中的专项规划，并衔接法定规划与专业规划
资料来源：改绘自：王岳．重庆市空间规划体系改革实践 [J]. 城市规划学刊，2018（2）：50–56.

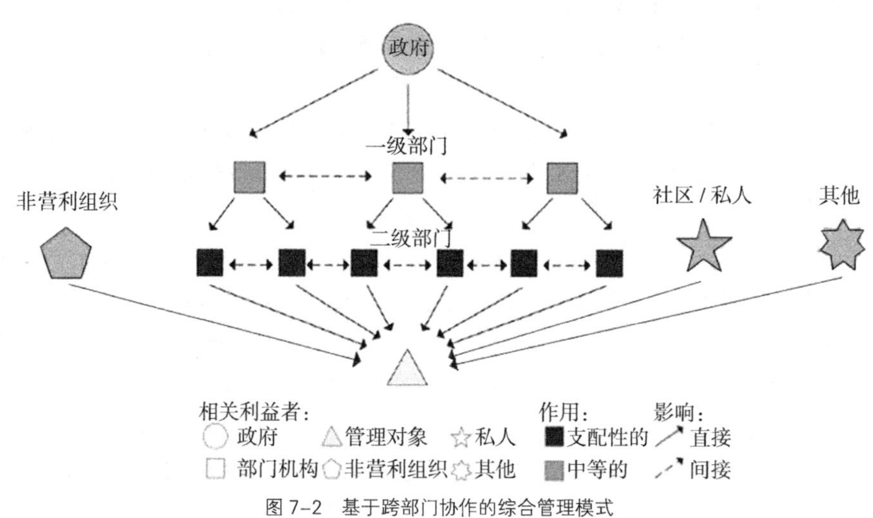

图 7–2　基于跨部门协作的综合管理模式
资料来源：改绘自：叶林．城市规划区绿色空间规划研究 [D]. 重庆大学，2016.

以往在河流纵向上（城市内规划，城市外国土）和横向上（河道内水利，河道外规划园林等）条块分割的低效管理方式。其次，更高的要求是通过各级主导部门管理、多部门联合管理、非营利组织参与管理和社区共同管理模式，实现基于跨部门协作的综合管理（图 7–2）。

2. 建立综合性管理决策机构

一个有效管理者的能力超越了在特定机构或组织中的科学和技术角色。综合管理组织者也需要多种技能，提倡协作的决策过程。由于河流生态边界（流域单元）超越了政治界限，机构部门、利益相关者和非政府组织需要建立合作伙伴关系以更好地互相交流，向改善利益相关者的关系转变。促进更好的部门机构间关系的合作工具包括：综合性管理决策机构、区域规划机构和信息交流中心等。

针对河岸绿色空间涉及的跨多个尺度、跨行政辖区、跨部门管辖范围等管控的复杂性，最有效的是在相关政府部门中设立跨部门的、多方合作的、协调城乡建设的综合管理决策机构。对于宏观流域问题，需要发挥综合性管理在规划、实施和监督上的统一性，对于局部河段问题，需要区域与地方和部门之间的协调。充分发挥各部门和各机构的职能优势，把河岸绿色空间的管控任务分解到各部门机构的管理政策和行动计划中。

3. 建立河岸绿色空间联动管理机制

1）相关部门权责界限

依托现有河岸绿色空间（包括河流与河岸用地）相关管理部门、河岸绿色空间联动管理机制，实现河岸绿色空间管控策略的实施。要实现前文所述的综合管理，必须首先了解河岸绿色空间的管理实施与监督机制，针对相关管理部门在管控实施过程中的冲突和矛盾，制定适宜的协调方案，明确各部门的权力和责任，为河岸绿色空间的管控实施提供基础保障。管控实施还需要匹配的法律机制、行政机制、财政机制和社会机制作为后盾才能保证效力[213]。河岸绿色空间管控实施最需要行政机制的支撑。在我国的行政体制中，河岸绿色空间管控的相关部门主要包括：规划（现自然资源局）、园林、农业、水利、建设及其他部门。结合山地城市河岸绿色空间的现有问题和规划管控价值目标，建议其相关管控部门的各自权限及工作内容如表 7–1 所示。

2）优化部门协作机制

要使河岸绿色空间的行政机制发挥作用，需要根据当地社会发展情况以及经济条件，制定适宜的政策规定，优化各行政部门的协作机制，实现河岸绿色空间相关管理部门的高效管理。部门协作机制优化策略包括以下几个方面：① 强化城乡全域空间的整体利益，弱化城镇和乡村的局部部门利益，完善各部门之间的协调机制体系；利用各部门的专业技术优势，畅通信息与技术交流，做到取长补短。②理顺河岸绿色空间相关部门职责关系，促进各部门的协同配合，针对具体问题确立相应的主导部门和相关配合部门。③强化河岸绿色空间相关部门的信息沟通与工作协调，通过各部门的协调政策机制，合理分配和有效利用部门管理资源，提高管理效率。④为保障管理的实效性，本书建议在顺应国家机构改革方向的前提下，在审批与河岸绿色空间相关的项目时，仔细考虑项目的效益与环境影响，使局部规划项目与河岸绿色空间整体建设相协调和融合。由地方政府主导，联合各相关部门和机构设立河岸绿色空间综合管理委员会（图 7–3），作为综合性管理决策机构来实现统筹规划和综合管理。

山地城市河岸绿色空间相关管理部门的权责界限与工作内容　　表 7–1

涉及管理部门	权责界限	工作内容
规划行政主管部门（现自然资源局）	河岸建筑、绿地控制（主要在协调区）	组织编制各层级的河岸绿色空间规划，管理建筑高度、开放空间、绿地率、景观视线等
水行政主管部门（水务局）	水域及滩涂（蓝线）控制	组织编制各层级的水系规划、防洪规划、岸线环境整治规划、水资源水利设施规划等
市政、园林行政主管部门	滨水绿化控制公园建设（在缓冲区），公用事业建设	组织编制河岸区域的景观绿地规划、滨水公园规划设计、综合管网规划、竖向设计、雨洪管理设施规划等
国土行政主管部门（现自然资源局）	林地、农田、湖泊等控制	全域的土地利用规划，河岸区域的生态红线划定，基本农田划定，土地用途管制等
旅游行政主管部门	旅游产业、招商项目	制定相关旅游发展规划，布局总体旅游格局和旅游重点项目，旅游设施建设
环境保护行政主管部门	水、大气环境控制	组织编制流域水环境综合治理规划、通风廊道规划、畜禽养殖污染防治规划

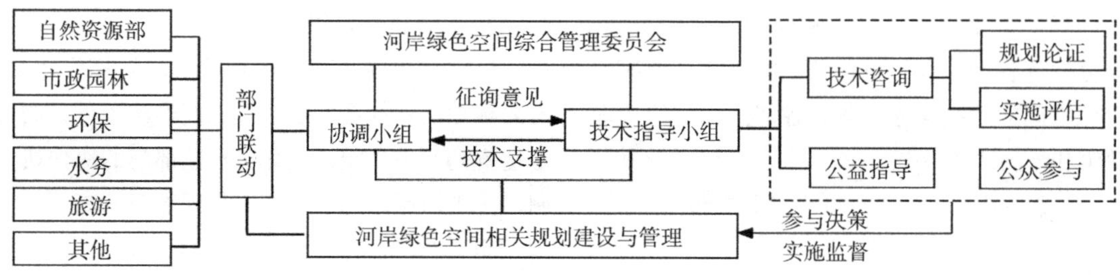

图 7-3　河岸绿色空间综合管理委员会的设置

7.1.3　动态适应性管控模式

1. 应对不确定性和矛盾性双高的适应性管理模式

河岸绿色空间由于所在过渡区位的复杂的社会生态环境特征，其规划管控具有不确定性和矛盾性。不确定性有两种：一是科学（生物物理）不确定性，关系到未来河岸绿色空间绩效和服务供给的物理过程；二是社会政治不稳定性，由于对社会结构、公众偏好和政治支持缺乏信心而造成[214]。生物、物理不确定性包括：气候变化及其影响（例如气温上升或降水变化对河流健康的有害影响）、自然灾害、维持基础设施性能和服务供给（设施老化和环境条件变化）等。社会政治不确定性包括：公众偏好、人口、城市经济发展、机构工作水平、资本成本、对气候变化影响的适当反应。而矛盾性体现在现实许多管理实施中存在的冲突和障碍上。例如在布拉格，绿色屋顶将主要应用于城市郊区的新建筑，旧建筑因受到遗产保护和建筑法规的限制而不能被改造成绿色屋顶[215]。

当一个规划对象的不确定性低、矛盾性高时，可以采用应用最佳实践的管理模式（Apply Best Practice）。而当一个规划对象的不确定性高、矛盾性低时，可以采用情景规划模式（Scenario Planning）[216]。但面对不确定性和矛盾性两者都较高的河岸绿色空间时，其规划、管控和实施过程中就需要采取适应性的应对策略，如通过适应性的河岸绿色资源识别和评估来减少或克服生物物理上的不确定性，通过衔接现有规划编制体系来避免社会政治上可能的矛盾（图 7-4）。

2. 全生命周期的适应性管理方法

在生态系统管理中，适应性管理的基本原则就是“处理人类和生态系统共同进化过程中不可预测的相互作用”[217]。由于生态系统在变化，试图理解和管理系统的人们也在变化，适应性管理方法融合了一种信念，即所有决策都是基于最有效但往往不完整的知识，鼓励管理者在不断评估反馈时调整和改进管理干预措施，考虑管理行为可能的可逆后果，从管理过程中学习[145]。

河岸绿色空间如果要可持续地发挥复合生态服务功能，就需要长期的适应性管理。管理技术应该响应绿色空间内外的功能和结构变化。功能和结构变化最常见的原因包括：农业实践、城市化、未管理的放牧、道路建设、大坝和改

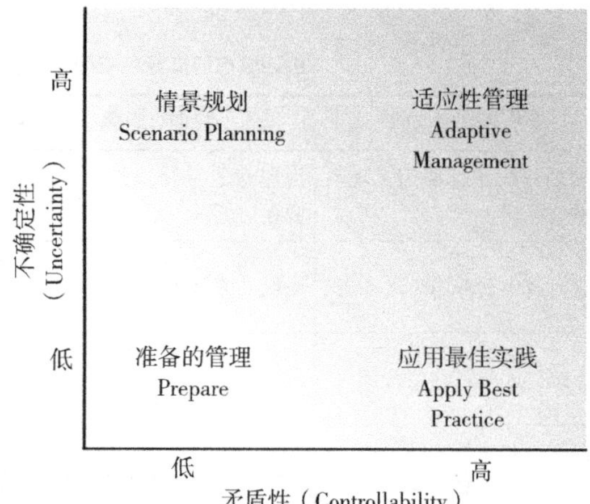

图 7-4　当不确定性和矛盾性两者都高时，应采用适应性管理

资料来源：BIRGE H E，ALLEN C R，GARMESTANI A S，et al. Adaptive management for ecosystem services[J]. Journal of Environmental Management，2016，183（2）：343-352.

道、野生动物、娱乐等。适应性管理是一种将新信息融入项目各个阶段的技术，可以根据新的信息不断地评估项目，产生想法，并就如何进一步细化项目作出决策。这是一个“反馈循环”的重复过程，应该贯穿项目的整个生命周期，如图 7–5（左）所示。适应性管理通常以“边做边学”为特征（图 7–5 右），是资源管理的正式迭代过程，通过结构化反馈过程增加系统知识，承认不确定性，实现管理目标。其组成部分既是决策组件又是学习的机会。结构化决策（灰色圈）是一种有组织的、透明的决策方法，用于识别和评估备选方案，并为复杂的决策辩护，然而，结构化的决策制定并不需要自适应管理中固有的迭代和相应的高阶学习（白圈）[218]。河岸绿色空间的适应管理可以同时使用主动和被动技术。被动技术通常包括保护缓冲带免受不利影响，鼓励河岸缓冲带的自然再生和演替发生。被动技术最适用于没有被严重退化的河岸（河流没有被改变，通道没有被切割，原生植物物种种子库完整，并且几乎没有入侵植物物种存在）。对于退化严重的河岸，可能需要采取更积极的主动恢复措施，如控制入侵植物、林业实践、模拟洪水、植被种植、高地管理、巩固河岸。

7.1.4 多层级管控指标体系

1. 河岸绿色空间的三级管控指标体系

要想实现有效的河岸绿色空间管控落地，需要三个层级的管控指标体系，来对应每个层级的主要规划任务和规划目标（表 7–2）。在城乡区域层面，河岸绿色空间规划任务是整体功能定位与系统构建，因此，管控的重点是河岸绿色空间的生态总量和结构的完整性以及在城乡空间整体样条分区上的指标分配。在中心城镇区层面，河岸绿色空间规划任务是纵向功能组织与用地布局，因此，管控的重点是河岸绿色空间用地与关联用地的匹配度是否满足复合生态服务功能需求与供给的关系以及在纵向空间样条分区上的指标分配。在街区场地层面，河岸绿色空间规划任务是横向功能指引与空间设计，因此，管控的重点是河道、河岸缓冲区、协调区绿地面积、形态是否与场地的社会生态环境特征及目标相匹配，是否响应上两个层级的功能定位产生实际的综合效益，河岸横向空间样条分区和空间界面的控制是否产生正向边缘效益。

2. 城乡区域层面的指标管控

在城乡区域层面进行管控的目标是河岸绿色空间整体功能系统和结构控制，必须“数量”

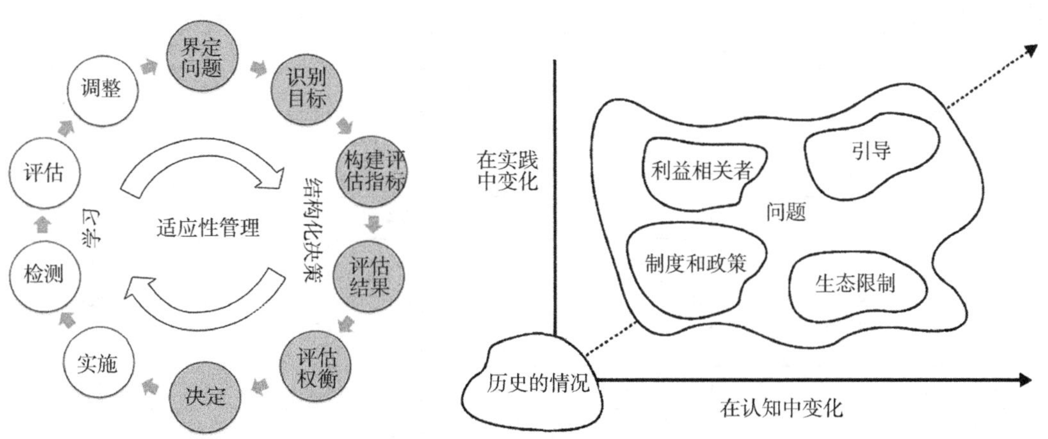

图 7–5 适应性管理的循环周期（左）；在变化中的学习概念示意（右）

资料来源：ALLEN C R，FONTAINE J J，POPE K L，et al. Adaptive management for a turbulent future[J]. Journal of Environmental Management，2011，92（5）：1339–1345.

三级管控指标体系的主要定性和定量指标 **表 7–2**

尺度	城乡区域	中心城镇区	街区场地
任务	河网绿色空间整体功能定位与系统构建	河区绿色空间纵向功能组织与用地布局	河段绿色空间横向功能指引与空间设计
定性指标	流域整体空间样条分区	河区纵向空间样条分区	河段横向空间样条分区
	基于整体空间样条分区的复合功能定位	基于纵向空间样条分区的复合功能组织	基于横向空间样条分区的复合功能界定
定量指标（部分）	河岸绿色空间生态总量	河岸绿色空间用地总量	河岸缓冲区面积总量
	河流生态廊道宽度，与网络连接度	河岸“三带”宽度	植被配置指标（乔灌草）
	河流水域面积（含坑塘）	蓝线、绿线和生态红线	三维绿量
	河网密度	林地植被的覆盖率	斑块内缘比
	林地植被的总覆盖率	河岸绿地率	河岸缓冲区宽度
	次级流域单元不透水覆盖率	城镇汇水单元不透水覆盖率	建筑开敞率、地表径流量等
	其他如生物丰度	其他如郁闭度	协调区开放空间比例

（标准也是数量）与“结构”相结合，如果仅有数量指标，而没有确立位置范围及形态，无法保障河网绿色空间系统自身功能和外部效益的发挥。根据山地城市的自身特点，选择适宜的管控指标。以南川为例，选择河流廊道宽度、河流廊道密度、林地覆盖率、不透水覆盖率、生物丰度、水域面积率以及河网密度作为主要管控指标（表 7–3）。各指标计算和价值取向（或阈值）如下：

1）河流廊道宽度

界定的河流廊道宽度为河流两岸包括协调区的总体宽度，根据生态保护程度差异，总体来说，从自然保护区到城市中心区，河流廊道宽度逐步减小，上游的河流廊道宽度比下游的控制更宽。

2）河网廊道密度

河网廊道密度（包括显性、类显性和隐性水文廊道）主要反映了对类显性和隐性水文廊

南川城乡区域层面的河岸绿色空间指标控制 **表 7–3**

整体空间样条分区	河流廊道宽度（m）	河网廊道密度（含支流）	林地覆盖比率（%）	生物丰度	不透水覆盖比率（%）	水域面积率（%）
U–T1	1000	0.5	90	0.9	2	＜1
M–T1	800	0.4	85	0.8	5	2~5
M–T2	500	0.3	50	0.5	10	3~8
M–T3	300	0.2	40	0.4	20	8~12
M–T4	100	0.1	30	0.3	35	3~8
M–T5	50	0.05	20	0.2	50	2~5
D–T4	100	0.1	25	0.3	40	5~9
D–T3	300	0.2	35	0.4	25	10~14
D–T2	500	0.3	45	0.5	15	2~8
D–T1	800	0.4	70	0.8	8	＜2

注：所有指标的控制单元为整体空间样条分区。

道的保护程度，定义计算公式为：廊道面积之和/分区总面积。总体来说，从自然保护区到城市中心区，河网廊道密度逐步减小，上游的河网廊道密度比下游的控制大。

3）林地覆盖率

林地相比于农田、灌木、草地等其他非建设用地具有更大的生态效益（水源涵养、生物多样性、气候等），定义计算公式为：林地面积/分区总面积。总体来说，从自然保护区到城市中心区，林地覆盖率逐步减小，上游的林地覆盖率比下游的控制略大。

4）生物丰度

由于一个地方的生物多样性往往与植被群落的丰富程度有关，因此定义计算公式为：生物丰度=（林地面积 ×1+ 水域面积 ×0.6+ 草地面积 ×0.3+ 其他面积 ×0.1）/ 区域面积[219]。根据经验，从自然保护区到城市中心区，生物丰度逐渐变小，上游的生物丰度比下游的控制大。

5）不透水覆盖率

不透水覆盖率反映流域的建设开发强度以及所造成的环境影响程度。定义计算公式为：硬质建设用地面积/分区面积。根据生态保护程度差异和建设开发需求，总体来说，从自然保护区到城市中心区，不透水覆盖率逐步增大，上游的不透水覆盖率比下游的控制更小。

6）水域面积率

指承载水域功能的面积占分区总面积的比率。水域具有水源地、调蓄雨洪、滞留与降解污染物、水产养殖、旅游、水运、调节小气候等多种功能。一般山地城市比平原城市的水域面积率小。根据经验，总体来说，从自然保护区到城市边缘区，水域面积率逐步增大，再到城市中心区，逐步减小，上游的水域面积率比下游的控制小。

3. 中心城镇区层面的指标管控

在中心城镇区层面进行管控的目标是河岸关联用地结构和功能的控制。与城乡区域层面的整体控制不同的是，这个层面的河岸绿色空间管控既有纵向上的分区控制（风景区、农业区、居住区、工业区、商业区），又有横向上的分区控制（绿化缓冲带、协调带）。在前文第 5.5.1 小节中，已讨论了“三带”的宽度控制。在水域及滩涂带、绿化缓冲带和协调带的控制中，除了控制分区宽度以外，还需要控制用地比例、植被状况等相关指标。对于河岸缓冲带和协调带，还需要分区控制建设用地比例、林地覆盖率、本地植被比例等指标（表 7–4）。各指标计算和价值取向（或阈值）如下：

1）建设用地比例

包括城市建设用地和乡镇村建设用地。定义计算公式为：建设用地/分区总面积。严格控制所有绿化缓冲带的建设用地比例，只有商业区和居住区有极少的建设比例。在协调带，商业区的建设比例最高，其次是工业区和居住区。

南川中心城镇区层面的河岸绿色空间中相关指标控制 表 7–4

	水域及滩涂带	缓冲带					协调带				
		风景区	农业区	居住区	工业区	商业区	风景区	农业区	居住区	工业区	商业区
建设用地比例（%）	N/A	0	0	5	0	8	3	5	30	40	50
不透水覆盖率（%）	N/A	0	0	3	0	5	3	5	25	35	40
林地覆盖率（%）	N/A	90	90	60	90	40	70	60	30	40	15
本地植被比例（%）	N/A	98	100	60	90	40	90	90	50	60	30
郁闭度	N/A	0.9	0.8	0.5	0.6	0.3	0.8	0.7	0.5	0.5	0.3
道路用地比率（%）	N/A	3	5	8	7	10	5	8	10	9	15

注：所有指标的控制单元为纵向功能空间样条分区。

2）不透水覆盖率

与城乡区域层面相比，这个层面的不透水覆盖率应该控制得更小（因为上个尺度是以整个次级流域来计算的，这个尺度只计算河岸区域的不透水覆盖）。与建设用地比例相比，不透水覆盖率也应该控制得更小，因为像透水停车场、街边沼洼池等建设区域没有被视为不透水覆盖。

3）林地覆盖率

对于风景区、农业区和工业区的河岸缓冲带应控制极高的林地覆盖率（90%），因为风景区需要缓冲林带维持生物多样性，而农业区和工业区需要缓冲林带过滤污染。

4）本地植被比例

定义计算公式为：本地植被区域面积 / 总植被区域面积。对于风景区、农业区和工业区应该控制较高的本地植被比例，以维持河流生态系统健康，并减少维护成本，而居住区和商业区，由于人们的偏好和景观形象的需求，可以适当降低本地植被比例，提高观赏性植被比例。

5）郁闭度

指森林中乔木树冠在阳光直射下在地面上的总投影面积与林地总面积的比例，也是区分有林地、疏林地、未成林地的主要指标。通常风景区和农业区的郁闭度较高，而商业区和居住区由于疏林草地等景观打造，控制郁闭度较低。

6）道路用地比率（含绿道）

界定的道路用地包含绿道、城市公共道路和乡村公路。道路用地比率反映了人们到达河流的可达性以及河流沿岸的开放程度。总体来说，风景区的道路用地比率最低，然后农业区、工业区、居住区到商业区依次增高。

4. 街道场地层面——河岸绿色空间的指标管控

在街道场地层面进行管控的目标是对河岸的绿地、建筑、植被、界面等指标进行更加详细的控制，以维持河流、河岸区域与内陆高地之间生态和社会功能的连续性，创造更高的正向边缘效应。这个层面的河岸绿色空间分区控制，选择河岸横向空间样条分区（核心区、内部缓冲区、中部缓冲区、外部缓冲区、协调区）与城乡样条分区（T1、T2、T3、T4、T5）结合[①]。控制指标主要包括：乔灌草比例、三维绿量、斑块内缘比、绿道宽度、广场比例、建筑高度、设施类型（表 7–5）。各指标计算和价值取向（或阈值）如下：

1）乔灌草比例

乔灌草比例的不同搭配会产生不同的生态效益和社会效益。通常来说，发挥防护作用的乔木会更多，而在公园，灌木和草地具有更多的景观价值。

2）斑块内缘比

根据景观生态学原理，定义计算公式为：斑块面积 / 斑块周长。斑块内缘比越高；形态越完整，内部生物多样性越高；而斑块内缘比越低，形态边界越多样，与外界的交流越多，更容易发挥边缘效应。

3）绿道宽度

这里仅指道路铺装的宽度。越需要生态保护或修复的区域，越应该把绿道宽度控制得较小。通常来说，从自然保护区到城市中心区，从协调区到内部缓冲区，绿道宽度逐渐减小。

4）广场比例

广场比例是针对社会功能（景观游憩、文化郊野和经济增值）来考虑的，越需要生态保护或修复的区域，越应该把广场比例控制得较少。

5）建筑高度

主要针对外部缓冲区和协调区。所有城乡样条分区都应该控制协调区的建筑高度，在人口较密集的商业区或居住可以适当增加。

---

① 也可以与城乡区域叠加的整体空间样条分区或中心城镇区层面的河岸纵向功能空间样条分区结合。此处选择城乡样条分区的原因是它简单又经典，此处意在表达一种差异性管控的思想。

南川区街道场地层面的河岸绿色空间相关指标控制 表 7–5

管控指标	核心区（水域及滩涂）	缓冲区			协调区
		内部缓冲区	中部缓冲区	外部缓冲区	
自然保护区（T1）					
乔灌草比例	N/A	4 ∶ 2 ∶ 1	2 ∶ 2 ∶ 1	2 ∶ 1 ∶ 1	1 ∶ 1 ∶ 1
斑块内缘比	高	较高	中	较低	低
绿道宽度（m）	N/A	0	0.5	1	2
广场比例（%）	N/A	N/A	N/A	1	5
建筑高度（m）	N/A	N/A	N/A	N/A	5
驳岸形式	N/A	自然式	自然式	自然式	N/A
乡村农业区（T2）					
乔灌草比例	N/A	2 ∶ 2 ∶ 1	2 ∶ 4 ∶ 1	2 ∶ 2 ∶ 1	1 ∶ 1 ∶ 1
斑块内缘比	高	较高	中	较低	低
绿道宽度（m）	N/A	0	0.5	1.5	2
广场比例（%）	N/A	N/A	N/A	3	8
建筑高度（m）	N/A	N/A	N/A	N/A	10
驳岸形式	N/A	自然式	（半）自然式	（半）自然式	N/A
城市边缘区（T3）					
乔灌草比例	N/A	2 ∶ 2 ∶ 1	2 ∶ 2 ∶ 1	2 ∶ 2 ∶ 1	1 ∶ 2 ∶ 2
斑块内缘比	高	较高	中	较低	低
绿道宽度（m）	N/A	0.5	0.5	1	2
广场比例（%）	N/A	N/A	3	5	15
建筑高度（m）	N/A	N/A	N/A	N/A	20
驳岸形式	N/A	自然式	（半）自然式	（半）自然式	N/A
一般城市区（T4）					
乔灌草比例	N/A	1 ∶ 2 ∶ 1	1 ∶ 2 ∶ 1	1 ∶ 1 ∶ 2	1 ∶ 2 ∶ 2
斑块内缘比	高	较高	中	较低	低
绿道宽度（m）	N/A	0.5	1	1.5	2
广场比例（%）	N/A	3	5	10	20
建筑高度（m）	N/A	N/A	N/A	N/A	30
驳岸形式	N/A	（半）自然式	（半）自然式	人工式	N/A
城市中心区（T4）					
乔灌草比例	N/A	1 ∶ 4 ∶ 1	1 ∶ 4 ∶ 2	1 ∶ 2 ∶ 4	1 ∶ 2 ∶ 4
斑块内缘比	高	较高	中	较低	低
绿道宽度（m）	N/A	0.5	1.5	2	2
广场比例（%）	N/A	3	5	10	20
建筑高度（m）	N/A	N/A	N/A	N/A	50
驳岸形式	N/A	（半）自然式	人工式	人工式	N/A

6）驳岸形式

按形态包括垂直式、斜式、台阶式，按自然化程度包括自然式、半自然式、人工式。驳岸处理主要在缓冲区（即山地城市的消落带）。在用地条件允许的情况下，应该尽量采用自然或半自然驳岸。

7.2 衔接规划编制体系

前文已述，在整合的空间体系管控背景和跨部门协作综合管理的要求下，河岸绿色空间的管控需要和现有规划编制体系衔接，将三个层级的管控内容分别纳入到城乡总体规划、控制性详细规划、修建性详细规划、城市设计及专业规划的相关要求中，将河岸绿色空间的相关管控目标要求变成各层级规划的有机组成部分（图 7–6）。

7.2.1 与总体规划的衔接

衔接城乡总体规划中的城乡空间管制、生态建设与环境保护等内容，将流域河网内在生态支撑系统纳入城乡总规四区划定中，将山、水、林、田等生态资源，特别是显性和类显性河流，湿地、坑塘等关联水空间，关联林地空间等生态支撑区域划入城市非建设用地（禁建区、限建区）范围，严格控制洪泛低洼区、内涝高风险区、山体斜坡及冲沟等环境敏感区域。针对生态环境问题（如水土流失、洪涝灾害、水环境污染、景观生境破碎等）制定相应的生态环境保护目标和匹配分区环境功能目标的蓝绿空间修复措施（如补给生态林地、修复断裂水网等）。此外，在城乡总体规划中，一系列区域层面的专项规划如土地利用、交通规划、基础设施规划、防灾规划、环境保护规划等都应针对河岸区域提供管理和保护的规划策略，将河流廊道宽度、密度、不透水覆盖率等城乡区域层面的相关指标，纳入到城乡总体规划的指标体系中。在进行整体用地空间布局时，合理规避城市汇水通道，并注意落实相关用地需求。

7.2.2 与详细规划的衔接

1. 与控制性详细规划的衔接

衔接控制性详细规划中的用地和蓝线绿线控制。摒弃以往“一刀切”的粗放划定方式，借鉴相关研究结论，依据每个控规片区的生态环境特征及相应的建设发展目标诉求，实行纵向横向、分级分区的差异性画线控制，科学确定蓝线、绿线宽度，在保护河流水系和生物多样性的同时提供市民接近自然和休闲游憩的机会。重点控制河岸协调区内的用地性质及强度、

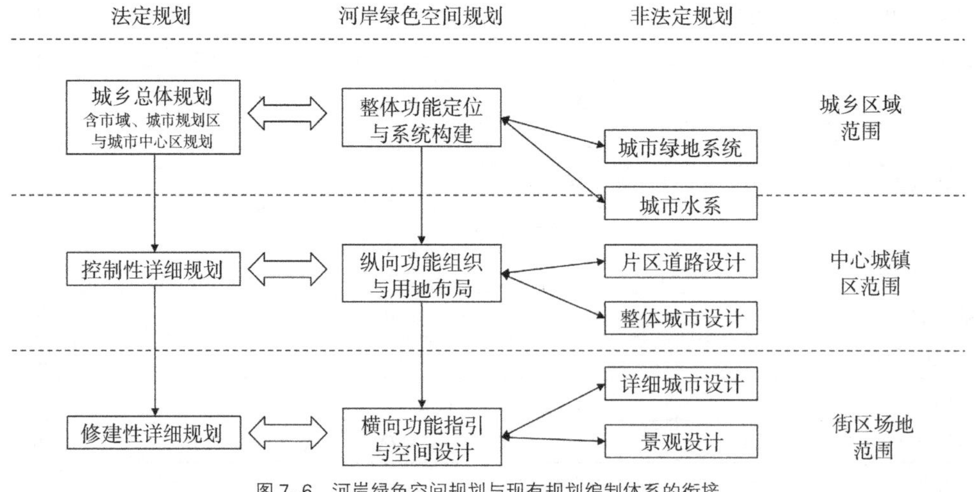

图 7–6 河岸绿色空间规划与现有规划编制体系的衔接

场地道路、建筑容积率、高度、密度、绿地率等。通过城市绿地、水体整体布局，加强河区纵向和横向的生态连接，从而形成山地城市片区组团之间的关联“山、水、林”空间，使片区雨洪径流通道与主干河流、支流和城郊绿地、水体连接。控规中应对河区内的雨洪管理设施体系进行整体配置，根据区位、地形条件、功能诉求布置不同规模和类型的雨洪管理设施，并纳入控规地块图则中进行定位和定量控制。明确各级雨洪管理设施的承载用地，协调衔接不同片区的用地类型组合。充分利用现状条件对排水区域或空间需求较大的雨洪管理设施类型（如湿滞洪盆地）进行适宜性选址。制定控规图则时，对各地块内的雨洪管理设施提出适宜的建设要求。

2. 与修建性详细规划的衔接

在修建性详细规划中，应充分尊重自然本底，顺应原始地形特征及排水模式等因素合理确定场地竖向标高，预留和保护重要的雨水径流通道。充分考虑地块的雨洪管理设施与建筑、场地、景观的融合设计，通过自然与人工要素的有机结合，在自然做功的过程中削弱建设的环境影响。规划需解析场地水文循环及自然特征并进行场地雨洪管理。依据场地坡度、土壤构成、植被及排水情况等，在建筑布局、形态设计、场地组织、景观建设等方面予以雨洪管理设施概念响应。滨水公园作为河岸绿色空间最典型的修建性项目，在设计时应衔接河段横向空间样条分区的细化功能指引、防护程度及生态雨洪管理体系（协调区源头控制—缓冲区过程控制—核心区末端控制）。滨水公园的植被规划应紧密结合缓冲区精细化设计原则和方法，强化河岸栖息地维持和水环境保护，弱化传统设计中的景观美化功能。

7.2.3 与城市设计的衔接

对于山地城市的城市设计，河岸绿色空间规划往往与其在景观游憩和文化教育这两大功能方面有着相似的目标策略，共同追寻公共性、混合性、可达性、亲水性、连续性等方面的设计原则，通常要求“显山露水”“水陆联动”“重塑天际”“树立门户”等。城市设计导则被认为是城市发展政策与具体设计工作之间的过渡和联结点。河岸绿色空间的土地利用和场地设计导则可以融入滨水区的城市导则中。传统（滨水）城市设计会制定开发强度、建筑高度、景观视廊等一系列控制导则，但这些仅属于河岸绿色空间八大复合功能中的“景观游憩”功能，还需重点关注传统城市设计常常忽略的领域，如生态雨洪管理、栖息地维持等。为填补这部分空缺，可以参考国外的“水敏感性城市设计”（Water Sensitive Urban Design），通过整合城市河岸区域的物质环境空间构成要素，如土地利用、街道形式、建筑组合、景观模式、绿色基础设施等，提升城市防控建设开发污染和抵抗洪涝灾害的能力，并提升城乡空间生态环境与生活品质[220]。

7.2.4 与专业规划的衔接

与其他各层级的专业专项规划衔接，如城市水系规划、城市绿地系统规划、城市排水防涝规划、城市道路交通规划等。在这些专业专项规划过程中应将河岸绿色空间的相关指标考虑进规划方案，如果对已编制规划进行修编，应增加河岸绿色空间规划管控的内容。

1）与城市水系规划的衔接

在山地城市水系规划中，应该从水生态保护、水系布局、水资源利用、水环境维育、特色水景观和水文化打造等多个方面衔接考虑河岸绿色空间管控的相关要求，结合河岸纵向空间样条分区，根据所在分区的关联用地特征合理布局绿化缓冲带、开放空间，促进水系关联资源利用与产业（一、二、三产业）发展。在水系生态保护中着重考虑河网生态完整性，河道和河岸生境栖息地的恢复，适当扩大蓝线划定范围。在规划水资源利用时，应该注意流域或河流纵向的生态连续性，以防河流上游地区的水资源过度利用导致河流下游地区生态缺水。在水系布局中，应协调组织主干和次级河流形态与城镇空间的耦合关系，形成更多有意义的河岸空间。在水环境维育中，强化河岸绿色空间植被的拦截、过滤和净化功能。在特色水景观和水文化打造中，强化河岸绿色空间在彰显山地城市的山水景观形象和山地地域文化方面的作用，打造多样的特色河流岸线景观和文化教育基地。

2）与城市绿地系统规划的衔接

城市绿地应承接河岸绿色空间建设的功能目标，通过绿地要素辨识、蓝绿廊道构建、重要斑块布局及绿道绿街建设等，实现生境维持、雨洪管理、景观游憩与灾害防护等复合功能。在河岸的缓冲区和协调区分别对不同类型的城市绿地（公园绿地、防护绿地、生产绿地、附属绿地、其他绿地）制定不同的复合功能目标。其中协调区的绿地重在发挥雨洪源头控制、景观美化和休闲游憩功能。而缓冲区的公园绿地和防护绿地主要发挥生境维持、雨洪缓冲控制和灾害防护功能，也兼顾景观游憩功能。在城市绿地规划中，强化城市郊区或组团隔离地带的其他绿地（农田、林地、水体、风景区）的规划布局，这些区域的绿地是维持河网和河区绿色空间内在生态健康的关键土地。雨洪管理是河区所有绿地应该首要关注的功能，应明确不同绿地的雨洪控制指标（如径流量和径流污染控制率），通过绿地系统整体布局使城市绿地与邻近汇水通道连接，并合理设置雨洪设施的类型和规模。城市绿地中植物配置时应优先选择本地物种，根据地形地貌条件和复合功能需求，选择适宜的植被物种并优化植被群落结构。

3）与城市排水防涝规划的衔接

城市排水防涝是河岸绿色空间灾害防护功能空间的重要组成部分，同时河岸绿色空间在城市排水防涝中发挥重要作用。结合现有城市内涝风险评估等，制定科学合理的城市排水分区和分区雨洪径流控制目标及控制方式以及雨水资源化利用目标及方式，并与河岸绿色空间的雨洪管理功能目标相衔接。通过系统地设计城市雨水管道网络和地表水文廊道，提高城市内部的排水能力，将河岸绿色空间协调区的源头雨洪控制设施与城市雨水管道相连接，充分发挥源头雨洪减排系统的首要作用。河岸绿色空间规划主要衔接城市排水防涝规划的顶层设计，重视河岸区域对于城市整体排水防涝的作用并纳入排水系统方案，通过竖向设计优化排水分区，通过绿地设计提高排涝能力。

4）与城市道路交通规划的衔接

河岸公共道路、绿道和绿街是河岸绿色空间规划与建设的重要组成部分。在城市道路交通规划中，应结合河岸协调区的街道，分区设置河岸纵向和横向的绿道线路及绿道设施，以增强河岸空间的可到性和连续性。结合道路的竖向设计和道路绿化带建设，合理布置街边洼池、透水铺装、植被过滤带等雨洪管理设施，实现道路源头径流控制目标。严格控制河岸区域的机动车道宽度，增加面向河流一侧的非机动车道与人行道的宽度，河岸公共道路旁的地面停车场尽量设置在面向河岸内陆的区域，非机动车道、人行道、步行街、停车场可采用透水铺装。控制河岸道路网络密度，根据样条空间分区合理确定道路宽度、路沿半径、行道树配置等。河岸道路设计需尊重地形地貌，尽量减少挖填方和高架桥形式。

8 总 结

本书从三个空间层级依次展开山地城市河岸绿色空间规划研究：在城乡区域层面构筑的河网内在生态支撑系统减缓了流域生态过程的改变，修复了被城市化破坏的河网结构系统，维护了流域生态系统健康；通过城乡流域整体样条空间分区、分区整体功能定位和河网复合服务系统，加强了城乡河岸环境资源系统的合理分配与统一利用。在中心城镇区层面，河区内在生态空间体系降低了河区的水环境污染和自然灾害发生率；通过河区纵向空间样条分区、分区纵向功能组织和河区复合空间建设体系，促进了河区关联用地功能整体效益的发挥；适应性用地布局策略与优化的用地分类体系提升了关联土地利用布局的合理性。在街区场地层面，整体或纵向空间样条分区下的河段横向样条分区功能与空间界面导控使河岸场地空间设计匹配了河岸纵向和横向的环境分异特征。生态雨洪管理与栖息地要素系统修复减缓了城市径流的冲刷与侵蚀，巩固了河岸各类生境和斜坡的稳定性，绿道绿街分区设计增强了游憩公共空间的可达性。通过这三个空间层级的适应性规划，既保障了河岸自身内部生态系统的健康运转，又满足了外部城乡社会建设发展的复合功能诉求。具体结论如下：

1. 山地城市河岸绿色空间具有内在特性和外在诉求，并支撑其复合功能

科学的认知是进行适应性规划的基本前提。山地城市河岸绿色空间本身具有高度的复杂性，既要考虑其本身的内在自然生态特性，又要考虑外部环境对它的影响和诉求。

（1）内在特性包括空间等级及结构特性、生态要素及过程特性。河岸绿色空间涉及的流域、河网和河岸都具有多个空间等级，并表现出四个维度（纵向、横向、竖向和季节性）的空间结构特征以及显著的景观生态廊道特征（传导、过滤、源、汇等）。河岸绿色空间包含多种生态要素（水文、地形、物理化学、生物）和多种生态过程（水文水利过程、地貌过程、物理化学过程、生物群落过程）。

（2）外在诉求包括多重社会复合诉求和空间梯度转化分区诉求。河岸绿色空间具有社会公共性和包容性（多样、公平、平衡）的社会服务需求，承载生产、娱乐、教育、历史、文化、景观等多重复合功能。河岸绿色空间在城乡梯度上具有显著的分异特征，其功能格局、土地利用及景观要素呈现出一种空间梯度转化趋势，这种分区转化的驱动诉求来自于人与自然系统的生态连接与流动过程。

（3）特性与诉求支撑山地城市河岸绿色空间复合功能。山地城市河岸绿色空间的内在特性和外在诉求在社会发展过程中不断融合，形成时空叠合的属性特征，其边缘效应强烈。山地城市河岸绿色空间的典型生态服务功能可以分为两大类八小类：生态支撑和调节功能（生境维持、雨洪调节、气候调节、灾害防护）；社会供给和文化功能（景观游憩、农林生产、经济增值、文化教育）。

2. 适应性规划思路与技术要点响应了山地城市河岸绿色空间的特性与诉求

（1）三个维度的价值观支撑山地城市河岸

绿色空间规划导向。空间维度上需统筹城乡区域空间的协调发展，时间维度上需弹性应对未来发展的不确定性，目标维度上需兼顾平衡生态效益与社会效益，建立了统筹协调、长期连续和功能复合的规划价值导向。

（2）基于山地城市河岸绿色空间的特性与诉求提出适应性规划应对思路。主要包括四个方面：顺应自然特性，维护内在生态健康；兼顾复合功能，发掘外在服务价值；差异化干预，空间分区分级协调；协作适应管理，衔接规划编制体系。构建自然河流与人类社会二元空间对接的规划空间层级，即：城乡区域——河网，中心城镇区——河区，街区场地——河段，不同的规划空间层级具有不同的规划范围（纵向、横向）与研究重点。

（3）通过借鉴生态学分支理论和城乡生态规划理论，整合适宜的规划技术方法，形成四个方面的适应性技术要点：①“河流与人居空间的关联分析”是基于河岸绿色空间由人与自然长期共同作用的演化机理，是规划认知的基础。②“融合特性与诉求的样条分区”是基于城乡空间分异的河流内在生态特性和外在社会诉求，使分区复合功能与社会生态环境特征相匹配，是规划空间分区单元。③“复合功能平衡下的空间布局”是基于协同—权衡、供给—需求的关系认知，在样条分区的基础上来进行的不同尺度的空间安排。④“动态循环的规划与管控程序”面对问题的复杂性和不确定性，是适应性的规划过程和管控模式。

3. 城乡区域层面的研究重点是河网绿色空间整体功能定位与系统构建

（1）流域生态特征与城乡空间的关联作用体现为流域生态特征引导城乡空间发展结构，而城乡空间开发又反过来影响流域的生态环境，城乡流域河网绿色空间可以通过优化城乡绿色空间结构来支撑整个城乡环境系统。

（2）城乡流域整体样条空间分区是由基于流域纵向生态过程的自然样条分区和基于城乡现状和发展趋势的城乡样条分区相叠加而成的，作为后面功能定位与策略制定的分区单元。

（3）整体功能定位与空间策略制定是战略性、全局性和长远性的，由市域层级的政府对流域河流生态资源进行宏观的政策协调管理。整体功能定位搭建在整体空间样条分区之上。城乡流域复合功能目标和规划策略的制定需要复合功能供需评估和多个功能之间的协调平衡。

（4）河网绿色空间复合功能系统适用于解决区域结构层面的生态环境和社会经济效益问题，是针对区域层面的现实问题和规划目标导向的有效手段。构筑流域河网内在生态支撑系统旨在保护流域水环境和水生态，提升区域整体灾害防护能力和改善生态气候环境。建立城乡河网外在社会服务系统旨在促进城乡区域的游憩服务产业、农林产业的健康发展。

4. 中心城镇区层面的研究重点是河区绿色空间纵向功能组织与用地布局

（1）河区地貌特征与城镇空间的关联作用体现为山地河区地貌一定程度上限定了山地城镇开发模式，而山地城镇的功能用地构成又反过来对河区生态环境造成影响，河区绿色空间可通过优化关联用地布局来提升山地城镇的环境品质。

（2）河区纵向空间样条分区有两级分区。一级纵向空间样条分区基于功能结构与用地划定，二级纵向空间样条分区基于生态状况与人类干预方式进一步划定，由此作为后面纵向功能组织、土地利用布局与控制、功能宽度控制的分区单元。

（3）河区纵向功能组织是在上一层级（城乡区域）整体功能定位的基础上对中心城镇区层面用地布局前的三级功能细化。河区内在生态空间体系保护和复合空间体系建设也是河区土地复合利用的基础前提。

（4）河区关联土地利用布局应采用本书建议的河岸绿色空间用地分类标准。需厘清现状绿色空间土地利用资源，按照土地利用适应性布局原则，对河区关联河岸空间进行各类绿地和建设用地的整合布局。

（5）基于生态功能和社会功能宽度，对河区绿色空间采取“三带”功能宽度控制方式。在河岸关联用地（建设用地）可相容性分析的基础上，对各类用地规模、类型及形态等采取刚性和弹性结合的控制方式。

5. 在街区场地层面的研究重点是河段绿色空间横向功能指引与空间设计

（1）河段生境特征与建设空间的关联作用体现为山地河段各类生境单元特征通常会约束河岸场地的建设方式，而场地人工建设方式又反过来对河段生态环境造成影响，河段绿色空间通过有效的设计和管理产生有益的场地环境绩效。

（2）河段横向空间样条分区参考“核心区—缓冲区—过渡区 1/ 过渡区 2”模式和边界优化原则，在上一个层面河岸“三带”划分的基础上以场地为单元对河岸缓冲带和协调带进行进一步空间细分和边界调整，形成五个横向空间样条分区。

（3）横向功能指引建立在上两个层级的样条分区功能定位和功能组织的基础上，对河段横向空间样条分区的场地功能进行精细化指引，确立河岸建设开发强度，控制绿色空间的边界及开放程度。

（4）河段场地绿化空间设计主要包括生态雨洪管理体系（包括缓冲带设计）、栖息地修复和植被配置、慢性绿道和绿街设计，旨在防控和减缓关联建设单元的径流污染和灾害风险，巩固水生和陆生生境保护，提升城市景观形象与游憩服务品质并塑造山地地域环境特色。

（5）典型河岸绿色空间设计导引是从功能定位、空间管制和建设引导方面来设计和管理河岸绿色空间。不同城乡位置的街区场地的规划设计导向应该服从上两个层级的功能定位与目标设定，保证三个层级规划体系的连续性。

6. 协作与适应的管控途径有益于河岸绿色空间的有效实施与管理

（1）河岸绿色空间规划应该被纳入多维度整合的空间规划体系背景下，作为全市规划部门主导，其他部门配合的专项规划之一，并与法定规划和相关专业专项规划相衔接。通过综合管理模式、适应性管理模式和多层级的管控指标体系来使河岸绿色空间的规划管控行之有效。

（2）衔接现有规划编制体系，将三个层级的管控内容分别纳入到城乡总体规划、控制性详细规划、修建性详细规划、城市设计及专业规划的相关要求中，将河岸绿色空间的相关管控目标要求变成各层级规划的有机组成部分。

参考文献

[1] 袁奇峰 . 自然资源的保护、开发与配置——空间规划体系改革刍议 [J]. 北京规划建设，2018（3）.

[2] 联合国环境规划署 . 全球环境展望 5——我们未来想要的环境：第 1 章驱动力 [J]. 世界环境，2013（2）：64–67.

[3] KRAUZE K，WAGNER I，ZALEWSKI M. Blue aspects of green infrastructure[J]. Sustainable Development Application，2013（4）：145–155.

[4] BREN L J. Riparian zone，stream，and floodplain issues：a review[J]. Journal of Hydrology，1993，150：227–229.

[5] Watershed plans：protecting and restoring water quality[R/OL]. New York State. https：//www.dos.ny.gov/opd/sser/pdf/WatershedPlansGuidebook.pdf.

[6] Introduction to watershed planning[R/OL]. U.S. Evironmetal Protection Agency. https：//cfpub.epa.gov/watertrain/pdf/modules/Introduction_to_Watershed_Planning.pdf.

[7] Portland Oregon. Portland ：framework for integrated management of watershed health（2005）[R]. City of Portland，2005.

[8] SZARO R，SEXTON W T，MALONE C R. The emergence of ecosystem management as a tool for meeting people's needs and sustaining ecosystems[J]. Landscape and Urban Planning，1998，40：1–7.

[9] BRUSSARD P F，REED M J，RICHARD T C . Ecosystem management：what is it really? [J]. Landscape and Urban Planning. 1998，40：9–20.

[10] LACKEY R T. Seven pillars of ecosystem management[J]. Landscape and Urban Planning. 1998，40：21–30

[11] City of Boulder and Boulder County.The Boulder Valley comprehensive plan[R].1996.

[12] Open Space/Real Estate Department. South Boulder Creek area management plan[R]. 1998.

[13] Department of Open Space and Moutain Parks，City of Boulder. OSMP master plan，system overview report[R/OL]. https：//bouldercolorado.gov/osmp/osmp-master-plan-report.

[14] 闫水玉，赵柯，邢忠 . 美国、欧洲、中国都市区生态廊道规划方法比较研究 [J]. 国际城市规划，2010，25（2）：91–96.

[15] 闫水玉，赵柯，邢忠 . 都市地区生态廊道规划方法探索——以广州番禺片区生态廊道规划为例 [J]. 规划师，2010，26（6）：24–29.

[16] JAMES O M，JAMES R H，Co-task force chairs，park，recreation，open space and greenway guidelines[M]. NRPA Publication，1995.

[17] Jeff Krueger Lane Council of Governments. Willamette river open space vision and action plan 2010[R/OL]. http：//rivers2ridges.org/wp-content/uploads/2013/10/WillametteRiver Vision Open Space VisionandActionPlan.pdf.

[18] CHARLES E L. Greenways for America[M]. Baltimore and London：The Johns Hopkins University Press，1990.

[19] The Miami River Commission. Miami river

greenway action plan[OL]. http: //www.miamiriver-commission.org/PDF/greenway.PDF.

[20] 陈德雄 . 文化・空间・生态・载体——滨水地区城市设计的四大要素 [J]. 规划师，2002，18（8）：40-43.

[21] 杨保军，董珂 . 滨水地区城市设计探讨 [J]. 建筑学报，2007（7）：7-10.

[22] 王霖，张苒，李慧蓉 . 城市设计中的历史文化保护策略与设计手法探索——以广州白鹅潭地区城市设计为例 [J]. 规划师，2010，26（7）：41-46.

[23] 杨玉东 . 河岸带生态修复技术研究进展 [J]. 环境保护与循环经济，2015（1）：55-57.

[24] 周正楠，邹涛，曲蕾 . 滨水城市空间规划与雨洪管理研究初探：以荷兰城市阿尔梅勒为例 [J]. 天津大学学报（社会科学版），2013，15（6）：525-530.

[25] 周建东，黄永高 . 我国城市滨水绿地生态规划设计的内容与方法 [J]. 城市规划，2007，238（10）：63-68.

[26] GOODELL S K. Waterway preservation: the wild and scenic rivers act of 1968[J]. BC Envtl. Aff. L. Rev.，1978，7：43.

[27] 刘海龙，杨冬冬 . 美国《野生与风景河流法》及其保护体系研究 [J]. 中国园林，2014（5）：64-68.

[28] 余大富，何昌慧 . 论山地的基本概念 [C]. 全国山区土地资源开发利用与人地协调发展学术研讨会，2010.

[29] 黄光宇 . 山地城市学原理 [M]. 北京：中国建筑工业出版社，2006.

[30] 陈玮 . 对我国山地城市概念的辨析 [J]. 华中建筑，2001，1（3）：55-58.

[31] LOWRANCE R，LEONARD R，SHERIDAN J. Managing riparian ecosystems to control non-point Pollution[J]. Journal of Soil and Water Conservation，1985，40（1）：87-91.

[32] OELBERMANN M. Another streamside attraction. Nature Canada[J]. 1998，27（1）：22-26.

[33] WARNER R E，HENDRIX K M. California riparian systems[M]. Los Angeles：University of California Press，1984.

[34] 24 Svejcar，T. Riparian zones：what are they and how do they work? [J]. Rangelands，1997，19（4）：4-6.

[35] DESBONNET A，POGUE P，LEE V，et al. Vegetated buffers in the coastal zone：a summary review and bibliography[R]. University of Rhode Island Sea Grant，Coastal Resources Center，1994.

[36] Warner R. RICHARD E，KATHLEEN M. California riparian systems[M]. Los Angeles：University of California Press，1984

[37] WARNER R. E，MINSHALL G W，CUMMINS K W，et al. California riparian systems[M]. Los Angeles：University of California Press，1984.

[38] GREGORY S V，SWANSON F J，MCKEE W A，et al. An ecosystem perspective of riparian zones[J]. BioScience，1991，41（8）：540-551.

[39] THOMPSON C W. Urban Open space in the 21st century[J]. Landscape and Urban Planning. 2002（60）：59-72.

[40] 凯文・林奇 . 城市意象 [M]. 何晓军，译 . 北京：华夏出版社，2001.

[41] KABISCH N，STROHBACH M，HAASE D，et al. Urban green space availability in European cities[J]. Ecological Indicators，2016，70：586-596.

[42] 王保忠，安树青，王彩霞，等 . 美国绿色空间思想的分析与思考 [J]. 建筑学报，2005（4）：50-52.

[43] 李锋，王如松 . 城市绿色空间建设的内涵与存在的问题 [J]. 中国城市林业，2004，1（5）：4-8.

[44] 李锋，王如松，JUERGEN P. 北京市绿色空间生态概念规划研究 [J]. 城市规划汇刊，2004（4）：61-64.

[45] LOWRANCE R，ALTIER L S. Water quality functions of riparian forest buffers in Chesapeake Bay watersheds[J]. Environmental Management，1997，21（5）：687-712.

[46] 金涛，杨永胜．现代城市水景设计与营建 [M]. 北京：中国城市出版社，2003.

[47] BREEN A，R D. Waterfronts：cities reclaim their edge[M]. NY：Mc Graw-Hill，1994.

[48] BERG P G，IGNATIEVA M，GRANVIK M，et al. Green-blue infrastructure in urban-rural landscapes：introducing resilient citylands[R]. Nordic Journal of Architectural Research，2013.2.

[49] FLORES A，PICKETT S，ZIPPERER W，et al. Adopting a modern ecological view of the metropolitan landscape：the case of a greenspace system for the New York City region[J]. Landscape and Urban Planning，1998，39：295-308.

[50] SMITH D S. Ecology of greenways[J]. Whole Earth，1993（93）：23.

[51] MCGUCKIN C P，BROWN R D. A landscape ecological model for wildlife enhancement of stormwater management practices in urban greenways[J]. Landscape & Urban Planning，1995，33（1-3）：227-246.

[52] 黄光宇．山地城市空间结构的生态学思考 [J]. 城市规划，2005，29（1）：57-63.

[53] 伍光和，王乃昂，胡双熙，等．自然地理学 [M]. 北京：高等教育出版社，2007.

[54] SZARO R C . Riparian forest and scrubland community types of Arizona and New Mexico[J]. Desert Plants，1989. 9：69 - 138.

[55] WISSMAR R C. Riparian corridors of Eastern Oregon and Washington：Functions and sustainability along lowland-arid to mountain gradients[J]. Aquatic Sciences，2004，66（4）：373-387.

[56] 中国科学院成都山地灾害与环境研究所．山地学概论与中国山地研究 [M]. 成都：四川科技出版社，2000.

[57] 邢忠．边缘区与边缘效应——一个广阔的城乡生态规划视域 [M]. 北京：科学出版社，2007.

[58] 程瑞梅，王晓荣，肖文发，等．消落带研究进展 [J]. 林业科学，2010，46（4）：111-119.

[59] 王中德，赵万民．对西南山地城市公共空间系统复杂性与复杂问题的解析 [J]. 中国园林，2011，27（8）：58-61.

[60] 邢忠，颜文涛．重视非建设性环境区的规划与控制 [C].2005 城市规划年会，2005.

[61] PAUL M J，MEYER J L. Streams in the urban landscape[J]. Annual Review of Ecology and Systematics，2001，32（1）：207-231.

[62] CWP（Center for Watershed Protection）. Impacts of impervious cover on aquatic systems[R]. Research Monograph No. 1. Ellicot City，MD：Center for Watershed Protection，2003.

[63] WISSMAR R C. Riparian corridors of Eastern Oregon and Washington：functions and sustainability along lowland-arid to mountain gradients[J]. Aquatic Sciences，2004，66（4）：373-387.

[64] 王书敏，何强，艾海男．山地城市暴雨径流污染特性及控制对策 [J]. 环境工程学报，2012，6（5）.

[65] MCCULLY O. Silenced river[M]. London Books Ltd，1996.

[66] LIKENS G E，BORMANN F H，JOHNSON N M. Effects of forest cutting and herbicide treatment on nutrient budgets in the Hubbard Brook watershed-ecosystem[J]. Ecological Monographs，1970，40（1）：23-47.

[67] GALAT D L，FREDRICKSON L H，HUMBURG D D，et al. Flooding to restore connectivity of regulated，large-river wetlands[J]. Bioscience，1998，48（9）：721-733.

[68] WISSMAR R C. Riparian corridors of Eastern Oregon and Washington：functions and sustainability along lowland–arid to mountain gradients[J]. Aquatic Sciences，2004，66（4）：373–387.

[69] 宋伟轩，徐岩，朱喜钢 . 城市滨水空间公共性现状与规划思考 [J]. 城市发展研究，2009，16（7）：45–50.

[70] HOLLAND H K，SCHUELER T R.The practice of watershed protection； techniques for protecting our nation's streams，lakes，rivers，and estuaries[M]. Center for Watershed Protection，2000.

[71] STRAHLER A N. Quantitative analysis of watershed geomorphology[J]. American Geophysical Union Transactions，1957（38）：913–920.

[72] NEWSON M. Land，water and development：Sustainable and adaptive management of rivers：Third edition[M]. Long and NewYork：Routledge，2008.

[73] GREGORY S V，SWANSON F J，MCKEE W A，et al. An ecosystem perspective of riparian zones[J]. Bioscience，1991，41（8）：540–551.

[74] WARD J V. The four–dimensional nature of lotic ecosystems[J]. Journal of the North American Benthological Society，1989，8（1）：2–8.

[75] Federal Interagency Stream Restoration Working Group（FISRWG）.Stream corridor restoration，1998[R/OL]. [2020–5–25].http：//www.nrcs.usda.gov/Internet/FSE_DOCUMENTS/stelprdb1044574.pdf.

[76] 王家生，孔丽娜，林木松，等 . 河岸带特征和功能研究综述 [J]. 长江科学院院报，2011，28（11）：28–35

[77] GODRON F M . Patches and structural components for a landscape ecology[J]. BioScience，1981，31（10）：733–740.

[78] FORMAN R T，GODRON M. Landscape ecology[M]. New York：John Wiley，1986.

[79] SHANDAS V.Towards an integrated approach to urban watershed planning：linking vegetation patterns，human preferences，and stream biotic conditions in the Puget Sound lowland[J]. Dissertation Abstracts International，2006（6）.

[80] 邵波，方文，王海洋 . 国内外河岸带研究现状与城市河岸林带生态重建 [J]. 教师教育学报，2007，5（6）：43–46.

[81] HARVEY D. Social justice and the city[M]. Edward Arnold，1973.

[82] 冯一民 . 城市河流堤岸景观规划设计研究 [D]. 同济大学，2004.

[83] 廖方 . 城市公共空间层次结构探讨 [J]. 规划师，2007，23（4）：15–20.

[84] 唐子来，顾姝. 上海市中心城区公共绿地分布的社会绩效评价：从地域公平到社会公平 [J]. 城市规划学刊，2015（2）：48–56.

[85] 石楠. "人居三"、《新城市议程》及其对我国的启示 [J]. 城市规划，2017（1）：9–21.

[86] 余慧，刘志强，邵大伟 . 包容性发展视角下的城市绿地规划逻辑转换 [J]. 规划师，2017，33（9）：11–15.

[87] 李斌 . 环境行为学的环境行为理论及其拓展 [J]. 建筑学报，2008（2）：30–33.

[88] MCDONNELL M J，PICKETT S T A. Humans as components of ecosystems：the ecology of subtle human effects and populated areas [M]. New York：Springer，1993.

[89] YANG J，YAN P B，HE R X，et al. Exploring land–use legacy effects on taxonomic and functional diversity of woody plants in a rapidly urbanizing landscape[J]. Landscape and Urban Planning，2017：92–103.

[90] HUANG S L. ecological energetics，hierarchy，and urban form：a system modelling approach to the evolution of urban zonation[J]. Environment and Planning B：Planning and Design，1998，25

（3）：391–410.

[91] COLLINS J P，KINZIG A，GRIMM N B. A new urban ecology：modeling human communities as integral parts of ecosystems poses special problems for the development and testing of ecological theory[J]. American Scientist，2000，88（5）：416–425.

[92] VANNOTE R L，MINSHALL G W，CUMMINS K W，et al. The river continuum concept[J]. Canadian Journal of Fisheries and Aquatic Sciences，1980，37：130–137.

[93] BARRETT G W，BOHLEN P J. Landscape ecology. Landscape linkages and biodiversity[M]. ed. W.E. Hudson，Washington，D.C.：Island Press. 1991，149–161.

[94] NAVEH Z，LIEBERMAN A S. Landscape ecology：theory and application[M]. New York：Springer–Verlag，1994.

[95] MALANSON G P. Riparian landscapes[M]. Cambridge，U.K.：Cambridge University Press，1993.

[96] 王立新，刘华民，刘玉虹，等 . 河流景观生态学概念、理论基础与研究重点 [J]. 湿地科学，2014，12（2）：228–234.

[97] WIENS J A . Riverine landscapes：Taking landscape ecology into the water[J]. Freshwater Biology，2010，47（4）：501–515.

[98] 杨小波 . 城市生态学 [M]. 北京：科学出版社，2010.

[99] NOSS R F，COOPERRIDER A Y. Saving nature's legacy：protecting and restoring biodiversity.[J]. Economic Botany，1996，50（3）：317–317.

[100] HOLLING C S. Surprise for science，resilience for ecosystems，and incentives for People[J]. Ecological Applications，1996，6（3）：733–735.

[101] REBELE F. Urban ecology and special features of urban ecosystems[J]. Global Ecology and Biogeography Letters，1994，4（6）：173–187.

[102] THORNE J F. Landscape ecology：a foundation for greenway design[M]. University of Minnesota Press：M inneapolis，1993.

[103] 熊文愈，邹经文 . 论生态系统工程 [J]. 南京林业大学学报（自然科学版），1985，9（1）：1–11.

[104] 王红梅，王堃 . 景观生态界面边界判定与动态模拟研究进展 [J]. 生态学报，2017（17）.

[105] STRAYER D L，POWER M E，FAGAN W F，et al. A classification of ecological boundaries[J]. Bioscience，2003，53（8）：723–729.

[106] 王云才，张英，韩丽莹 . 中小尺度生态界面的图式语言及应用 [J]. 中国园林，2014（9）：46–50.

[107] WOODROFFE R，GINSBERG J R. Edge effects and the extinction of populations inside protected areas[J]. Science，1998，280（5372）：2126–2128.

[108] 莫森 · 莫斯塔法维，加雷斯 · 多尔蒂 . 生态都市主义 [M]. 南京：江苏科学技术出版社，2014.

[109] 杨沛儒 . 生态城市主义：尺度、流动与设计 [M]. 北京：中国建筑工业出版社，2010.

[110] The charter of the new urbanism[OL]. [2020–06–01]. https：//www.cnu.org/who–we–are/charter–new– urbanism.

[111] 曹杰勇 . 新城市主义理论——中国城市设计新视角 [M]. 南京：东南大学出版社，2011.

[112] CALTHORPE P，FULTON W. The regional city：planning for the end of sprawl[M]. Island Press，2001.

[113] DUANY A，TALEN E. Transect planning[J]. Journal of the American Planning Association，2002，68（2）：245–266.

[114] 周艺南，李保炜 . 循水造形——雨洪韧性城市设计研究 [J]. 规划师，2017，33（2）：

90–97.

[115] PAYTON N I，et al. Designing new transit systems using a transect-based model[J]. Urban Design & Planning，2013，166（4）：217–228.

[116] ABUNNASR Y，et al. The green infrastructure transect：an organizational framework for mainstreaming adaptation planning policies[C]. Konrad，Otto Zimmermann Resilient Cities ：Cities and Adaptation to Climate Change Proceedings of the Global Forum，2011.

[117] DUANY A，et al. Smart code and manual[M]. Miami USA：New Urban Publications，2005.

[118] HOLLING C S. Resilience and stability of ecological systems[J]. Annual Review of Ecology and Systematics. 1973，4（4）：1–23.

[119] MEEROW S，NEWELL J P，STULTS M. Defining urban resilience：a review[J]. Landscape and Urban Planning，2016（147）：38 - 49.

[120] 颜文涛，卢江林 . 乡村社区复兴的两种模式：韧性视角下的启示与思考 [J]. 国际城市规划，2017（4）：22–28.

[121] ALLISON H E，HOBBS R J. Resilience，adaptive capacity，and the "Lock-in Trap" of the Western australian agricultural region[J]. Ecology & Society，2004，9（2004）：3.

[122] 李彤玥 . 韧性城市研究新进展 [J/OL]. 国际城市规划，2017（2017–05–02）[2017–09–28]. http：//kns.cnki.net/kcms/detail/11.5583.tu.20170502.1634.001.html.

[123] BAKER S. Sustainable development as symbolic commitment：declaratory politics and the seductive appeal of ecological modernisation in the European Union[J]. Environmental Politics，2007，16（2）：297–317.

[124] NASCIMENTO N，CON-LEITE B V，et al. Green blue infrastructure at metropolitan scale：a water sustainability approach in the Metropolitan Region of Belo Horizonte，Brazil[R/OL].（2016–8–30）[2017–09–28]. https：//hal.archives-ouvertes.fr/hal-01358037.

[125] 黄光宇 . 要重视山地的开发和保护 [J]. 瞭望周刊，1989（21）：24–25.

[126] 邢忠，余俏，靳桥 . 低环境影响规划设计技术方法研究 [J]. 中国园林，2015，31（6）：51–56.

[127] 张水龙，庄季屏 . 农业非点源污染的流域单元划分方法 [J]. 农业环境保护，2001，01：34–37.

[128] 麦克哈格 . 设计结合自然 [M]. 芮经纬，译 . 天津：天津大学出版社，2006.

[129] 熊和平，陈新 . 城市规划区绿地系统规划探讨 [J]. 中国园林，2011，27（1）：11–16.

[130] 官卫华，刘正平，周一鸣 . 城市总体规划中城市规划区和中心城区的划定 [J]. 城市规划，2013，37（9）：81–87.

[131] 杨保军，董珂 . 滨水地区城市设计探讨 [J]. 建筑学报，2007（7）：7–10.

[132] 邢忠 . 边缘区与边缘效应——一个广阔的城乡生态规划视域 [M]. 北京：科学出版社，2007.

[133] JOHNSON L，RICHARDS C，HOST G，et al Landscape influences on water chemistry in Midwestern stream ecosystems[J]. Freshwater Biology，1997，37（1）：193–208.

[134] SHEN Z Y，HOU X S，et al. Impact of landscape pattern at multiple spatial scales on water quality：A case study in a typical urbanised watershed in China[J]. Ecological Indicator，2015，48（48）：417–427.

[135] ASH C，JASNY B R，ROBERTS L，et al. Reimagining cities[J]. Science，2008，319（5864）：739–739.

[136] BETTENCOURT L M A，WEST G. A unified theory of urban living[J]. Nature，2010，467（7318），912–913.

[137] WU J . Landscape sustainability sci-

ence: ecosystem services and human well-being in changing landscapes[J]. Landscape Ecology, 2013, 28（6）: 999-1023.

[138] ALBERTI M. 城市生态学新发展——城市生态系统中人类与生态过程的一体化整合[M]. 沈清基，译. 上海：同济大学出版社，2016.

[139] 王绍增. 风景园林学的领域与特性——兼论 Cultural Landscapes 的困境 [J]. 中国园林，2007，23（11）：16-17.

[140] ALONSO W. Location and land use: toward a general theory of land Rent[J]. Economic Geography, 1964, 42（3）: 11-26.

[141] 黄光宇. 山地城市空间结构的生态学思考 [J]. 城市规划，2005（1）：57-63.

[142] 于广志，蒋志刚. 自然保护区的缓冲区：模式、功能及规划原则 [J]. 生物多样性，2003，11（3）：256-261.

[143] MEHRING M, STOLLKLEEMANN S. Principle and practice of the buffer zone in biosphere reserves: from global to local - general perspective from managers versus local perspective from villagers in Central Sulawesi, Indonesia[M]// Tropical Rainforests and Agroforests under Global Change. Springer Berlin Heidelberg, 2010.

[144] HANSEN R, PAULEIT S. From multifunctionality to multiple ecosystem services? A conceptual framework for multifunctionality in green infrastructure planning for urban areas[J]. Ambio, 2014, 43（4）: 516-529.

[145] PRETTY J N, NOBLE A D, BOSSIO D, et al. Resource-conserving agriculture increases yields in developing countries[J]. Environmental Science & Technology, 2006, 40（4）: 1114-1119.

[146] BENNETT E M, PETERSON G D, GORDON L J. Understanding relationships among multiple ecosystem services[J]. Ecology Letters, 2010, 12（12）: 1394-1404.

[147] 张立伟，傅伯杰. 生态系统服务制图研究进展 [J]. 生态学报，2014，34（2）：316-325.

[148] 马琳，刘浩，彭建，等. 生态系统服务供给和需求研究进展 [J]. 地理学报，2017，72（7）：1277-1289.

[149] TURKELBOOM F, THOONEN M, JACOBS S, et al. Ecosystem service trade-offs and synergies[J]. Ecology and Society, 2015, 21（1）: 43.

[150] MOUCHET M, et al. An interdisciplinary methodological guide for quantifying associations between ecosystem services[J]. Global Environmental Change 2014, 9（28）: 298-308.

[151] 颜文涛，黄欣，邹锦. 融合生态系统服务的城乡土地利用规划：概念框架与实施途径 [J]. 风景园林，2017（1）：45-51.

[152] Shaping neighbourhoods: play and informal recreation supplementary planning guidance [R/OL].（2018-09）.http: //www.london.gov.uk/sites/default/files/Shaping%20Neighbourhoods%20Play%20and%20Informal%20Recreation%20SPG%20Low%20Res.pdf.

[153] LEFEBVRE H. The production of space[M]. Oxford: Blackwell Ltd, 1991.

[154] 黄土高原小流域人居生态单元及安全模式——景观格局分析方法与应用 [D]. 西安建筑科技大学，2005.

[155] ZHANG Y, LIU Y, ZHANG Y, et al. On the spatial relationship between ecosystem services and urbanization: A case study in Wuhan, China[J]. Science of the Total Environment, 2018, 637-638: 780.

[156] BRADFORD J B, D' AMATO A W. Recognizing trade-offs in multi-objective land management[J]. Frontiers in Ecology & the Environment, 2012, 10（4）: 210-216.

[157] 许乙青，孙瑶，邵亦文. 基于丘陵地形“雨足迹”的城市生态廊道规划——以建始

县城市总体规划为例 [J]. 城市规划，2015，39（9）：82–86.

[158] 岳隽，王仰麟，彭建 . 城市河流的景观生态学研究：概念框架 [J]. 生态学报，2005，25（6）：1422–1429.

[159] BASCHAK L A，BROWN R D. An ecological framework for the planning，design and management of urban river greenways[J]. Landscape and Urban Planning，1995，33（1–3）：211–225 .

[160] 邢忠，余俏，周茜，等. 中心城区 E 类用地中的廊道空间生态规划方法 [J]. 规划师，2017（4）：18–25.

[161] 王琦，邢忠，代伟国 . 山地城市空间的三维集约生态界定 [J]. 城市规划，2006（8）：52–55.

[162] BASNYAT P，TEETER L D，FLYNN K M，et al. Relationships between landscape characteristics and nonpoint source pollution inputs to coastal estuaries[J]. Environmental Management，1999，23（4）：539–549.

[163] HEATHCOTE I W. Integrated watershed management：principles and practice.[M]. John Wiley & Sons，Inc，1998.

[164] 贵体进 . 从水环境与土地使用的关联性探讨两江新区土地使用生态化研究 [D]. 重庆大学，2017.

[165] 郭青海，马克明，杨柳 . 城市非点源污染的主要来源及分类控制对策 [J]. 环境科学，2006，1（11）：2170–2175.

[166] 强盼盼 . 河流廊道规划理论与应用研究 [D]. 大连理工大学，2011.

[167] PEDROLI B，BLUST G D，LOOY K V，et al. Setting targets in strategies for river restoration[J]. Landscape Ecology，2002，17（1）：5–18.

[168] POOLE B，GRACE K，MEAD J. Access for Success 2035：Ontario，CA Land Use Plan[R]. 2014

[169] Jr R C P . The RCE：a riparian，channel，and environmental Inventory for small streams in the agricultural landscape[J]. Freshwater Biology，2010，27（2）：295–306.

[170] CLERICI N，PARACCHINI M L，MAES J. Land–cover change dynamics and insights into ecosystem services in European stream riparian zones[J]. Ecohydrology & Hydrobiology，2014，14（2）：107–120.

[171] BURKHARD B，KROLL F，NEDKOV S，et al. Mapping ecosystem service supply，demand and budgets[J]. Ecological Indicators，2012，21(3)：17–29.

[172] GOLDENBERG R，KALANTARI Z，CVETKOVIC V，et al. Distinction，quantification and mapping of potential and realized supply–demand of flow–dependent ecosystem services.[J]. Science of the Total Environment，2017，593–594：599.

[173] 邢忠，余俏，周茜，等 . 中心城区 E 类用地中的廊道空间生态规划方法 [J]. 规划师，2017，33（4）：18–25.

[174] 王莹，贾良清 . 生态关键区研究 [J]. 国土与自然资源研究，2008（1）：55–57.

[175] GHOFRANI Z，FAGGIAN R，SPOSITO V. Designing resilient regions by applying blue–green infrastructure concepts[M]. Sustainable City，2016，204，493–505.

[176] FRYD O，BACKHAUS A，et al. Water sensitive urban design retrofits in Copenhagen–40% to the sewer，60% to the city[J]. Water Science & Technology，2013，67（9）：1945–52.

[177] GHOFRANI Z，FAGGIAN R，SPOSITO V. Infrastructure for development：blue green Infrastructure [J]. Planning News，2016，42（7）：14–15.

[178] BUDD W W，COHEN P L，SAUNDERS P R，et al. Stream corridor management in the Pacific Northwest：determination of stream–corri–

dor widths[J]. environment Management. 1987，11（5）：587-597.

[179] FORMAN R T T，GODRON M. Landscape ecology[M]. New York：John Wiley and Sons，1986.

[180] 李晨，姚文琪，程龙，等．城市土地使用相容性比例及影响要素探讨——以深圳市更新地区为例 [J]. 城市规划学刊，2013（4）.

[181] 黎璇．山地河流生境的生态学研究——以重庆澎溪河为例 [D]. 重庆大学，2009.

[182] 赵珂，赵梦琳，王立清．生境生态系统规划——生态规划的一种途径 [J]. 西部人居环境学刊，2018，33（2）：63-69.

[183] 周文德．谈谈重庆市政区地名通名的山水特色 [J]. 中国地名，2013（10）.

[184] ARNOLD C L，GIBBONS C J. Impervious surface coverage：the emergence of a key environmental indicator[J]. Journal of the American Planning Association，1996，62：243 - 258.

[185] DIETZ M E. Low impact evelopment practices：a review of current research and recommendations for future directions[J].2007，186（1-4）：351-363.

[186] PENKA M . The water relations of the herb，shrub and tree layers of the floodplain forest[J]. Developments in Agricultural & Managed Forest Ecology，1991，15：419-448.

[187] MAES J，PARACCHINI M L，ZULIAN G，et al. Synergies and trade-offs between ecosystem service supply，biodiversity，and habitat conservation status in Europe[J]. Biological conservation，2012，155（4）：1-12.

[188] 张京祥，李志刚．开敞空间的社会文化含义：欧洲城市的演变与新要求 [J]. 国外城市规划，2004，19（1）：24-27.

[189] 绿色屋顶径流氮磷浓度分布及赋存形态 [J]. 生态学报，2012，32（12）：3691-3700.

[190] FRANCIS R A. Wall ecology：A frontier for urban biodiversity and ecological engineering[J]. Progress in Physical Geography，2011，35（1）：43-63.

[191] 向璐璐，李俊奇，邝诺，等．雨水花园设计方法探析 [J]. 给水排水，2008，34（6）：47-51.

[192] 蔡婧，李小平，陈小华．河道生态护坡对地表径流的污染控制 [J]. 环境科学学报，2008，28（7）：1326-1334.

[193] MOHAMED M A K，LUCKE T，BOOGAARD F. Preliminary investigation into the pollution reduction performance of swales used in a stormwater treatment train[J]. Water Science and Technology，2014，69（5）：1014-1020.

[194] 王晓锋，刘红，袁兴中，等．基于水敏性城市设计的城市水环境污染控制体系研究 [J]. 生态学报，2016（1）：30-43.

[195] DOSSKEY M G . Setting priorities for research on pollution reduction functions of agricultural buffers[J]. Environmental Management，2002，30（5）：0641-0650.

[196] North Carolina Division OF Water Quality（NACDWQ）. Stormwater Best Management Practices Manual，2007[EB/OL]. [2018-9-1].http：// h2o.enr.state.nc.us.libproxy. lib.unc.edu /su/ bmp_forms.htm.

[197] 余俏．雨洪管理目标下的城乡梯度河岸绿色空间规划 [C]// 规划 60 年：成就与挑战—2 2016 中国城市规划年会论文集，2016.

[198] 张建春．河岸带功能及其管理 [J]. 水土保持学报，2001，15（6）：143-146.

[199] CHEN C，MEURK C D，CHENG H，et al. Incorporating local ecological knowledge into urban riparian restoration in a mountainous region of Southwest China[J]. Urban Forestry & Urban Greening，2016，20（1）：140-151.

[200] CHEN C，MEURK C，CHEN J，et al. Restoration design for Three Gorges Reservoir shore-

lands, combining Chinese traditional agro-ecological knowledge with landscape ecological analysis[J]. Ecological Engineering, 2014, 71: 584-597.

[201] COOK H L. Characteritics of some meadows trip vegetation[J]. Agricultural Engineering, 1939, 20(9): 345-348.

[202] MASTERMAN R, THOME C R. Predicting influence of bank vegetation on channel capacity[J]. Journal of Hydrological Engineering, 1992, 118(7): 1052-1058.

[203] PENKA M. The water relation of the herb, shrub and tree layers of the floodplain forest[J]. Developments in Agricultural & Managed Forest Ecolgy, 1991, 15: 419-448.

[204] TABACCHI E, PLANTY-TABACCHI A M. Recent changes in riparian vegetation: possible consequences on dead wood processing along rivers[J]. River Research & Applications, 2010, 19(3): 251-263.

[205] 王帅，赵聚国，叶碎高．河岸带植物生态水文效应研究述评 [J]. 亚热带水土保持，2008，20(1)：5-7.

[206] 李强，贾博，权海源，等．绿色街道理论与设计 [J]. 建筑学报，2013(s1)：147-152.

[207] 方振东，张纵．恩施州土家族传统村寨布局及农田景观初探 [J]. 江西农业学报，2013(11)：33-35.

[208] STANTURF J, LAMB D, MADSEN P. Forest landscape restorations[M]. New York: Springer Netherlands, 2012, 15: 93-109.

[209] SCHULTZ R C, ISENHART T M, SIMPKINS W W, et al. Riparian forest buffers in agroecosystems-lessons learned from the Bear Creek Watershed, central Iowa, USA[J]. Agroforestry Systems, 2004, 61-62(1-3): 35-50.

[210] 颜京松，李黎明．住区水环境生态建设探讨 [J]. 现代城市研究，2005，20(1)：16-23.

[211] 干靓，邓雪湲，郭光普．高密度城区滨水生态空间规划管控与建设指引研究 [J]. 城市规划学刊，2018(5).

[212] 王岳．重庆市空间规划体系改革实践 [J]. 城市规划学刊，2018(2)：50-56.

[213] 城市滨水缓冲区划定及其空间调控策略研究——以武汉市为例 [D]. 华中科技大学，2016.

[214] THORNE C R, LAWSON E C, OZAWA C P, et al. Overcoming uncertainty and barriers to adoption of blue-green infrastructure for urban flood risk management[J]. Journal of Flood Risk Management, 2018, 11(S2): 960-972.

[215] MACHAC J, LOUDA J, DUBOVA L. Green and blue infrastructure: An opportunity for smart cities?[C]. Smart Cities Symposium Prague. IEEE, 2016.

[216] BIRGE H E, ALLEN C R, GARMESTANI A S, et al. Adaptive management for ecosystem services[J]. Journal of Environmental Management, 2016, 183(2): 343-352.

[217] CARPENTER S R, GUNDERSON L H. Coping with collapse: ecological and social dynamics in ecosystem management[J]. Bioscience, 2001, 51(6): 451-457.

[218] ALLEN C R, FONTAINE J J, POPE K L, et al. Adaptive management for a turbulent future[J]. Journal of Environmental Management, 2011, 92(5): 1339-1345.

[219] 陈蔚镇，刘滨谊，黄筱敏．基于规划决策的多尺度城市绿地空间分析 [J]. 城市规划学刊，2012(5)：60-65.

[220] 周艺南，李保炜. 循水造形——雨洪韧性城市设计研究 [J]. 规划师，2017(2)：90-97.

图书在版编目(CIP)数据

山地城市河岸绿色空间规划研究 = Research on Riparian Green Space Planning of Mountainous City / 余俏著 . —北京：中国建筑工业出版社，2021.5
ISBN 978-7-112-26155-0

Ⅰ.①山… Ⅱ.①余… Ⅲ.①山区城市—河岸—绿化规划—空间规划—研究 Ⅳ.① TU983

中国版本图书馆 CIP 数据核字（2021）第 087607 号

责任编辑：李成成
责任校对：姜小莲

增值服务阅读方法：

本书提供图 2-15，图 2-21 ~图 2-26，图 2-28，图 3-10，图 3-11，图 3-15，图 3-18，图 4-1，图 4-6 ~图 4-14，图 5-6，图 5-8 ~图 5-12，图 5-15，图 5-20 ~图 5-23，图 5-25 ~图 5-27，图 6-4，图 6-5，图 6-8 ~图 6-10 的彩色版，读者可使用手机 / 平板电脑扫描右侧二维码后免费阅读。
操作说明：扫描授权进入"书刊详情"页面，在"应用资源"下点击任一图号（如图 2-15），进入"课件详情"页面，内有以上图片的图号。点击相应图号后，再点击右上角红色"立即阅读"即可阅读相应图片彩色版。

若有问题，请联系客服电话：4008-188-688。

山地城市河岸绿色空间规划研究
Research on Riparian Green Space Planning of Mountainous City
余 俏 著
*
中国建筑工业出版社出版、发行（北京海淀三里河路9号）
各地新华书店、建筑书店经销
北京雅盈中佳图文设计公司制版
北京建筑工业印刷厂印刷
*
开本：787 毫米 1092 毫米 1/16 印张：13½ 字数：337 千字
2021 年 7 月第一版 2021 年 7 月第一次印刷
定价：**68.00** 元（赠增值服务）
ISBN 978-7-112-26155-0
（37263）